世界经典译丛

果树整形修剪及栽培技术大全

［日］小林干夫　著

新锐园艺工作室　组译　于蓉蓉　张文昌　译

中国农业出版社

北　京

图书在版编目（CIP）数据

果树整形修剪及栽培技术大全/（日）小林干夫著；
新锐园艺工作室组译 .—北京：中国农业出版社，
2021.10（2022.10 重印）
（世界经典译丛）
ISBN 978-7-109-28062-5

Ⅰ.①果… Ⅱ.①小… ②新… Ⅲ.①果树－修剪②
果树园艺 Ⅳ.①S66

中国版本图书馆CIP数据核字（2021）第051862号

合同登记号：01-2019-5524

果树整形修剪及栽培技术大全
GUOSHU ZHENGXING XIUJIAN JI ZAIPEI JISHU DAQUAN

中国农业出版社出版
地址：北京市朝阳区麦子店街18号楼
邮编：100125
责任编辑：郭晨茜　国　圆
版式设计：郭晨茜　　责任校对：沙凯霖
印刷：北京中科印刷有限公司
版次：2021年10月第1版
印次：2022年10月北京第2次印刷
发行：新华书店北京发行所
开本：889mm×1194mm　1/16
印张：16.75
字数：500千字
定价：168.00元

*KAJUNO JOUZUNA SODATEKATA
DAIJITEN* supervised by Mikio Kobayashi
Copyright © 2016 SEIBIDO SHUPPAN
All rights reserved.
Original Japanese edition published by
SEIBIDO SHUPPAN CO.,LTD., Tokyo.
This Simplified Chinese language edition
is published by arrangement with SEIBIDO
SHUPPAN CO., LTD., Tokyo in care of Tuttle-
Mori Agency, Inc., Tokyothrough Beijing Kareka
Consultation Center, Beijing

本书简体中文版由株式会社成美堂出版
授权中国农业出版社有限公司独家出版发行。
通过株式会社TUTTLE-MORI AGENCY,INC和
北京可丽可咨询中心两家代理办理相关事宜。
本书内容的任何部分，事先未经出版者书面许
可，不得以任何方式或手段复制或刊载。

前　言

种植果树已经成为很多人生活中的乐趣了。

随着四季更迭，果树展现出不一样的模样，陪伴着家人一起成长，让人们体验到种植的乐趣。绿色的叶子、美丽的花朵、可口的果实，落叶果树中有一些树种在秋季还能让人们欣赏到红叶，这些都是果树的魅力。

种植果树从定植开始到结果需要等待数年。虽然理解很多人"想让果树赶快结果"的心情，但是一定要有耐心。生长健壮的果树才能结出许多好吃的果实。

本书从选择品种、定植、修剪、疏果到收获等管理工作都做了详细阐述。

"如何选择品种？"

"为什么不结果？"

"应该如何修剪？"

"疏果真的很重要吗？"

"什么时候施肥好？"

"什么时候收获？"

面对种植者的这些疑问，本书用照片和插图做了详细的解说。

另外，除了庭院栽培，我们还介绍了如何在盆栽果树，如果在阳台或其他地方有一些空间，也可以享受种植果树带来的乐趣。

不管是想要开始种植果树的初学者，还是已经有经验的种植者，本书都可以帮助大家充分了解种植果树的技巧，享受种植果树的乐趣。

小林干夫

本书使用方法

果树名称及其分类
介绍果树名称及果树在植物分类学上的科名。

管理作业
介绍了定植、整形修剪、授粉、收获等管理作业。

施肥方法
介绍底肥、追肥、礼肥的施用方法。

树形管理
用插图介绍推荐的树形。

栽培要点
总结了该种果树种植时特别要注意的内容。

难易度
告知读者种植难易度，分为较难、一般、容易3种。推荐初学者从容易或一般的果树开始。

病虫害防控
介绍了该种果树容易出现的病虫害。

坐果位置
用插图介绍该种果树的花芽、叶芽、果实等会出现在哪里。

胡颓子有落叶品种和常绿品种，日本从古时起就有栽种。

胡颓子

胡颓子科　　　　　难易度　容易

栽培要点 喜光照和排水良好的环境，在其他果树都不容易种植的地方也能轻易成活。

DATA
- 英名名　Thorny olive　**类型**　落叶灌木、常绿灌木、常绿藤本
- 树高　2～4米　　**产地**　日本、中国、欧洲南部、北美
- 日照条件　向阳（常绿品种阴阳可）
- 收获时期　5～6月（常绿品种）7～8月（落叶品种）
- 栽培适地　日本北海道、本州、四国、九州
- 初果时间　庭院栽培3～4年，盆栽3年
- 盆栽　容易（5号以上花盆）

种植月历
月份	12	11	1	2	3	4	5	6	7	8	9	10
定植			落叶品种		常绿品种为3月							
整形修剪												
开花·授粉			落叶品种	常绿品种								
施肥				底肥								
病虫害防控												
收获				落叶品种	常绿品种							

■ 推荐品种

落叶品种	伞花胡颓子（*Elaeagnus umbellata*）	种植一棵产量也很高。涩味稍强。果实状如细长椭圆形，但该品种果实球状接近圆形，晚熟品种。
	木半夏（*E.multiflora*）	种植一棵坐果差，种植2个品种比较好，小中果，早熟品种。
	大木半夏（*E.multiflora var. gigantea*）	种植一棵坐果差，需要和其他品种一起搭配种植。口感很好，中熟品种。
常绿品种	胡颓子（*E.pungens*）	常绿灌木，茎直立，但茎顶端微垂，看起来像藤蔓植物，常庭院栽培。
	大叶胡颓子（*E.macrophylla*）	花为扁状、奶油色。枝条藤状。果实上表生白色鳞片状的毛。早熟品种。
	蔓胡颓子（*E.glabra*）	枝条卷须状生长。叶子内侧呈红色。经常能在海岸附近看到野生的，所以在海岸附近比较容易种植。中熟品种。

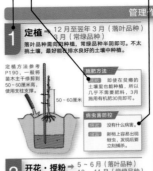

胡颓子的特征

抗干燥，抗风雨，很容易种植

有落叶品种和常绿品种两种。果实很容易受伤，所以市场上很难遇见，只有自家种植能享受美味。

果实是甜的，但是果皮里含有丹宁，呈白色小斑点状，所以吃起来有些涩味。胡颓子抗病虫害能力强，所以可以无农药种植。

品种选择

有些品种需要搭配授粉树种

种植一棵也可以结果。但像木半夏、大木半夏等品种和其他品种搭配种植可提高授粉率，坐果会更好。搭配种植另一个品种时，要选择开花期一致的。

常绿品种可以作篱笆，在日本关东以西的温暖地区种植常绿品种非常容易成活，所以非常推荐。落叶品种有一定耐寒性，所以日本全境都可以种植。

管理作业

1 定植 → 12月至翌年3月（落叶品种）3月（常绿品种）

落叶品种需同时间种植，常绿品种半阴即可。不太挑土壤，最好在排水良好的土壤中种植。

定植方法参考P190，一般将苗木主干修剪到50～60厘米高，使用支柱支撑。

施肥方法 即使在贫瘠的土壤里也能种植，所以几乎不需要肥料。3月施用有机肥30克即可。

病虫害防控 没有什么病害。新梢上容易出现蚜虫，发现后要立刻捕杀。

50～60厘米

2 整形修剪 → 12月

不进行修剪也能结果，大木半夏等容易长得很大，所以修剪到和支架一样高为宜。

树形管理 留3～4根主枝的半干形。　**坐果位置** 短枝更容易萌出花芽。

从下方长出的主枝要剪掉，留下的枝条要进行回缩修剪。

冬季修剪 尽可能对徒长枝进行疏枝修剪，让其横向生长。

❶树枝细，修剪徒长枝。　❷留下的枝条缩短1/3。

胡颓子的花芽 留取顶端萌发两侧的花芽。比较小的是叶片芽

3 开花·授粉 → 5～6月（落叶品种）10～11月（常绿品种）

种植一棵很难结果的品种，可以用赤霉素处理。

◀自花结果率低的品种，可以像葡萄一样用赤霉素处理（P91），就能保证坐果了。在花全开后和花开2周后，分别喷洒稀释10000倍的赤霉素溶液。

4 收获 → 5～6月（落叶品种）7～8月（常绿品种）

落叶品种和常绿品种的结果期不同。

◀青果逐渐变红成熟后就可以采收了。

盆栽要点

每年换大一号的花盆

胡颓子耐干燥，抗风雨，很容易在花盆里种植。为了使生长迅速，最好以一年就要换一次盆。最开始使用5～6号盆，换4次后就是10号盆了。

花盆过小而小枝条生长旺盛，就会出现坐花变差、果实变少的现象。

修剪成3～4根主枝的主干形。

主干形

留下的枝条要进行回缩修剪。

徒长枝和分蘖要从基部剪除。

◆花盆尺寸	◆土壤肥料	◆浇水
用5号以上盆种植。每年换大一号的花盆。	将赤玉土和腐叶土按1:1混合。2月施用化肥（P225），不使用化肥也没问题。	植株根细，注意不要让土壤变干。

Point

DATA
以表格的形式介绍了种植所需的各种信息，包括果树英文名、果树类型、树高、栽培适地、初果时间、盆栽（难易程度及花盆尺寸）等。

种植月历
用月历的形式介绍了果树一年的种植管理工作。另外，本书以日本关东地区为标准。

推荐品种
介绍受欢迎的品种、易于种植的品种等，基本都是能够在日本市场上买到的品种。

果树特征和品种选择
简单易懂地介绍了果树的特征和品种选择。

盆栽要点
介绍了盆栽的要点，如花盆尺寸、土壤肥料、浇水等。

果树种植 Q&A

▲黑莓结了许多果实。

1

Q 哪种果树最容易种植？

A 推荐种植单棵就能结果的浆果。

要说容易种植的果树，非浆果莫属。推荐初学者选择种单棵就能结果的树莓、黑莓、醋果、穗醋栗等。不论种哪一种都不会长得过高、过大，修剪打理起来十分简单。除了浆果之外，山樱桃也是矮小的树种，并且种一棵就能结果，同样适合初学者。

2

Q 定植后能很快结果的果树有哪些？

A 浆果、桃、栗等果树定植后能很快结果。

浆果定植后1～2年就会结果。推荐蓝莓、树莓、黑莓、醋果、穗醋栗等。日本民间有"桃栗3年柿8年"的说法，桃和栗定植后3～4年即可结果。

庭院栽培果树在定植后的3～5年内就能结果，而盆栽果树在定植后的2～4年内就能结果。如果买来的树苗带有果实，那么定植在花盆里，1～2年即可结果。

3

Q 想要马上开始种果树！首先需要干什么？

A 挑选种类和品种很关键！

首先，要根据环境（光照、温度和种植空间等）挑选适合生长的果树树种。其次，在购买苗木时，一定要确认好苗木的品种和特性。最后，推荐购买嫁接苗。因为非嫁接苗需要花很长时间生长，结果慢。

◀向初学者推荐花柚。

4

Q 种一棵就能结果的果树有哪些？

A 葡萄、枇杷、柑橘类等。

种植一棵就能结果的果树种类一定要记好。

另外，橄榄和蓝莓等需要种两个品种才能结果，有些品种种植一棵一定程度上也能结果，但如果想要高产量，一般都需要种植两个品种，这样可以相互授粉提高产量。

■一棵就能结果的主要果树

落叶果树	无花果、石榴、枣树、枇杷、葡萄、桃（除了白桃）
柑橘类	温州柑橘、金橘、柚子、柠檬、夏橘等（除了八朔柑）
浆果	树莓、黑莓、萨斯卡通莓、茶藨子、灯笼果

5

Q 在狭小的空间里能种植哪些果树？

A 选择矮小型和藤蔓型果树。

矮小型果树的有：姬苹果、毛樱桃、金橘、浆果等。

另外，藤蔓型果树可以随意搭架造型，适合在狭小的空间里种植。如木通、野木瓜、猕猴桃、葡萄等。

▶蓝莓可以在狭小的空间里种植。

6

Q 哪些果树适合在花盆里种植？

A 浆果或香酸类柑橘等。

基本所有的果树都可以在花盆里种植，但是想要结许多果实就十分艰难。适合在花盆里种植的果树有，浆果、毛樱桃、金橘等。

另外，被称为香酸类柑橘的有花柚、臭橙、酸橘、柠檬等，这些果树的果实，有一两颗利用价值就很高，也适合在花盆里种植。

▶在花草四周种植果树也十分有趣。

7

Q 想要种出甘甜可口的水果该怎么做？

A 遵循以下7点就能种出甘甜可口的水果。

1 种植在光照良好的地方➡ 定植（P190）
2 选择两个亲合性较好的品种➡ 参考各项
3 不要让果实结得过多，要适当进行疏果➡ 疏果（P231）
4 防控病虫害➡ 病虫害对策（P242～245）
5 确保花朵授粉➡ 人工授粉（P230）
6 进行修剪➡ 修剪（P204～223）
7 适量施肥➡ 肥料（P224～227）

8

Q 不修剪不行吗？

A 为了每年都结出美味的果实，修剪是必要的。

即使不进行修剪，果树也会结出果实。但是，如果不进行修剪放任果树自由生长，果树就会不断长高，到最后必须使用梯子来采摘。

另外，如果不进行修剪枝条会变得十分拥挤，只有外侧的枝条才能长出果实，且很容易出现隔年结果的现象。

为了让果树每年都能结出美味的果实，修剪是十分重要的工作。

▶修剪是为了结出更多更好吃的果实。

9

Q 最重要的管理工作是什么？

A 仔细观察果树！

为了让果树长出好吃的果实，最重要的是要仔细观察果树。开花后要进行人工授粉，结果过多要进行疏果，枝条拥挤要进行修剪，发现病虫害要及时进行防控。这些的基础都是仔细观察。果树到底想要什么？能够了解果树的声音，初学者就可以毕业了。

在花盆里种植的果树，除了观察，还要进行浇水、换盆、移栽等工作。

▶套袋能有效防控病虫害。

10

Q 为什么有些果树要同时种植两个品种才能结果？

A 自花授粉和异花授粉。

有些植物可以接受自己的花粉结果，即自花授粉植物；而有一些植物需要其他品种的花粉才能结果，即异花授粉植物。这是由植物自身的特性决定的。异花授粉植物必须搭配不同品种才可以。另外，两个品种的开花期要一致，所以要选亲合性好的两个品种。

种植一棵就能结果吗？

11

Q 果树种植中的难点是什么？

A 病虫害防控和修剪。

果树种植中，最难的部分是病虫害防控和修剪。出现病虫害一定要尽早治疗。

由其是蔷薇科（梅、樱桃、桃、梨、苹果等）果树，不进行修剪很难得到优质果实。为了收获优质果实，适当修剪是必不可少的。

▶蔷薇科果树进行回缩修剪是很关键的。

12

Q 不进行人工授粉不行吗？

A 为了得到优质果实，人工授粉是很有必要的。

▶人工授粉。

在庭院栽培时有很多授粉昆虫飞来帮助果树授粉，可以不用人工授粉。但是如果授粉昆虫较少时，人工授粉就必不可少了。在阳台种植，人工授粉就更加必不可少了。人工授粉有利于收获优质果实。另外，如果开花期遇到降雨天气，昆虫也会减少，这时采取人工授粉有利于挽回损失。

13

Q 如果不进行疏果会怎样？

A 会长出很多小果子。

虽说不进行疏果也可以，但疏果会让果实更大、更好吃。另外，如果果树结果过多，第2年坐果就会变差，容易出现隔年结果的现象，树体也会变弱。所以，为了结出好吃的果实，每年都要适当进行疏果。

◀为了结出更大、更好吃的果实，疏果是必不可少的。

14

Q 种植果树有什么乐趣？

A 四季都很有趣。

可以第一时间吃到一些在市场上还没开始销售的果实。还可以让果实在树上自然成熟，这样就能够品尝到熟透的味道。而且自家种植的果实吃起来更安心、更安全，这是最大的乐趣。

另外，果树一旦种下去就能长时间陪伴在我们身旁，随着四季更迭让我们切身感受到不同的美景。

▶秋季蓝莓的叶片变红，十分美丽。

15

Q 10年以上都不结果的树该怎么处理？

A 种植新苗。

有些朋友的庭院里有很长时间都不结果的果树，甚至有些连什么品种都不知道。我非常理解大家想让果树结果的心情，但是非常遗憾，我不能保证这样的果树会结果，即使结果了也不能保证果实一定好吃。另外，如果继续放任其生长，到最后就不得不用梯子来修剪了。

这种情况，推荐将果树砍掉种植新果树。种植嫁接苗3~4年就可以结出美味的果实。

当然，如果想作为纪念留着，可以在其他地方种植新苗。

选择符合自己要求的果树

推荐初学者选择的果树

种植一棵也能很容易结果的果树

无花果 P16

初果时间▶
庭院栽培➡2~3年　盆栽➡2年
栽培适地▶日本关东以南地区
收获时期▶6~10月

枇杷 P78

初果时间▶
庭院栽培➡4~5年　盆栽➡3~4年
栽培适地▶日本房总半岛以西的太平洋沿岸温暖地区
收获时期▶6月

葡萄 P88

初果时间▶
庭院栽培➡2~3年　盆栽➡1~2年
栽培适地▶日本全国
收获时期▶8~10月

山樱桃 P106

初果时间▶
庭院栽培➡2~3年　盆栽➡2~3年
栽培适地▶日本全国
收获时期▶6月

温州蜜柑·椪柑 P126

初果时间▶
庭院栽培➡5~6年　盆栽➡3~4年
栽培适地▶日本关东以西的温暖地区
收获时期▶10~12月

香橙 P130

初果时间▶
庭院栽培➡3~4年　盆栽➡3~4年
栽培适地▶日本东北以南地区
收获时期▶8~12月

金柑 P130

初果时间▶
庭院栽培➡3~4年　盆栽➡3~4年
栽培适地▶日本关东以西的温暖地区
　　　　　（金柑）
收获时期▶12月至翌年2月

柠檬·酸橙 P134

初果时间▶
庭院栽培➡3~4年　盆栽➡2~3年
栽培适地▶日本东北南部以西地区（柠檬），日本纪伊半岛以西的太平洋沿岸的温暖地区（酸橙）
收获时期▶9月至翌年5月

树莓

P146

初果时间 ▶
庭院栽培 ➡2年　盆栽 ➡2年
栽培适地 ▶ 日本关东以北地区
收获时期 ▶ 4~8月、9~10月

黑莓

P150

初果时间 ▶
庭院栽培 ➡2年　盆栽 ➡2年
栽培适地 ▶ 日本关东以西地区
收获时期 ▶ 7~8月

穗醋栗

P154

初果时间 ▶
庭院栽培 ➡3~4年　盆栽 ➡2~3年
栽培适地 ▶ 日本东北以北、中部地区
收获时期 ▶ 6~7月

醋栗

P154

初果时间 ▶
庭院栽培 ➡3~4年　盆栽 ➡2~3年
栽培适地 ▶ 日本东北以北、中部地区
收获时期 ▶ 6~7月

六月莓

P158

初果时间 ▶
庭院栽培 ➡3~4年　盆栽 ➡2~3年
栽培适地 ▶ 日本东北以南地区
收获时期 ▶ 5~6月

蔓越莓

P162

初果时间 ▶
庭院栽培 ➡2~3年　盆栽 ➡2~3年
栽培适地 ▶ 日本东北以北、中部等高
　　　　　寒地区
收获时期 ▶ 9月中旬至11月上旬

代表性庭院果树

杏

P8

初果时间 ▶
庭院栽培 ➡3~4年　盆栽 ➡3年
栽培适地 ▶ 日本东北至甲信越地区，
　　　　　关东以南地区
收获时期 ▶ 5~7月

梅

P12

结果时间 ▶
庭院栽培 ➡3~4年　盆栽 ➡3年
栽培适地 ▶ 日本除了北海道以外的
　　　　　其他地区
收获时期 ▶ 5~7月

橄榄

P22

初果时间 ▶
庭院栽培 ➡2~3年　盆栽 ➡2~3年
栽培适地 ▶ 日本关东以西地区
收获时期 ▶ 9~10月

柿

P26

初果时间 ▶
庭院栽培 ➡4~5年　盆栽 ➡3~4年
栽培适地 ▶ 日本关东以西地区（甜柿）、
　　　　　日本东北以南地区（涩柿）
收获时期 ▶ 10~11月

木瓜·榅桲

P32

初果时间 ▶
庭院栽培 ➡4~5年　盆栽 ➡3年
栽培适地 ▶ 日本北海道以南雨水少、
　　　　　夏季凉爽的地区
收获时期 ▶ 9月至11月上旬

猕猴桃

P36

初果时间 ▶
庭院栽培 ➡4~5年　盆栽 ➡3~4年
栽培适地 ▶ 日本东北南部以西地区
收获时期 ▶ 10~11月

胡颓子

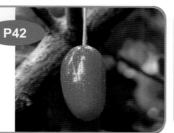

初果时间 ▶
庭院栽培 ➡3~4年　盆栽 ➡3年
栽培适地 ▶ 日本北海道、本州、四国、九州
收获时期 ▶ 5~6月（常绿品种）、7~8月（落叶品种）

P42

板栗

初果时间 ▶
庭院栽培 ➡3~4年　盆栽 ➡3年
栽培适地 ▶ 日本全国
收获时期 ▶ 8~10月

P44

核桃

初果时间 ▶
庭院栽培 ➡5~6年　盆栽 ➡4年
栽培适地 ▶ 日本东北以南的夏季凉爽少雨地区
收获时期 ▶ 9月下旬至10月中旬

P50

石榴

初果时间 ▶
庭院栽培 ➡5~6年　盆栽 ➡4~5年
栽培适地 ▶ 日本北海道南部以南地区
收获时期 ▶ 9月下旬10月

P58

枣

初果时间 ▶
庭院栽培 ➡3~4年　盆栽 ➡3年
栽培适地 ▶ 日本全国
收获时期 ▶ 9~10月

P74

甜橙

初果时间 ▶
庭院栽培 ➡4~5年　盆栽 ➡3~4年
栽培适地 ▶ 日本纪伊半岛以西的温暖地区
收获时期 ▶ 根据品种来确定

P128

杂柑

初果时间 ▶
庭院栽培 ➡4~5年　盆栽 ➡3~4年
栽培适地 ▶ 日本关东以西的温暖地区
收获时期 ▶ 根据品种来确定

P128

蓝莓

初果时间 ▶
庭院栽培 ➡2~3年　盆栽 ➡2~3年
栽培适地 ▶ 日本关东以北、中部地区（高丛蓝莓）、日本关东以西的温暖地区（兔眼蓝莓）
收获时期 ▶ 6月中旬至9月上旬

P138

与众不同的果树

木通·野木瓜

初果时间 ▶
庭院栽培 ➡3~4年　盆栽 ➡2~3年
栽培适地 ▶ 日本东北以南地区（木通）、日本关东以西地区（野木瓜）
收获时期 ▶ 8月下旬至10月（木通）、10月中下旬（野木瓜）

P4

软枣猕猴桃

初果时间 ▶
庭院栽培 ➡2~3年　盆栽 ➡2~3年
栽培适地 ▶ 日本全国
收获时期 ▶ 9月下旬至11月上旬

P62

斐济果

初果时间 ▶
庭院栽培 ➡4~5年　盆栽 ➡3~4年
栽培适地 ▶ 日本关东南部以西的太平洋沿岸地区
收获时期 ▶ 10月中旬至12月上旬

P84

巴婆果

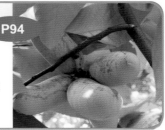

初果时间 ▶
庭院栽培 ➡4~5年　盆栽 ➡3~4年
栽培适地 ▶ 日本北海道南部以南的温暖地区
收获时期 ▶ 9~10月

P94

杨梅

P102

初果时间 ▶
庭院栽培 ➡ 4~5年　盆栽 ➡ 4~5年
栽培适地 ▶ 日本关东南部以西的太平洋沿岸地区
收获时期 ▶ 6~7月

人参果

P176

初果时间 ▶
庭院栽培 ➡ 1年　盆栽 ➡ 1年
栽培适地 ▶ 日本关东地区以南
收获时期 ▶ 7~8月

推荐初学者选择的果树

更具挑战性的果树品种

巴旦木

P2

初果时间 ▶
庭院栽培 ➡ 4年　盆栽 ➡ 3年
栽培适地 ▶ 日本东北以南地区
收获时期 ▶ 7~8月

樱桃

P52

初果时间 ▶
庭院栽培 ➡ 4~5年　盆栽 ➡ 2~3年
栽培适地 ▶ 日本东北以北地区
收获时期 ▶ 6~7月

李

P66

初果时间 ▶
庭院栽培 ➡ 3~4年　盆栽 ➡ 3~4年
栽培适地 ▶ 春季无晚霜、夏季雨水少的地区
收获时期 ▶ 7月中旬至8月（中国李）、9月（欧洲李）

梨

P70

初果时间 ▶
庭院栽培 ➡ 3~4年　盆栽 ➡ 3年
栽培适地 ▶ 日本东北南部地区（日本梨）、日本东北北部地区（西洋梨、中国梨）
收获时期 ▶ 8~10月

桃

P98

初果时间 ▶
庭院栽培 ➡ 3年　盆栽 ➡ 3年
栽培适地 ▶ 日本东北南部地区
收获时期 ▶ 6~8月

苹果

P110

初果时间 ▶
庭院栽培 ➡ 5~7年　盆栽 ➡ 3年
栽培适地 ▶ 日本东北以北的寒冷地区
收获时期 ▶ 9月至11月中旬

具有南国风情的热带果树

西印度樱桃

P166

初果时间 ▶ 1~2年
栽培适地 ▶ 日本九州南部以南
收获时期 ▶ 5~11月

牛油果

P167

初果时间 ▶ 2~3年
栽培适地 ▶ 日本关东南部以南地区
收获时期 ▶ 11~12月

番石榴·草莓番石榴

初果时间 ▶ 2~3年

栽培适地 ▶ 日本九州南部、冲绳地区

收获时期 ▶ 9~10月

P168

咖啡

初果时间 ▶ 3~4年

栽培适地 ▶ 日本冲绳以南地区

收获时期 ▶ 12月

P169

嘉宝果

初果时间 ▶ 5~6年

栽培适地 ▶ 日本关东以南地区

收获时期 ▶ 6~11月

P170

杨桃

结果时间 ▶ 2~3年

栽培适地 ▶ 日本九州南部、冲绳地区

收获时期 ▶ 10~11月

P171

菠萝

初果时间 ▶ 3年

栽培适地 ▶ 日本西南诸岛、冲绳地区

收获时期 ▶ 8~9月

P172

西番莲果

初果时间 ▶ 1~2年

栽培适地 ▶ 日本九州南部、冲绳地区

收获时期 ▶ 7~9月

P173

香蕉

初果时间 ▶ 1~2年

栽培适地 ▶ 日本冲绳地区、小笠原诸岛

收获时期 ▶ 7~9月

P174

番木瓜

初果时间 ▶ 1~2年

栽培适地 ▶ 日本冲绳以南地区

收获时期 ▶ 10~11月

P175

芒果

初果时间 ▶ 3~4年

栽培适地 ▶ 日本九州南部、冲绳地区

收获时期 ▶ 9~10月

P177

荔枝

初果时间 ▶ 3~5年

栽培适地 ▶ 日本九州南部、冲绳地区

收获时期 ▶ 7~8月

P178

其他热带果树

P179

- 蛋黄果
- 百香果
- 苏里南苦刺果
- 毛叶番荔枝

- 火龙果
- 香肉果
- 澳洲坚果
- 神秘果

- 桂圆
- 莲雾

目录 CONTENTS

受欢迎的果树

本章介绍了在日本受欢迎的果树。一定要在庭院或花盆里种植看看。除了落叶果树，还有一些是常绿果树。

有令人怜爱的粉色花朵，蔷薇科果树。
果实的核仁可以食用。

巴旦木

| 蔷薇科 | | 难易度 ▶ 较难 |

栽培
要点
不耐潮湿，所以要选择排水良好的土壤种植。也推荐在花盆中种植。

DATA

- 英语名 Almond
- 类型 落叶乔木
- 树高 3～4米
- 产地 西亚
- 日照条件 向阳
- 收获时期 7～8月
- 栽培适地 日本东北以南地区
- 初果时间 庭院栽培4年，盆栽3年
- 盆栽 容易（7号以上花盆）

种植月历

月份	11	12	1	2	3	4	5	6	7	8	9	10
定植												
整形修剪			冬季修剪						夏季修剪			
开花·授粉												
施肥		底肥			底肥						追肥	
病虫害防控												
收获												

巴旦木的特征

原产西亚，果核中子叶可以食用

巴旦木原产于西亚，从美国和欧洲传播到世界各地。

初夏，巴旦木会绽放粉色的花朵，果实扁平，果肉薄且坚实，果肉一般不食用。到了秋季，果实成熟后果肉裂开，果核就露出来了。果核中子叶部分就是可以食用的杏仁。

品种选择

种植一棵难以结果，可以用桃树作授粉树

巴旦木主要的品种有Nonpareil、蒙特雷（Monterey）、Carmel、Mission、California等。巴旦木种植一棵难以结果，为了提高坐果率，需配置授粉树，所以至少需要种植2个品种。授粉树也可以用桃树，推荐使用花粉多的桃树，如大久保或仓方。

管理作业

1 定植 ➡ 12月至翌年2月

应浅植，深植容易导致花芽萌发困难，并容易引起烂根。

选择光照和排水良好的环境种植。定植时可以培土。

施肥方法

底肥 12月至翌年1月每株施用有机复合肥1千克（P225）。
礼肥 控制追肥，收获果实后，9月上旬每株施用化肥50克作为礼肥。

病虫害防控

病害 可能出现缩叶病或黑斑病，在3月上旬喷洒杀菌剂可以有效预防。
虫害 可能出现蚜虫或食心虫，发现了立刻清除。

2 整形修剪 ➡ 12月至翌年2月（冬季修剪）·7~8月（夏季修剪）

树形一般容易形成变则主干形或自然开心形。

冬季修剪是在落叶期，一般进行回缩修剪和疏枝修剪。
夏季修剪一般对枝条拥挤的部位进行疏枝修剪。

冬季修剪 将左图中拥挤的枝条修剪掉，确保全树都能接受到阳光照射。

 Before
 After

从这里修剪

▲落叶期的修剪，是对长度超过50厘米的枝条进行回缩修剪，不足10厘米的短果枝中，修剪掉细的果枝。

▲将从左边的主枝生长出的、向上生长的徒长枝修剪掉，并对拥挤的枝条进行疏枝，对长枝进行回缩。修剪后如上图所示。

坐果位置 上一年伸出的枝条的中间会萌发花芽。与梅和杏不同，巴旦木的长果枝和中果枝上会长出优质的花芽并结果。

冬

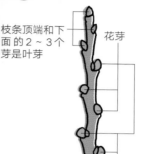

枝条顶端和下面的2~3个芽是叶芽

花芽

混合芽

夏

叶芽萌发出枝叶并伸长

上一年长出的枝条开始结果

花芽·叶芽

两侧饱满的是花芽，中间瘦小的是叶芽

3 开花·授粉·收获

➡ 4月（开花）·7~8月（收获）

想要收获大果实一般要在5月中下旬进行疏果。按照20片叶子1个果实的比例来疏果，一般长果枝留2~3个果，中果枝留1个果。

▲4月上旬开花。需要用其他品种的花粉来授粉。可以用毛笔等工具进行人工授粉。

▲8月果肉裂开后即可以看到中间的果核，这时就可以采收了。在果实尚小时可以通过套袋来有效预防病虫害。

食用方法

从果实中取出果核，在阴凉处干燥1周，放入带有密封口的塑料袋中冷藏保存。想吃时取出，烘烤后即可食用。

盆栽要点

Point

干燥管理

盆栽和庭院栽培基本相同。巴旦木不喜潮湿环境，保持干燥是种植巴旦木的诀窍。因为容易发生根腐病，所以不要在盆底放置托盘，有利于保持良好的透气性。

巴旦木喜欢光照，不过西晒或夏季太阳直射可能会引起叶灼，这时可以移动花盆避开强光直射。盆栽时，巴旦木根系可能会被金龟子幼虫啃食，如果发现要立刻清除。

◆ **花盆尺寸**

选择比苗盆大一圈的盆栽，至少2年更换一次花盆。如果想要收获更多果实，最大可以选择10号的花盆来种植。

◆ **土壤肥料**

巴旦木偏好排水良好的土壤环境，用中粒赤玉土和腐叶土按1∶1的比例混合，不要过多使用黑土。在盆底放入盆底土。肥料主要使用豆渣等有机肥料（P225）。

◆ **浇水**

因为巴旦木不耐潮湿环境，所以要尽量保持干燥。炎热夏季早晚各浇1次水，如果土壤表面泛白了就充分浇水1次。

木通自然分布于日本本州、四国、九州地区，是一种藤蔓性植物。对环境要求不严格，种植简单。

木通·野木瓜

木通科	难易度	一般

栽培要点 种植1棵难以结果，需要和亲和性好的品种一起种植。

DATA

- **英语名** Akebia（木通）、Japanese stauntonia vine（野木瓜）
- **类型** 落叶藤本（木通）、常绿藤本（野木瓜）
- **树高** 由于是藤本植物，高度由搭架高度决定
- **产地** 日本、朝鲜半岛、中国南部
- **日照条件** 向阳至半阴
- **收获时期** 8月下旬至10月（木通），10月中下旬（野木瓜）
- **栽培适地** 日本东北以南地区（木通），关东以西地区（野木瓜）
- **初果时间** 庭院栽培3～4年，盆栽2～3年
- **盆栽** 容易（5号以上花盆）

■ 推荐品种

紫宝	中果。三叶木通。果皮淡青紫色。抗白粉病能力稍强，易结实。
藏王紫峰	中果。三叶木通。果皮深青紫色，从着色到果肉裂开时间较长。抗白粉病能力稍强。
紫幸	大果。三叶木通。果皮较厚，深紫色，经过烹饪后更好吃。
日本木通	大果。三叶木通。果皮紫红色。经过疏果可以收获更大的果实。
山形早生	中果。三叶木通。果皮较厚，淡青紫色，经过烹饪后更好吃。
野木瓜	中果。也被称为常绿木通。不长全7片小叶是不会结实的。适合在日本关东以西的温暖地区种植。

▶野木瓜的果实。即使果实成熟了也不会裂开。

种植月历

月份	11	12	1	2	3	4	5	6	7	8	9	10
定植												
			（野木瓜为3月）									
整形修剪												
开花·授粉												
施肥												
病虫害防控		底肥		底肥				追肥				
收获												

野木瓜为10月中下旬

木通·野木瓜的特征

因为是藤本植物，所以可应用于花园

木通和野木瓜一样，都是雌雄同株。野木瓜可以自花结实，所以种1棵就能结果。木通需要种植至少2个品种才能顺利结果。不管是木通还是野木瓜种植都十分容易。因为是藤本植物，可以搭建拱门，在园艺中应用十分广泛。

品种选择

木通至少需要2个品种一起种植

作为果树种植的一般都是三叶木通，无法自花授粉，通常将野生木通或五叶木通作授粉树与其一起种植。野生木通一般果皮为浅褐色，栽培品种的果皮有紫色、粉色、白色等。另外，野木瓜没有什么特别的品种。

管理作业

1 定植 ➡ 12月至翌年3月

木通一般在12月至翌年3月种植，不过野木瓜为常绿植物，所以一般在天气回暖后的3月进行定植。

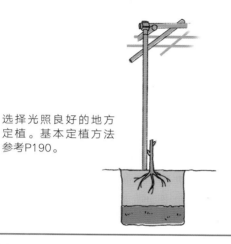

选择光照良好的地方定植。基本定植方法参考P190。

Q&A

Q 木通虽然开花但不结果是怎么回事？

A 木通如果不是2个品种一起种植，坐果率会很低。

木通只种植1个品种很难结果，即使开花了也无法结果。目前的栽培品种基本上都是三叶木通，试着培育作授粉树用的木通吧。

为了确保结果，推荐用其他品种的雄花进行人工授粉。

施肥方法

底肥 木通·野木瓜一般在12月至翌年1月时每株施用有机复合肥（P225）1千克左右。3月每株施用化肥50克。

追肥 在果实成长的6月前后，每株施用化肥30克。肥料不可施用过多，否则会导致藤蔓徒长。

2 整形修剪 ➡ 12月至翌年1月

为了让植株在春季多开花多结果，整形修剪是必不可少的管理工作之一。

树形管理 可以使用拱门、棚架或是架子等，参考P202。

第5年春 左右栽种的两个品种可形成拱门状。

拱门

第2年

定植后的第2年，将主枝的顶端卷须剪掉并进行牵引。植株离地面较近部位上的侧枝全部剪除

第3年

将侧枝上的卷须剪掉，长了花芽的枝条在花芽的前面一点剪除。第4年以后，想要植株生长得紧凑，在侧枝的7~8节处剪除

坐果位置 上一年生新梢的叶腋处长出混合芽。从基部开始，几乎每节都有花芽

冬

叶芽

对顶端卷须进行回缩修剪。顶端不会长花芽。

混合芽

从混合芽中可长出花和枝叶

夏

果实

Point

根据空间来修剪

侧枝一般都会修剪掉，但如果尚有空间，也可以让侧枝伸长。

▶野木瓜新梢上的混合芽。

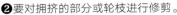

从这里修剪

❷ 要对拥挤的部分或轮枝进行修剪。

❸ 将留下的枝条牵引，注意不要让枝条交叉。

❶ 主干下面长出来2根平行枝，要将它们分别向远处牵引，注意不要交叉。

平行枝

野木瓜的冬季修剪

野木瓜是常绿植物，可以在3月对其拥挤的部分进行疏枝修剪。

❶ 剪去卷须。

❷ 剪去伸长过多的藤蔓。

3 开花·授粉 ➡ 4月

木通用其他品种的花粉进行人工授粉时更容易结果。

4 果实管理 ➡ 5月

不论是木通还是野木瓜，不进行疏果也没问题。

木通的花

总状花序，雌花在基部。

雌花

雄花

▲细枝或生长不好的枝条上很难有雌花。

人工授粉

▲用刷子等将其他品种的花粉涂在雌花上。

◀如果想要收获大果，在开花后大约1个月进行疏果，留下1~3个长得好的大果即可。

◀留下3个果实。

5 收获 → 8月末至10月

木通在果实裂开后就可以收获了，野木瓜果实成熟变软后就可以收获了。

▲木通果实着色后，快要裂开时将其切开收获。

▲野木瓜不会裂开，所以在果实成熟变软后收获。

病虫害防控

病害 常见病害有白粉病等。在梅雨季发病会让果皮颜色变差。可以通过对拥挤枝条疏枝，改善通风来预防。

虫害 除了春季容易出现蚜虫外，没有其他特别的虫害。看到了立刻清除即可。

食用方法

木通的果皮可以炒或淹渍，也可以做天妇罗。另外，木通的叶子据说有药用功效。夏季摘下叶子煮沸，晾干后可以作为花草茶饮用。

盆栽要点

需要搭配授粉树

盆栽与庭院栽培的管理方法基本相同。因为木通、野木瓜是藤本植物，所以需要搭架。

木通需要搭配授粉树，应同时种植至少2个品种。

夏季将花盆放在半阴处，不要让土壤干燥，一旦发现土壤表面干燥就要充分浇水。

结实后进行疏果，一般1个花盆留5～6个果实为宜，这样收获的果实较大。

可采用环形支架。第3年主枝伸长，将伸长后的主枝蛇形缠绕。第4年以后，对枝条进行回缩修剪。每年都要整理腋芽。

Point

◆ 花盆尺寸

用5～8号花盆，结果后每2年换大一号的花盆。

◆ 土壤肥料

将赤玉土和腐叶土按照1：1的比例混合。12月至翌年1月、6月施用有机肥（P225）。

◆ 浇水

发现土壤表面干燥要充分浇水。夏季注意不要让土壤过于干燥。

粉色或白色的花朵惹人怜爱！
杏树结出的果实可口，也适用于观赏。

杏

蔷薇科	难易度	▶ 一般

栽培要点　种植1棵就可结果，但是搭配授粉树，种植2个以上品种，或是和梅、李等一起种植更容易结果。

DATA

- **英语名**　Apricot
- **树高**　2.5 ~ 3米
- **日照条件**　向阳
- **栽培适地**　日本东北至甲信越地区，日本关东以南也可种植
- **初果时间**　庭院栽培 3 ~ 4年，盆栽3年
- **盆栽**　一般（7号以上花盆）
- **类型**　落叶乔木
- **产地**　中国东北部
- **收获时期**　6月下旬至7月下旬

种植月历

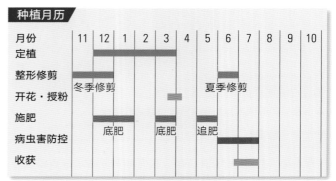

月份	11	12	1	2	3	4	5	6	7	8	9	10
定植		▬	▬	▬	▬							
整形修剪	▬	冬季修剪						夏季修剪				
开花·授粉					▬							
施肥		底肥		底肥			追肥					
病虫害防控								▬				
收获									▬			

杏的特征

可以享受熟透的多汁果实

　　杏的花期雨水较少，6 ~ 7月正是果实生长发育时期，比较凉快，适合在干燥的地方种植。不过日本关东以南地区也能种植。

　　和市场上销售的杏比起来，自家种植的果实香气更浓，熟透了的果实果汁多，吃起来非常美味。虽然可以自花结果，但是如果在其附近种植其他品种的杏树或梅树等，结果率更高。

品种选择

推荐东亚品种和欧洲品种

　　杏大体可以分两类。一类是适合加工用的、酸味比较强的东亚品种，另一类是甜度较高、加工生食两用的欧洲品种。

　　欧洲品种不耐病害，雨水过多很容易导致裂果，所以相比之下东亚品种更容易种植。如果为了结果更顺利，可以和其他品种一起种植。山形3号的花粉较多，一般多用作授粉树。

■ 推荐品种

平和	早熟品种。大果。东亚品种。花朵大而美丽。自花结实性弱。容易裂果。
山形3号	早熟品种。中果。东亚品种。花粉多，可以作为授粉树。裂果较少。
新泻大果	早熟品种。大果。东亚品种。容易隔年结果。裂果少，树型紧凑。
信州大果	早熟品种。大果。东亚品种。果实甜香是其主要特征。比较容易培育。
Havcot	晚熟品种。中果。欧洲品种。酸度低，甜度高，适合生食。裂果不太多。
Golden cocoon	晚熟品种。中果。欧洲品种。甜酸适度好。裂果不太多。
Chilton	晚熟品种。小果。欧洲品种。果实小而甜。生理性落果虽多，但易于种植。

管理作业

1 定植 ➡ 12月至翌年3月

日本关东以北地区或寒冷地区多在3月定植，除此以外的地区一般在12月至翌年2月定植。

要在光照充足，通风良好，土壤排水性好、湿度适宜、肥沃的地方种植。定植方法参考P190，定植时要浅植。

在主干50~60厘米处剪断。

定植方法参考P190

Q&A

Q 种植一棵杏树也可以结果吗？

A 虽然种植一个品种也能结果，但最好种植两个品种。

除了品种平和以外，其他品种的杏树都能自花结实，种植一个品种也可以结果。但是只种一个品种结果情况不稳定，所以最好在附近再种另外一个品种。

另外，杏的品种有早熟品种和晚熟品种，要选择开花期一致的品种一起种植，这是提升坐果率的关键。

施肥方法

底肥 12月至翌年1月每株施用有机复合肥料1千克，3月每株施用化肥150克（P225）。
礼肥 8月每株施用化肥100克为宜。

2 整形修剪 ➡ 6月（夏季修剪）
11~12月（冬季修剪）

杏的枝条容易向上生长。夏季修剪请参考梅的修剪（P14）。

树形管理 以自然开心形或变则主干形为基础，把握好枝条的平衡感。下面以自然开心形为例讲解。

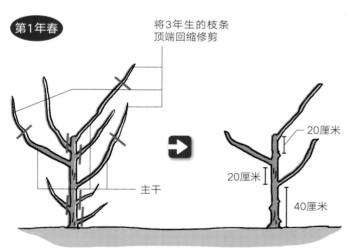

第1年春

将3年生的枝条顶端回缩修剪

主干

20厘米

20厘米

40厘米

主枝只留3根枝条，把握好平衡感。

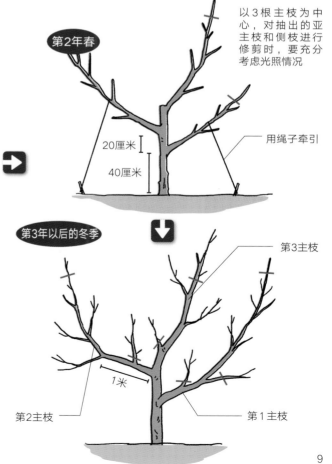

第2年春

以3根主枝为中心，对抽出的亚主枝和侧枝进行修剪时，要充分考虑光照情况

20厘米

40厘米

用绳子牵引

第3年以后的冬季

第3主枝

1米

第2主枝

第1主枝

Point

2年生枝条结果

杏树的枝条在第2年会长出很多花芽，所以要将第1年结果的老枝修剪掉，让新枝生长。

冬季修剪 以4年生杏树修剪为例说明。

从这里开始

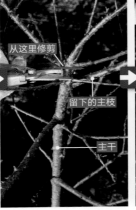

从这里修剪
留下的主枝
主干

剪掉侧枝

❶观察整体，留下5～6根枝条。

❷主干保留60厘米高，除主枝外，剩下的枝条剪掉。

❸主干被剪掉后的样子。

❹剪掉不需要的侧枝。

❺修剪后的样子。

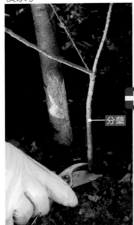

分蘖

从这里修剪

从这里修剪

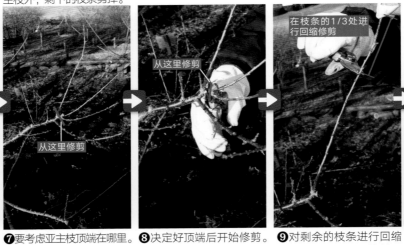

在枝条的1/3处进行回缩修剪

徒长枝
从这里修剪

❻从基部剪除分蘖。

❼要考虑亚主枝顶端在哪里。

❽决定好顶端后开始修剪。

❾对剩余的枝条进行回缩修剪。

❿徒长枝从根部剪除。

轮枝

在1/3处剪断

After

⓭修剪完成后。

▼俯视图。经过修剪留下了6个亚主枝，留下的亚主枝从360°来看，平衡感都很好。

⓫轮枝要考虑留下哪一枝，将不要的枝条剪掉。

⓬轮枝留下2根枝条，整理后的样子。

⓭其他的亚主枝修剪同上。整理徒长枝，剩余的枝条进行回缩修剪。

3 开花·授粉 ➡ 3月下旬至4月上旬

可自花结实，但人工授粉后结果更好。

▲杏花和梅花相似。人工授粉和梅花一样，参考P14。

病虫害防控

病害　常见果实斑点病等。多余的叶子剪除，改善通风和光照条件可以有效预防果实斑点病。

虫害　在新梢上容易出现蚜虫，同时也要注意二化螟，二化螟蛀干可引发流胶病。发现害虫后应立刻清除。

▲感染了果实斑点病的果实。

Point

疏果时以每20片叶子留1个果为宜

　　杏树不疏果也没问题。如果疏果，可以按照叶果比20：1来疏果。

4 收获 ➡ 6月下旬至7月下旬

采收最佳时间在开花后90天左右。制作果酱的果实熟透比较好。

◀果酒使用的杏一般是在果实变软前采摘，那时的果实还很硬。

食用方法

　　可以用于制作果酱、果干、果酒等。用于制作果酱和生食时，一般推荐使用熟透了的杏。制作干果和果酒时，最好在熟透前采摘使用。

盆栽要点

开花时期注意防寒

　　盆栽基本和庭院栽培的管理方法相同。不过在开花时期要注意避免受寒，最好将花盆挪到有阳光的地方。另外，如果夜间寒冷，最好将花盆移到室内。

　　树形可以选择自然开心形或变则主干形。如果条件允许可以种植2个品种。由于其可自花结实，只种一种一定程度上也能结果，但种植2个品种可提高结果率。疏果时按照叶果比20：1来进行。

Point

◆ 花盆尺寸

　用7~8号花盆定植，等到开始结果后，每2~3年换大一号的盆。

◆ 土壤肥料

　将赤玉土和腐叶土按照1：1的比例混合。12月至翌年1月、8月施用有机复合肥（P225）。

◆ 浇水

　比较耐干旱，所以管理时土壤保持较干燥即可。不过，炎热夏季每日要充分浇水2次。

日本种植梅树的历史已经超过1500年，有各种各样的果实食用方法，同时梅花也十分美丽。

梅

蔷薇科 　　　　　　　　　难易度 ▶ 一般

栽培要点　很多品种只种植一棵很难结果，需要与亲和性好的其他品种一起种植。

DATA

- 英语名　Japanese apricot　　• 类型　落叶乔木
- 树高　2.5～3米　　　　　　• 产地　中国中南部
- 日照条件　向阳　　　　　　• 收获时期　5～7月
- 栽培适地　日本除了北海道以外，其他地区均可种植
- 初果时间　庭院栽培3～4年，盆栽3年
- 盆栽　容易（7号以上花盆）

■ 推荐品种

甲州最小	小果。花粉多，可以自花结实。果实可以制作梅干或酿酒。
龙峡小梅	小果。花粉多，自花结实率高。果实可以制作梅干或梅渍。
月世界	中小果。花粉多，自花结实性强。淡粉色的花朵十分美丽。
玉英	大果。花粉少，需要授粉树。产量很高。
白加贺	大果。花粉少，需要授粉树。日本从江户时代就开始种植了。
莺宿	大果。花粉多，可以自花结实。果实颜色极美。适合制作梅酒。
南高	大果。虽然花粉多，但需要授粉树。其果实制作的梅干非常受欢迎。
丰后	大果。花粉多，可以自花结实。适合在寒冷地区种植。

※ 除了小果品种，还可以选择梅香、稻积作授粉树。

种植月历

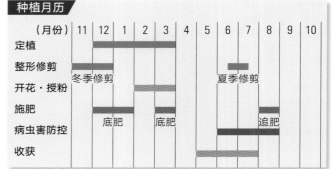

（月份）	11	12	1	2	3	4	5	6	7	8	9	10
定植												
整形修剪		冬季修剪						夏季修剪				
开花·授粉												
施肥		底肥		底肥					追肥			
病虫害防控												
收获												

梅的特征

果实用途广泛，花朵又香又美

　　梅的用途广泛，可以制作梅干、果酱、果酒、果汁等，是比较容易种植又很受欢迎的果树。梅花香气四溢，花朵有红色和白色，非常美丽，是和樱花齐名的咏春之物。

　　从开花到收获只要3个月，春季开花，初夏结果，可以集中作业。此外，梅是非常容易管理的果树。

品种选择

选择花粉多、易自花结实的品种

　　大多数的梅需要搭配授粉树树才能结果，宜选择花粉多、易自花结实的品种。

　　甲州最小、龙峡小梅等小果品种只种单一品种也可以结果。如果将它们和其他品种一起种植，产量还可以增加20%。南高梅等中果品种的自花结实率低，需要同时种植不同品种才能结实。

管理作业

1 定植 ➡ 12月至翌年3月

选择主干粗的苗木，日本关东以南地区建议在12月定植，寒冷地区在萌芽前（3月）定植。

选择光照充足，通风，土壤排水良好、肥沃的地方定植。定植方法参考P190。

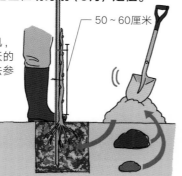

50～60厘米

Q&A

Q 只种植一棵，就能结果吗？

A 一般需要搭配授粉树。

　　梅因品种不同略有差异，甲州最小等小果品种的自花结实性稍强，可以只种植一棵。但若搭配授粉树产量也可以增加20%。南高梅等中果品种的自花结实率低，需要搭配授粉树。

施肥方法

底肥 定植时、12月至翌年1月、3月各施用有机复合肥1千克，3月施用化肥150克（P225）。

礼肥 收获后，8月施用化肥100克。

2 整形修剪 ➡ 11～12月（冬季修剪）
6月中旬至7月中旬（夏季修剪）

为了让春季开花多、结果好，整形修剪是必不可少的。

坐果位置
上一年长出的枝条会萌发出花芽，然后结果。

树形管理
基本以自然开心形和Y形为主，修剪以能多出短果枝为宜。

自然开心形

主枝

20厘米

20厘米

30～40厘米

保留3根主枝，使树形保持平衡。

Y形

50厘米

主干离地面50厘米左右分出两根主枝。

冬

长果枝
虽然有花芽，但难以结果，要在顶端1/3处回缩修剪

短果枝
短果枝花芽多，结果也多。

初夏

果实

15厘米左右的短果枝或中果枝上能结出很多果实。

如何区分花芽

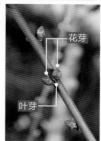

花芽

叶芽

▲ 饱满的是花芽。

Point
硬枝要用锯子锯掉
梅的枝条较硬，很难用剪刀剪断，用锯子修剪比较轻松。

冬季修剪
一般在落叶后，对结果好的徒长枝进行回缩修剪。日本关东以南地区在12月前，关东以北地区在1月前。

Before

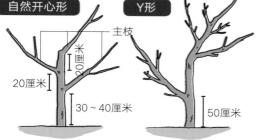

❶主枝有7～8枝。把握整体平衡，留下其中3根。

留下的枝条

❷切掉不需要的主枝。整形修剪的对象一般是细枝和枯枝。

从这里修剪

❸需要剪掉的枝条要从枝条基部剪。

把这里作为先端

❹要想象一个Y形的树形，对留下的主枝进行回缩修剪。

After

❺留下3根主枝，将它们修剪到容易作业的高度。

轮枝的修剪

一个地方长出几根枝条被称为轮枝，是整枝时修剪的对象。轮枝上有3根枝条时留下1根。

长果枝的回缩修剪

对长果枝进行回缩修剪，可以让短果枝长出来，提高产量。

3根枝条时留下1根

❶整枝前的状态。

❷将伸向内侧的1根枝条剪掉。

❸剪掉向上徒长的中央枝。

❹只留生长方向良好的1根枝条。

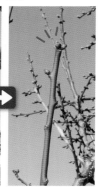

从这里修剪

❶在长果枝的顶端1/3处进行回缩修剪。

❷短果枝更容易萌出花芽，也更容易结果。

夏季修剪

在收获后进行夏季修剪，目的是为了改善通风和光照条件。

从这里修剪

❶枝条拥挤，通风和内部光照条件变差，所以要修剪掉多余的枝条。

❷要从枝条的基部剪，用修枝剪剪掉。

---

3 开花·授粉 → 2 ~ 3月

不进行人工授粉也可以，但是开花期进行人工授粉可以提高结果率。

梅花

人工授粉

摘下花粉多的其他品种的花，直接将花粉蹭在想要授粉的花上。

◀花色有白色和粉色等。

4 疏果 → 4月下旬至5月

基本不需要疏果，可以完全依靠自然落果。
果实过多或想收获大果时可以进行疏果。

❶疏果前的状态。叶果比较低。

❷在果实较多且集中的地方进行疏果。留下离树叶近的果实。优先去掉伤果和病果。

❸留下适合的数量，疏完果后的样子。

整形修剪时需要观察树木的状态

夏季进行回缩修剪的第2年会长出短果枝。冬季进行回缩修剪的第3年会长出短果枝。

但是，也不是说每年冬夏进行修剪后都会结出许多果实的。结果过多的树会消耗过多，所以要根据树的状态来判断什么时候修剪比较好，比如夏季没有修剪，那么冬季就进行修剪。

短果枝

▲整形修剪后，第二年长出的短果枝

病虫害防控

病害 常见黑星病、溃疡病、斑点病等。通过修剪来改善通风和光照条件，可达到预防病害的目的。

虫害 除了蚜虫外，还有介壳虫、象甲、天蛾等，发现了尽快清除。

▲斑点病症状。

5 收获→5～7月

需要食用青梅时，要在硬的时候采收。
需要食用黄梅时，可以等果实熟透了再采摘。

❶不用剪刀，直接用手摘。

❷青梅是在果实停止生长后采摘。日本关东地区在6月上旬采摘为宜。

食用方法

可以制作果酒、果汁、果酱、果干等。自家种植可以等梅子熟透了再采摘，这样的梅子可以用来做果干或果酱。

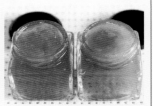

▲黄梅果酱 ▲青梅果酱

盆栽要点

盆栽和庭院栽培的管理方法基本相同。苗木定植时，要想象着数年后的树形来修剪。如果是2年生的苗木，5年后要有主枝3～4根。不是一下就留下3～4根，而是每年进行修剪，最后留下3～4根。即使枝条上有花芽，为长远打算该剪也要剪。

▲从上方观察，要保证枝条的平衡。

◀这是盆栽白加贺长出的幼果。

定植苗木的修剪

❶白加贺（2年生）的盆苗。主干下半部分的侧枝全部剪掉。

❷弯折、明显的细枝等弱枝要全部修剪掉。有选择地保留那些又粗又长的枝条。

❸考虑留在顶端的枝条。在第1年可以留下2个枝条作为候选。

❹定植后修剪完成的样子。

◆花盆尺寸
用7～8号花盆定植。结果后，每2～3年更换一次花盆。

◆土壤肥料
赤玉土和腐叶土按1：1进行混合。12月至翌年1月、8月施用有机复合肥（P225）。

◆浇水
比较耐干旱，但是也不要过于干燥。夏季每天都要充分浇水2次。

15

富含水分和酵素。种植一棵也能结果，初学者也能种植。

无花果

桑科   难易度 ▶ 容易

栽培要点
叶片大，蒸腾量大，为了避免缺水，要充分浇水。

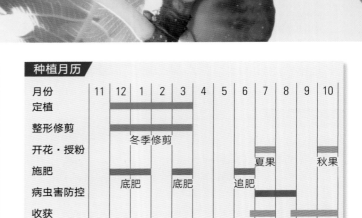

DATA

- **英语名** Fig
- **树高** 2~3米
- **日照条件** 向阳
- **收获时期** 6月下旬至7月下旬（夏季专用品种）
  8月下旬至10月下旬（秋季专用品种）
- **栽培适地** 日本关东以南等温暖地区
- **初果时间** 庭院栽培2~3年，盆栽2年
- **盆栽** 容易（7号以上花盆）
- **类型** 落叶灌木
- **产地** 西亚至阿拉伯半岛南部

■ 推荐品种

品种	特征
樱井	夏秋兼用品种。大果。坐果率高，种植简单。耐寒性稍差，不耐疫病。
蓬莱柿	秋季专用品种。大果。耐寒性强。日本自古就有种植。
White zenoa	夏秋兼用品种。中果。果皮为绿色。耐寒性强，坐果好。果皮可以食用。
Buraun taki	夏秋兼用品种。中果。株型紧凑，耐寒性强，种植容易。
Piore dofuin	夏季专用品种。大果且味道好，不耐炭疽病。果实要避开雨水。
Rongudouto	夏秋兼用品种。夏果单果重可达300克，几乎是无花果中最大的。糖度高，非常可口。

▶ 樱井的果实较大。

种植月历

月份	11	12	1	2	3	4	5	6	7	8	9	10
定植												
整形修剪		冬季修剪										
开花·授粉									夏果			秋果
施肥		底肥		底肥			追肥					
病虫害防控												
收获									夏果		秋果	

无花果的特征

无花果中有不用授粉就可结果的品种，容易种植

无花果原产于西亚至阿拉伯半岛，是亚热带植物，但是日本自古就有种植。野生的无花果是通过无花果蜂传粉，但在日本没有这种蜜蜂。但日本培养出了不用授粉就能结果的品种。所以不用担心授粉问题，而且种植一棵就能结果，对初学者来说是非常容易种植的果树之一。

品种选择

成熟期不和梅雨季重合的秋季品种更容易种植

无花果有在6月下旬至7月下旬成熟的夏季专用品种，还有在8月下旬至10月下旬成熟的秋季专用品种，还有夏秋兼用品种。

夏季专用品种成熟期赶上了梅雨季，果实很容易受伤。家庭种植时，推荐使用秋季专用品种或夏秋兼用品种。另外，秋季专用品种或夏秋兼用品种也适合盆栽。

1 定植 → 12月至翌年3月

日本关东以北或寒冷地区在3月定植。选择背风
且光照良好的地方种植。

选择排水良好的土壤，基
本定植方法参考P190。需
要注意无花果不能深植，
适合浅植。

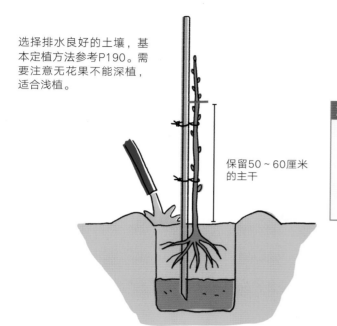

保留50~60厘米
的主干

施肥方法

底肥 12月至翌年1月每株
施用有机复合肥1千
克，3月每株施用化肥
150克。（P225）

礼肥 10月每株施用化肥
50克。

▶2年生苗。如果苗木主干
短，定植时就不用再剪短
主干了。

2 整形修剪 → 12月至翌年3月

趁着树尚小，要决定好树形。最好根据种植空间
来决定树形。

树形管理 家庭种植一般选择杯形。如果空间较大推荐
选择"一"字形。

自然杯状形

侧枝向两边
张开牵引

60~70厘米

枝条横向牵引，是一种矮树造型。树冠
中部能够很好地沐浴阳光。

"一"字形

对拥挤的枝条
进行疏枝

新梢顶端要剪掉并进行牵引

40~50厘米

间隔50~60厘米，留
下从侧枝上长出的向上
生长的枝条

"一"字形是专业种植者常用的树形。两
根主枝向两侧张开，用支架牵引。

17

坐果位置 无花果品种不同坐果位置不同。夏季专用品种在上一年的新梢顶端会萌出花芽,所以不需要回缩修剪。

秋果专用品种

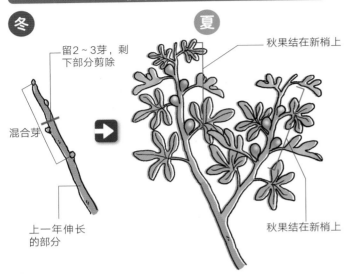

冬 留2~3芽,剩下部分剪除

混合芽

上一年伸长的部分

秋果结在新梢上

秋果结在新梢上

上一年伸长的枝条顶端萌发了花芽,留下2~3芽,剩下的剪除。

当年春天伸长的新梢上萌出花芽并结果。

夏秋兼用品种

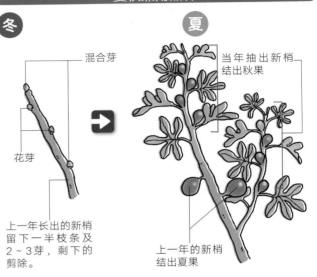

冬 混合芽

花芽

当年抽出新梢结出秋果

上一年的新梢结出夏果

上一年长出的新梢留下一半枝条及2~3芽,剩下的剪除。

上一年的新梢和当年抽出的新梢都会长花芽,留一半枝条不剪顶端。

上一年和当年长出的新梢都会结果。

冬季修剪 枝条柔软,所以修剪的前提是牵引枝条使其充分扩展。下面以6年生的樱井为修剪案例

Before

❶主干在上一年已经修剪了。无花果很容易抽出新梢,所以选择变则主干形比较好。最终留下7~8根侧枝。

在侧枝上方的位置剪掉

❷将主干弯曲的部分锯掉。

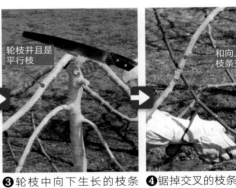

轮枝并且是平行枝

❸轮枝中向下生长的枝条和平行枝要锯掉。

和向上生长的枝条交叉了

❹锯掉交叉的枝条。

从这里修剪

❺然后再整理一下轮枝。

这根枝条伸长后就会与前方的枝条交叉

❻剪掉在内侧交叉的枝条。

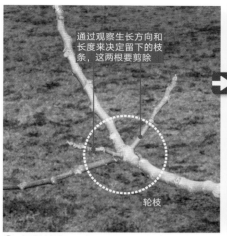

通过观察生长方向和长度来决定留下的枝条，这两根要剪除

轮枝

❼4根轮枝留下2根。

❽剪除2根之后的样子。

从这里剪

向外生长的芽

❾交叉枝在向外生长的芽上方进行回缩修剪。

Cut!

❿整理像这样的枝条，将它们从基部剪除。

⓫修剪后的样子。

⓬修剪后涂上愈合剂。

Point

在切面上涂上愈合剂

无花果不耐修剪，所以修剪后要使用修剪专用的愈合剂（P210）。

⓭修剪完成。

After

Point

刻芽可以提高产量

坐花不好时，可以在芽的上方剪出伤口，被称为"刻芽"，可以提高发芽率。在芽萌动前的3月左右制造伤口最有效果。虽然当植株受伤后，枝条顶端会分泌抑制生长的激素，不过为了遮盖受伤处，芽就会努力生长。

❶在芽的上方2～5厘米处割一个宽0.5～1毫米大小的伤口。

❷刻芽的位置。

19

牵引枝条让叶子充分沐浴阳光

　　无花果枝条柔软，很容易牵引出喜欢的样子。用支架和绳子辅助，让向下枝条向上生长，向上的枝条横向扩展。

❶为了让向上生长的枝条横向扩展，要搭支架。　❷用绳子和塑料铁丝将枝条绑在支柱上。　❸牵引之后的样子。

---

3 果实管理

虽然没有必要疏果，但如果果实过小、形状怪异或有病虫害果，也可以疏果。

树苗尚小时，按每8～10片叶子留1个果实的叶果比进行疏果，果实就会变大。

病虫害防控

| 病害 | 没有什么特别的病害。个别品种会出现炭疽病。 |
| 虫害 | 枝条和主干会被天牛寄生，同时要注意蝙蝠蛾。 |

▲被病害感染的果实。

---

4 收获 ➔ 6月下旬至7月（夏果）
　　　　　8月下旬至10月（秋果）

一般离枝条基部近的果实先成熟，收获变软的果实口感较好。

成熟后依次收获。

食用方法

　　可以制作果酱、果干、蜜饯果酒等。果酱、蜜饯或生食时，推荐使用熟透的果实。果干或果酒可以使用完熟前稍微硬一些的果实。

Q&A

Q 主干上有孔是怎么回事？

A 那是因为有天牛的幼虫寄生其中。

　　无花果容易被天牛寄生，如果放任不管，果树内部就会被掏空。如果发现主干上有孔，周围有木屑，那么其中有幼虫的可能性很大，要立刻处理。
　　发现虫洞后，要用吸管倒入驱除药剂，同时用脱脂棉堵住，将幼虫粘出来。发现成虫要立刻捕杀。此外，有缠在树上的驱除药剂，可以缠上预防天牛。

盆栽要点

按6～8片叶子留1个果的叶果比进行疏果

盆栽和庭院栽培的管理方法基本相同。无花果叶子大容易被风吹伤，从而更易感染病害，所以在大风天气最好将无花果挪进室内。

树形和庭院栽培相同，采用变则主干形或"一"字形。结果后，按6～8片叶子留1个果的叶果比进行疏果，可以收获大果。无花果不是没有花，而是一般看不到花，它为隐花序，花长在果实里面。

▲无花果的冬芽。

定植苗木的修剪

▲3年生无花果幼苗。品种是White zenoa。主干已经修剪，主要修剪下面的枝条即可。

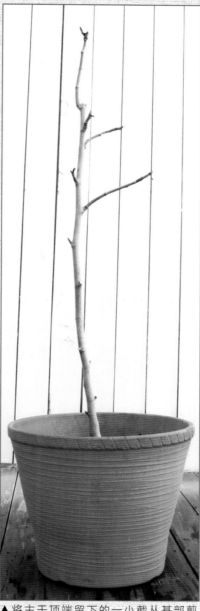

▲ 将主干顶端留下的一小截从基部剪除。下面的主枝从根部剪掉。

▲着色后果实会变柔软，成熟后就可采收了。

Point

◆ 花盆尺寸

使用7～8号盆定植，保留地上部分40～60厘米，其余进行回缩修剪。

◆ 土壤肥料

将赤玉土和腐叶土按1：1的比例混合。12月至翌年1月、9月分别施用有机复合肥（P225）。

◆ 浇水

水分不足时果实会裂开，夏天要特别注意不要让土壤干燥，要充分浇水。

橄榄在日本从古时就开始种植，美丽的树姿被很多人当作观赏植物。

橄榄

橄榄科　　　　　　　难易度　一般

栽培要点

橄榄是树势强的高大树木，种植的地方要足够宽敞。橄榄种植一棵很难结果，至少要同时种植2个品种才可结果。

DATA

- 英语名　Olive
- 树高　3～4米
- 日照条件　向阳
- 栽培适地　日本关东以西等温暖地区
- 初果时间　庭院栽培2～3年，盆栽2～3年
- 盆栽　容易（5号以上花盆）
- 类型　常绿乔木
- 产地　中国东部至地中海沿海
- 收获时期　9月中旬至10月

■ 推荐品种

Manzaniro	原产于西班牙。大粒果肉质量高，多用于西餐泡菜。隔年结果现象少，适合作授粉树。
Nepatero buranko	原产于西班牙。花粉多，适合作授粉树。种植一棵难以结果。适合用于榨油。
Mishon	原产于美国。有自花结实性。果实从绿色到红色、紫色、黑色变化。9月下旬至10月收获的果实可用于加工成西餐泡菜，11～12月收获的果实用于榨油。
Rechino	原产于意大利。适用于制作西餐泡菜和榨油，但果实略小。
Ruka	原产于意大利。虽然有自花结实性，但有授粉树更好。主要用于榨油，果实小但结果多。
Burantoio	坐果多，口感丰富。从意大利到美国、澳大利亚都有种植。适应性非常好。
Pikuaru	含油量在21%～25%，作为榨油品种被广泛种植。自花结果性强，种植一棵也能结果。

种植月历

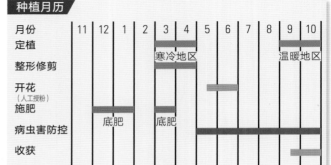

月份	11	12	1	2	3	4	5	6	7	8	9	10
定植					寒冷地区						温暖地区	
整形修剪												
开花（人工授粉）												
施肥		底肥			底肥							
病虫害防控												
收获												

橄榄的特征

在贫瘠的土地上也能种植，耐海风

据记载，日本是在江户时代末期，从法国将橄榄引入种植的。橄榄树势很强，即使在贫瘠的土地上或是海风很强的沿海地区也能种植。此外，其耐寒性强，在日本关东北以西地区都可以种植。

品种选择

种植一棵难以结果，所以至少要种植2个品种

全世界橄榄的品种超过500种，大多数都没有自花结果性。所以需要不同品种的橄榄来授粉。另外，也有品种之间授粉效果不好的。Nepatero buranko的花粉多，最适合作授粉树。即使有自花结实性的品种，种植2个品种，坐果率也会提高。另外，有些橄榄适合用于榨油，有些适合用于制作泡菜，根据自身需求来选择品种比较好。

管理作业

1 定植 → 3～4月（寒冷地区）
　　　　　　9～10月（温暖地区）

3～4月最适合定植，温暖地区在秋季定植也没问题。趁着苗木小，赶紧搭起支架来支撑。

选择光照充足、排水良好的地方定植，定植方法参考P190。橄榄属于浅根系植物，所以种植时要注意防止倒伏，主干修剪至60～70厘米高。定植5年之内都需要用支架支撑。

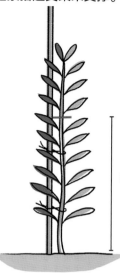

60～70厘米

Q&A

Q 橄榄树长大了，但就是不结果，这是怎么回事？

A 要在附近种植其他品种。

　　只种植一棵橄榄时，自花结果性低的品种会完全不结果。如果想让其结果，就要和花粉多的其他品种一起种植。授粉树紧凑种植也没有问题，但开花期要一致。当然，如果不期待结果，可将橄榄当作观叶植物来种。

施肥方法

底肥　12月至翌年1月每株施用有机复合肥1千克，每株3月每株施用化肥400克（P225）。

---

2 整形修剪 → 3～4月

橄榄是常绿果树，春季要先修剪拥挤的枝条。

树形管理　定植时已经修剪了主干，将树修剪成有3根主枝的变则主干形或是自然开心形（P200）。

坐果位置　上一年伸出的枝条中间萌发出的腋芽会变成花芽。

变则主干形

徒长枝

主枝

对徒长枝、内生枝、交叉枝等进行疏枝修剪。

冬

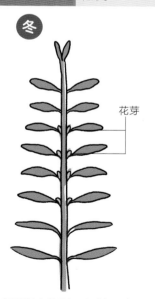

花芽

冬季温度降到10℃以下时，腋芽会变成花芽。

初夏

花序

一个花芽会长出20～30朵花的花序。

春季修剪 树形自然展开，拥挤部分要进行疏枝修剪。

从这里修剪

▲为了让中间的花芽不掉落，要将枝条回缩1/3。

Cut!

▲只将顶端部分修剪掉。

Cut!

▲上面部分容易长出徒长枝，考虑树形疏枝修剪。

Point

保持平衡，可以时不时进行强修剪

　　如果树形被严重打乱，果树长高过多，可以考虑将粗枝从基部修剪掉。橄榄树耐修剪，即使进行强修剪，对生长发育也不会有影响。

---

3 **开花・授粉** ➡ 5月中旬至6月末

即使是自花结果的品种，如果多品种一起种植，产量也会更好。

▲橄榄的花蕾。

▲5~6月开出白色的花朵。

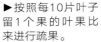

Point

不进行疏果也没问题

　　橄榄不进行疏果也没问题，不过如果坐果很多而不进行疏果的话，果实会小很多。

▶按照每10片叶子留1个果的叶果比来进行疏果。

病虫害防控

病害 如果土壤排水性差就很容易出现炭疽病。

虫害 有啃食树皮的害虫——多孔横沟象（*Pimelocerus perforatus*）。可通过对主干周围进行除草来预防。

▶天蛾的幼虫啃食叶子，发现后要立刻捕杀。

4 收获 ➡ 9月中旬至10月末

西餐泡菜用的一般是微微长出一些黑点的绿色果实，在成熟变软前就要采收。

▲西餐泡菜使用的橄榄要趁着绿色时采摘。

▲榨油用的橄榄要等到彻底变黑成熟后再采摘。

食用方法

　　橄榄可用于盐渍西餐泡菜和榨橄榄油。在制作西餐泡菜时，为了将橄榄中苦涩的味道去除，需使用苏打。苏打在日本是管理药品所以使用时要注意。另外，榨橄榄油需要用到很多橄榄，且必须要有榨油机，所以对一般家庭而言，操作起来比较困难。

盆栽要点

通过调控温度让花芽萌发

　　橄榄很耐干旱，所以盆栽种植很容易。因为橄榄是常绿果树，且叶色和叶形很特别，所以作为观赏植物也十分受欢迎。橄榄不耐潮湿，所以浇水时要特别注意。

　　12月至翌年1月的平均气温如果不在10℃以下，橄榄就不会萌发花芽。所以如果期待开花一定要进行温度管理。有些人夜间将花盆搬到室内，但这样温度过高反而不容易萌发花芽。

　　树形要根据空间来修剪。如果放在屋外可以选择自然开心形（P203），留3根主枝。如果常放在室内窗边，可以选择变则主干形来抑制树高。

◆ 花盆尺寸
　　选择5~7号盆定植。

◆ 土壤肥料
　　赤玉土和腐叶土按照1：1的比例来混合。12月至翌年1月施用有机复合肥1千克左右。

◆ 浇水
　　非常耐干旱，但在6~7月的结果期里，每天要浇水2~3次。冬天基本上是土壤干了再浇水。

▶橄榄周围种上花草也很好看。照片是将香雪球等种植在橄榄周围。

人们熟知的庭院果树，秋季的果实是一道美丽的风景。

柿

柿树科　　　　　　　　难易度　▶　普通

栽培要点

柿大体分为甜柿和涩柿两种。品种不同，要求的种植环境也不同，要根据地区来选择品种。

DATA

- **英语名**　Persimmon
- **类型**　落叶
- **树高**　2.5～3米
- **产地**　日本东北至九州、韩国、中国等地
- **日照条件**　向阳
- **收获时期**　10～11月
- **栽培适地**　日本关东以西地区（甜柿），东北以南地区（涩柿）
- **初果时间**　庭院栽培4～5年　盆栽3～4年
- **盆栽**　略难（7号以上花盆）

种植月历

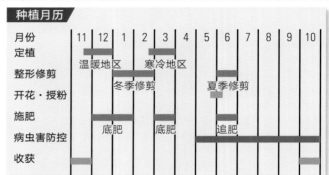

月份	11	12	1	2	3	4	5	6	7	8	9	10
定植		温暖地区			寒冷地区							
整形修剪			冬季修剪					夏季修剪				
开花·授粉												
施肥		底肥			底肥		追肥					
病虫害防控												
收获												

■ 推荐品种

甜柿	富有	甜柿的代表品种。果肉甜度高，十分可口。只种一个品种也能结果，但有授粉树坐果率会更高。
	次郎	果肉密度高，甜度高。果实外形扁平。顶部容易裂果。
	太秋	果实大，保质期长。枝条坚硬，容易折断。青果时期口感就很甘甜，适合做沙拉。
	新秋	早熟品种中甜度最高的，完全成熟后口感极佳。大果，生理性落果少。
不完全甜柿	西村早生	有早果性，9月下旬至10月上旬就可收获。人工授粉可以去掉涩味。适合作授粉树。
	禅寺丸	雄花多，从古至今都被当授粉树。甜度高的晚熟品种，中果。
涩柿	蜂屋	其果实典型特征是顶部尖，干燥快，能制作出极好的柿饼。
	平核无	没有授粉树也能结果的品种。果实扁平，从上方看近似正方形。一般用于做柿饼。
	西条	非常容易去掉涩味，很适合加工成柿饼。没有授粉树也没问题。
	市田柿	生的时候涩味很强，去掉涩味做成柿饼后十分香甜可口。雄花很容易坐花。
	四沟	做成的柿饼非常甘甜可口且保质期长。

柿的特征

柿在日本自然分布广泛

柿主要分为甜柿和涩柿，甜柿是日本改良的品种。甜柿的成熟期在秋天，如果天气很快凉下来，日照不足容易导致脱涩不稳定。所以，甜柿比较适合在日本关东以西地区种植。涩柿在日本东北以南地区均可以种植。但是在日本鹿儿岛以南，柿会变成常绿植物，生长发育也变得不太稳定。

品种选择

种植2个品种更容易结果，果实也更好吃

柿是雌雄异花，多数品种雄花较少，不易自身结果，但有些品种即使不授粉也多少能结出果实，这种现象被称为单性结实。

大多数涩柿都能单性结实。但是，不论甜柿还是涩柿，有授粉树就能结出更多的果实，果实更容易成熟，口感更好。所以2个品种一起种植比较好。建议甜柿和涩柿进行人工授粉。

1 定植 ➡ 11月中旬至12月末（温暖地区）
2月末至3月末（寒冷地区）

一般在11～12月定植，但是寒冷的地区可以推迟到3月左右再定植。柿树不耐干旱，喜欢潮湿，所以应该深植。

❷去掉苗盆可以观察到根系。黑色的是柿树的根系，其余是要去除的杂草的根。

❶品种富有的3年生嫁接苗。种植在光照充足、保水性较好的黏土中。

❸柿树的根系很容易受伤，所以一定注意不要伤到根系，从底部挖一点儿。

❹将从种植穴挖出的土和腐叶土、赤玉土混合好，再填回种植穴中。

❺深植，苗的嫁接口要在地面上方。

❻在苗的周围挖一圈蓄水沟。

❼在蓄水沟中充分浇水。

❽轻轻覆盖土壤。

❾苗木定植完成。

Point

深植时要使劲压土

深植时，要用手使劲按压土壤，让苗稳固。

2 整形修剪 → 1～2月

在落叶期进行修剪。光照良好的枝条会萌发花芽，所以要对拥挤的部分进行疏枝。

树形管理 因为树苗尚幼生长速度不快，所以不要进行回缩修剪，让其长成自然开心形。

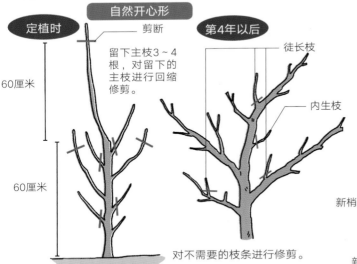

定植时 **自然开心形** **第4年以后**

剪断

留下主枝3～4根，对留下的主枝进行回缩修剪。

徒长枝

内生枝

60厘米

60厘米

对不需要的枝条进行修剪。

柿子的芽

混合芽

叶芽

混合芽

混合芽

▲新梢顶端长出混合芽，膨大成饭团的形状。

▲叶芽的形状比较尖。

坐果位置 在新梢的顶端附近会萌发花芽，所以不要对其进行回缩修剪。

春

混合芽

新梢

叶芽

新梢顶端上的2～3个芽是混合芽。

夏

果实

结果枝

营养枝

结过果的枝条第2年不会结果。

冬季修剪 柿树枝条柔软，果实多长在新梢顶端，很容易下垂。以3根主枝的变则主干形（P200）为例。

Before

❶首先，决定留下哪根主枝。主枝左右交替比较好。

❷从内侧看的样子。从不同的角度看，最后决定留下哪根枝条。

❸右侧长出来的平行枝用锯子锯掉。

从这里修剪

❺向上生长的徒长枝要从基部剪除。

从这里修剪

❻修除两根徒长枝后的样子。

从这里修剪

❹亚主枝里的内生枝也要剪掉。

把这里当作顶端

❼决定最上面的主枝的顶端位置儿。

After

❽这里即将变成轮枝，所以要将向下生长的枝条剪除。

❾向上生长的两根平行枝中，剪掉其中一根。

Cut!

❿枝条整理好的样子。

⓫结果后，将枝条进行回缩修剪，第2年才能更好地结果。

⓬其他主枝的修剪也同上述操作。修剪轮枝、徒长枝、内生枝等。

病虫害防控

病害　斑点落叶病主要危害叶片，感染后叶片上会出现褐色圆斑，到了秋天就会掉落。落下的叶子要赶紧处理掉。6月左右炭疽病会出现，叶子和果实上会出现黑色斑点，可能会导致落果，要将发病部位尽快去除。

虫害　柿蒂虫的幼虫会啃食果实，最后导致落果且只留下果蒂。在冬季可以清除柿蒂虫的越冬场所，即刮老翘树皮。

▲被柿蒂虫侵害的果实。

▲感染了斑点落叶病的树叶。
▲刺蛾的幼虫取食叶片，它们有毒毛，用于触摸会有危险。

Point

刮老翘树皮来预防病虫害

树皮裂开，出现瘤状物，凹凸不平并且出现龟裂，很容易寄生斑点落叶病病菌，柿蒂虫和刺蛾等害虫也会在此处产卵，特别是枝条表面或分叉处。所以要刮老翘树皮来预防上述病虫害。

一般在1~2月刮老翘树皮，将树皮上软木质的部分或是黑色部分刮掉。刮老翘树皮时要注意不要将中间柔软的绿色部分暴露出来，稍微露一点儿白色部分没有关系。

刚开始刮树皮可能会花些功夫，但是如果每年都做，之后就没有那么难了。刮老翘树皮可以减少使用农药。此外，刮掉的树皮如果扔在果园里不处理，会让病菌进入土壤，所以一定要带出果园处理掉。

3 开花·授粉 ➡ 5月末至6月初

人工授粉能确保果树结果。

雌花

雄花

Point

疏蕾要在5月左右

一个枝条上萌发了2个花蕾时，要疏掉一个。如果萌发了3个，可以留下1~2个。萌发了4个留下2个。选择留下大的花蕾。限制花的个数可以给果树减轻负担。

人工授粉

▲将雄花的花粉抖落在黑色的纸上，然后用刷子蘸上，刷在雌花的花柱上就完成了人工授粉。

4 整形修剪 → 6月

结果时期应最小限度修剪，不要反复修剪。

案例1

从这里修剪

以长度超过60厘米的枝条为回缩修剪对象。修剪掉顶端的1/3，这样第2年能结果的枝条就会增加。

案例2

在众多新梢中，留下生长方向和粗度都不错的，其余剪掉。

Point

如果想要用叶子沏茶，就要在初夏采摘

最好在5~8月摘柔软的嫩叶。用柿叶沏茶，可以切碎蒸熟干燥，或是切碎后直接干燥。不论甜柿还是涩柿，其叶子都可以做茶。

▲采摘初夏的嫩叶。 ▲使用夏季修剪掉的枝条上的叶子。

5 疏果 → 7月下旬至8月上旬

在生理性落果结束后的7月下旬，按照每15~20片叶子留1个果的叶果比进行疏果。

长度为20~40厘米的枝条上留1~2果为宜。柿树枝条顶端的果实以及向下生长的果实会长得较大，所以将枝条基部的果实和向上生长的果实去掉。

案例1 图中有3个果实，一个枝条上留下1果，所以需要修剪掉1个果实。疏果时注意不要留下果蒂。

Before　　　　　　　　　　　　　After

摘除

案例2 一个枝条上并排长了3个果实，只能留下其中一个。将中央的小果，以及离枝条基部近的果实去除。

Before
摘除

After

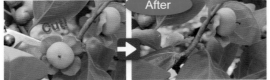

Q&A

Q 果实总是在成熟前落果，这是怎么回事？

A 可能是授粉不好或是病虫害导致的。

　原因1　授粉不好容易落果，所以要在结果树附近种植授粉树，人工授粉也能降低落果率。

　原因2　遭到柿蒂虫或斑点落叶病危害。在新叶长出的3月上旬，对叶芽和树皮1周喷洒2次杀菌剂。

　原因3　果实过多，光照不足。树体内部营养不足等导致的自然落果被称为生理性落果。果实数量过多时要适当疏果。光照不足时要通过修剪让树内部也能照射进阳光。注意氮肥不要施用过量。

Q 去年结果多，今年结果少，是怎么回事？

A 隔年结果现象。

上一年结果过多时，会导致当年果树营养不足，花芽无法萌发，也就结不了果，即隔年结果现象。为了让每年产量稳定，要进行疏蕾、疏花（P231），不要让果树结果过多。一般每15~20片叶子留1个果，不过有些品种除外，如西村早熟是每20片叶子留1个果，富有是每15片叶子留1个果。

6 收获 ➡ 10 ~ 11 月

果实变成橙色就成熟了，可以采收了。

▲ 结果会对树造成一定负担。为了不影响第2年坐果要尽快采收。

◀ 采收时用剪刀摘果。如果要制作柿饼，枝条要留成T形的。

食用方法

甜柿可以直接吃，涩柿必须要脱涩。不论甜柿或是涩柿都可以制作柿饼，不过涩柿的糖度较高所以更适合做柿饼。

▶ 剥皮后做柿饼。

Point

脱涩的方法

果实在采收后会导致乙烯增加，代谢加快。所以在采摘后应立刻进行脱涩，否则容易发霉。脱涩一般在采收1天之后进行。

❶ 用35°烧酒浸泡果蒂。

❷ 浸泡后放入塑料袋中。数量多时可以放在塑料袋后再放入纸箱，果蒂向下摆放。趁着烧酒还没有干要赶紧摆放完成。

烧酒

❸ 密封好塑料袋口，在15~20℃的阴凉处存放1~2周。脱涩之后就可以从塑料袋中取出。

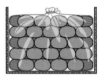

盆栽要点

结果后要进行疏果

盆栽和庭院栽培的管理方法基本相同。在主干与盆高相同的位置进行回剪，使其变成变则主干形或自然开心形。

柿不耐干旱，土壤表面要保持湿润，所以要充分浇水。另外，为了让每年产量稳定，必须要进行疏果。如果不进行疏果，叶片数量会变少，树的寿命也会缩短。

定植苗木的修剪

Before

从这里修剪

Cut!

Cut!

❸ 在向外生长的芽上方剪除。

❷ 将主枝顶端去掉1/4~1/3，在生长方向理想的芽上方剪除。为了选择合适的芽，最大修剪长度要保持不超过总长的1/2。

Cut!

❹ 第2根主枝也是在向外生长的芽的上方剪除。

After

Cut!

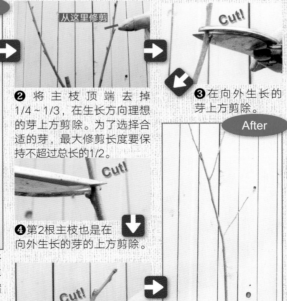

❺ 第3根主枝进行回缩修剪。

❻ 定植修剪后的样子。

❶ 主枝只有3根，所以要全部留下来，不过要对主枝进行回缩修剪。

Point

◆ 花盆尺寸

用7~8号盆定植。幼树1年换1次盆，成年树1~2年换1次大一号的花盆。柿喜水，所以要充分浇水。细长的花盆蒸发快，所以选择方形的花盆比较好。

◆ 土壤肥料

为了预防干燥，在赤玉土和腐叶土中加入黑土，按1：1：1混合。12月至翌年1月、9月均施用有机复合肥（P225）。

◆ 浇水

要保持土壤表面湿润。如果等土壤表面干燥再浇水，反复几次根系就会死掉。在果树生长发育快的5~8月要早晚各浇1次水，每次都要浇透。

不怎么费功夫就能结出许多果实，木瓜、榅桲的果实可以用来加工果酒，是利用价值很高的果树。

木瓜·榅桲

蔷薇科　　　　　　　　　　难易度　一般

栽培要点　可以在空间比较狭窄的地方种植，但要通过修剪好好打造树形。

DATA

- 英语名　Chinese quince（木瓜、木瓜海棠）、Quince（榅桲）
- 类型　落叶乔木　　•树高　3 ~ 3.5 米
- 产地　中国（木瓜）、中亚（榅桲）
- 日照条件　向阳　　•收获时期　9月至11月上旬
- 栽培适地　日本北海道以南雨水少、夏季凉爽的地区（温暖地区在成熟前容易落果）
- 初果时间　庭院栽培 4 ~ 5 年，盆栽 3 年
- 盆栽　可能（7号以上花盆）

种植月历

月份	11	12	1	2	3	4	5	6	7	8	9	10
定植		■	■	■	■							
整形修剪		■	■	■								
开花·授粉						■						
施肥		■			■							
病虫害防控		底肥			底肥	■	■	■	■			
收获	■										■	■

■ 推荐品种

木瓜		木瓜在日本只有一个本土品种。叶子为椭圆形，果肉坚实，不适合生吃。果实颜色为黄色到深黄色。株型为直立，向上生长。
榅桲	本土品种	枝细容易开裂。果肉坚实，不适合生食。花粉多，种植一棵就能结果。株型开张，横向生长。可以作授粉树。
	sumiruna	外来品种。果实洋梨形，很大，成熟后果皮和果肉都变成黄色。种植一棵也很容易结果。株型直立。

▶深粉色的可爱的木瓜花。

木瓜·榅桲的特征

花朵很美，开花期香气四溢

很多人认为木瓜和榅桲是同一种植物，但其实还是有些差别的。木瓜枝条直立生长，榅桲枝条横向生长，榅桲没有木瓜高。

另外，木瓜是红色的花朵，榅桲一般是白色或粉色的花朵。花朵十分可爱，作为观赏用的果树十分有存在感。榅桲的果皮上有茸毛，木瓜没有。但是两种植物的种植方法基本相同。

品种选择

木瓜只有本土品种，而榅桲有多个品种

木瓜只有本土品种。但是有几个树形或果实大小有差异的品系。木瓜种植一棵也能结果，所以不需要授粉树。

而榅桲除了本土品种，还有一些外来品种。榅桲种植一棵也能结果，但是结不了太多。种植榅桲时，可以搭配种植本土品种和sumiruna，这样结果会非常顺利。

1 定植 ➡ 12 月至翌年 3 月

木瓜、榅桲喜欢凉爽的种植环境，与苹果适种地区重合。一般在冬季阳光充足的地区种植。

嫁接部分选择健壮的苗，定植方法参考P190，定植后充分浇水。苗的主干保持50~60厘米长。

种植穴为长50~60厘米的正方形，趁着苗尚小架起支柱。

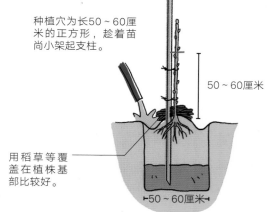

50~60厘米

用稻草等覆盖在植株基部比较好。

←50~60厘米→

施肥方法

| 底肥 | 12月至翌年1月每株施用有机复合肥1千克左右，3月每株施用化肥150克左右（P225）。 |

2 整形修剪 ➡ 12 月至翌年 2 月

主枝留3~4枝，紧凑生长比较好。为了让树冠充分接受阳光，要进行疏枝修剪。

坐果位置
木瓜和榅桲的花芽生长位置有所差别，要仔细检查。

树形管理
自然开心形或是U形（P200、P201）比较好。

自然开心形

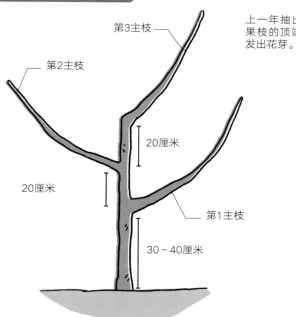

第3主枝

第2主枝

20厘米

20厘米

第1主枝

30~40厘米

在修剪3个主枝时，一定要保持平衡。各主枝之间要尽量保持20厘米的理想间距。

■木瓜

冬

上一年抽出的长果枝的基部到中间部分会长出花芽。

上一年抽出的短果枝的顶端会萌发出花芽。

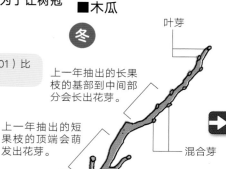

叶芽

混合芽

➡ 夏

果实

■榅桲

冬

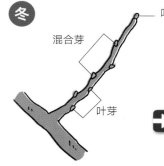

混合芽

叶芽

叶芽

➡ 夏

枝条顶端长出1个果实

上一年抽出的新梢顶端附近会萌发混合芽，春天从那里抽出的新梢顶端会长出1个花芽。

冬季修剪	对长果枝进行回缩修剪以便让短果枝长出来，拥挤的枝条，要从枝条基部疏去。照片里的果树是木瓜。

After

修剪掉的部分

Before

从这里修剪

从这里修剪

❶尽量留下新梢的顶端，让其抽出许多短果枝。长果枝要进行回缩修剪。

❷长果枝进行比较轻的回缩修剪。

❸和左边的长果枝一样进行修剪。

❹回缩的地方会抽出短果枝，第2年坐果就会变好。

3 开花·授粉 ➡ 4月下旬至5月上旬

推荐进行人工授粉，可以让坐果效果更好。

▲木瓜人工授粉时，用刷子在花中心来回刷。

Point

人工授粉要选择子房大的花

人工授粉时，要选择子房大的花。子房小的花容易落果，所以选择子房大的花是种植成功的关键。

木瓜自花授粉就可以，榅桲要用其他品种的花粉来授粉。用刷子将花粉刷到雌蕊上。

子房

▲选择子房大的花朵。

4 疏果 ➡ 5月下旬至6月上旬

基本不需要疏果，但如果有形状不好的果实要去除。套袋可以预防病虫害。

▲疏果时，木瓜每20～25片叶子留1个果，榅桲的中小果品种为每40片叶子留1个果，大果品种为每60片叶子留1个果。在6月下旬前进行套袋，预防食心虫。

病虫害防控

病害 果园周围有锈病转主寄主桧柏，容易患锈病，所以要仔细检查附近有没有桧柏。
虫害 会有象甲，发现后立刻捕杀。食心虫会进入果实，造成果实损伤，可用套袋的方法来预防。

◀在枝条上寄生的日本球蚧，成虫就会固定在枝干上，发现了要立刻清除。

▶正在啃食果实的日本苹虎象，发现后立刻捕杀。

34

5 收获 ➡ 9 月至 11 月上旬

果实颜色从绿色变成黄色，香气散发出来后就可以采收了。

▲木瓜的果实。

榅桲的果实

Q&A

Q 木瓜结果不好怎么办？

A 推荐进行人工授粉。

城市里常缺少传粉昆虫（牛虻、蜜蜂），这样就会导致果树不能自然授粉结果。特别是高楼上的阳台，基本没有传粉昆虫。这时，最好进行人工授粉。

食用方法

木瓜与榅桲香气四溢，对治疗感冒和喉咙疼痛都有特效，是很受欢迎的水果。

木瓜可以加工成果酒和蜜糖果脯，榅桲可以制作成果酱和果冻等。

盆栽要点

在盆栽木瓜和榅桲时，一定要好好浇水。特别是夏季，要早晚各1次，每次浇水都要充分浇透。

树形方面，盆栽和庭院栽培基本相同，建议采用自然开心形，不过在阳台种植也可以选择U形。将2根主枝整成U形，让亚主枝向上生长。

不论哪种树形，为了让果树多抽短果枝，都应在过长的新梢的顶端1/3处进行回缩修剪。

Point

◆ **花盆尺寸**

用7～8号盆种植。

◆ **土壤肥料**

将赤玉土和腐叶土按1：1混合。12月至翌年1月每株施用有机复合肥1千克左右（P225）。

◆ **浇水**

表土干燥时要浇水。特别是盛夏，一定要好好浇水。但是在花芽开始萌发的6～7月，为了促进花芽生长，适当控制浇水比较好。

对新梢进行回缩修剪就能抽出短果枝

U形

牵引2根主枝向左右张开，让侧枝向上生长。

狝猴桃是藤本植物需要设立支架，造型丰富，是园艺中十分受欢迎的果树。

狝猴桃

| 狝猴桃科 | 难易度 | 一般 |

栽培要点　需要种植雄株和雌株两棵。修剪和疏果是生产优质果实必不可少的管理工作。

DATA

- 英语名　Kiwi fruit
- 类型　落叶藤本
- 树高　支架高度
- 产地　中国
- 日照条件　向阳
- 收获时期　10 ~ 11月
- 栽培适地　日本东北南部以西，冬季不低于零下10℃的地区
- 初果时间　庭院栽培 4 ~ 5年，盆栽3 ~ 4年
- 盆栽　容易（7号以上花盆）

■ 推荐品种

雌花品种	海沃德	日本种植最多的品种，果实大。株型微直立，可以紧凑种植。
	香绿	大果，果肉色深且甜度高。结实容易，适合庭院种植。果实不耐软腐病。
	Golden king	糖度高，酸味强，口感浓厚。在树上完全成熟后不需要催熟。果肉为黄色。
	富士金	又叫黄色糖心。催熟后非常甜。耐贮藏。
	彩虹红	种子周围是红色，切开后很好看。酸味不强，口感甘甜。
雄花品种	陶木里	花粉多，适合作香绿等花期晚的品种的授粉树。
	Matsua	开花期长，可以作所有雌花品种的授粉树。
	孙悟空	开花期早，可以作Golden king等开花期早的品种的授粉树。
	Roki	适合作Golden king、东京金等早熟品种的授粉树。

种植月历

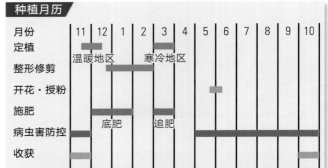

月份	11	12	1	2	3	4	5	6	7	8	9	10
定植		温暖地区			寒冷地区							
整形修剪												
开花·授粉												
施肥			底肥		追肥							
病虫害防控												
收获												

狝猴桃的特征

家庭种植可以从成熟的果实开始采收

　　狝猴桃富含维生素C，是营养价值很高的水果。并且耐病虫害，是一种很容易种植的果树。主产地是新西兰，原产地是中国。1960年，新西兰改良品种传入日本。

　　市场销售的狝猴桃多是同一批采收的，成熟度不统一。不而自家种植的狝猴桃可以从成熟的果实开始依次采收，催熟也很容易。

品种选择

狝猴桃是雌雄异株植物，需要同时种植两个品种

　　狝猴桃是雌雄异株的植物，为了让其结果，需要雌雄两株一起种植，并且需要人工授粉。选择开花期相同的雌株和雄株，是让狝猴桃顺利结果的诀窍。海沃德和陶里木、Golden king和孙悟空等亲和性好的品种一起种植。如果空间有限，可以种植1株雌株和1株雄株，如果还有空间推荐种植2株雌株和1株雄株。果肉的颜色由雌株决定。

管理作业

1 定植 → 11月中旬至12月中旬（温暖地区）
3月（寒冷地区）

不耐干燥和过度潮湿，需要向阳种植，并且需要保水能力和排水能力都良好的土壤环境。

先种植雌树，然后间隔3～5米种植雄树。空间不够时，雄树可以紧凑种植。因为不抗强风，所以最好选择避风的地方种植。定植方法参考P190，定植好后需要搭架。苗木定植后，要将主干修剪到40～60厘米高。

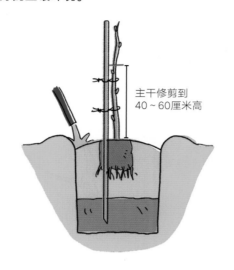

主干修剪到40～60厘米高

Q&A

Q 完全不结果是怎么回事？

A 雌株和雄株的花期可能不一致。

　　你是否了解自己种植的猕猴桃品种呢？即使种植了2棵树，但如果都是雌株或都是雄株就不会结果。

　　另外，即使雌、雄株各种植一株，开花期不一致也无法授粉结果。应该选择开花期一致的品种。

施肥方法

| 底肥 | 12月至翌年1月每株施用有机复合肥1千克左右。3月施用每株化肥150克左右（P225）。 |

2 整形修剪 → 12月下旬至翌年2月末

冬季修剪枝条是提高坐果率的关键。

树形管理
如果种植空间较小，可以搭建T形架，架面一般是至少5米×5米的正方形。

T形架

第1年冬季

T形架高2米，两边各种1株雄株，中央种植雌株，用支柱牵引。苗木修剪到40～60厘米高。若为幼树可以牵引长势好的新梢。

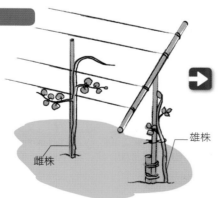

雌株　雄株

第2年冬季

雄株主枝只留一条。雌株主枝左右各留一条，牵引其向上生长。对主枝上长出的亚主枝进行疏枝修剪，间隔40～50厘米，疏枝要从基部切除，对留下的亚主枝于顶端1/3处回缩修剪。

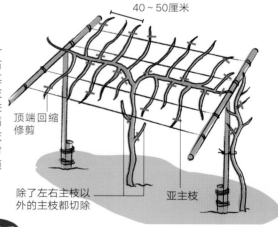

40～50厘米

顶端回缩修剪

除了左右主枝以外的主枝都切除

亚主枝

第3年冬季

对从主枝上长出的亚主枝进行疏枝修剪，间隔70～80厘米，疏枝要从基部剪除。这时，要留下长势好的枝条。亚主枝上会长出侧枝，侧枝会结果。

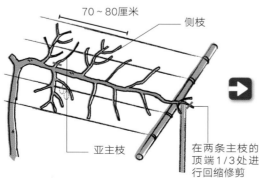

70～80厘米

侧枝

亚主枝

在两条主枝的顶端1/3处进行回缩修剪

第4年冬季

结果后，枝条上留下3～5个芽，对枝条进行回缩修剪。没有结果的枝条留下8～10个芽，剩下的剪除，下一年就更容易结果了。

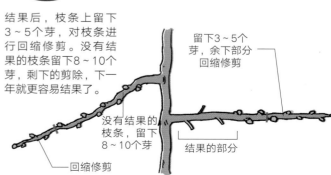

留下3～5个芽，余下部分回缩修剪

没有结果的枝条，留下8～10个芽

结果的部分

回缩修剪

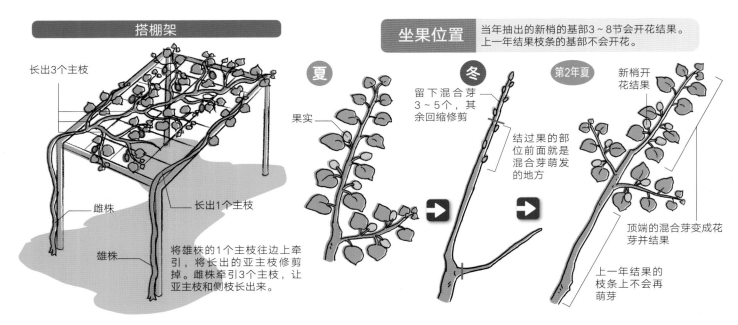

搭棚架

长出3个主枝

雌株

长出1个主枝

雄株

将雄株的1个主枝往边上牵引，将长出的亚主枝修剪掉。雌株牵引3个主枝，让亚主枝和侧枝长出来。

坐果位置 当年抽出的新梢的基部3~8节会开花结果。上一年结果枝条的基部不会开花。

夏

果实

冬

留下混合芽3~5个，其余回缩修剪

结过果的部位前面就是混合芽萌发的地方

第2年夏

新梢开花结果

顶端的混合芽变成花芽并结果

上一年结果的枝条上不会再萌芽

冬季修剪 几年不修剪的树枝繁叶茂，但是叶子无法得到充分的光照，所以不会结果，即使结果，果实也会很小。为了结出大量优质的果实，冬季的修剪是不可或缺的。

❶整理主枝（老枝），有两根长枝。

老枝

❷在2根主枝之间，留下长出新梢的那一根。

从这里修剪

❸留下好的新梢，剪掉交叉枝。

交叉了

Cut!

❹修剪后的样子。

38

交叉了

Cut!

❺将向上徒长的交叉枝修剪掉。

从这里修剪

❻对拥挤的枝条或过长的枝条进行修剪。

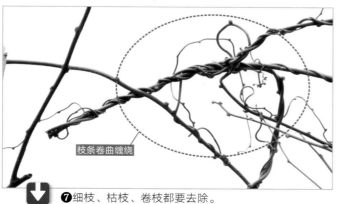

枝条卷曲缠绕

❼细枝、枯枝、卷枝都要去除。

Point

猕猴桃要在芽和芽之间修剪

猕猴桃和其他果树一样，如果在芽的附近修剪可能导致芽枯萎，所以要在芽和芽中间修剪。

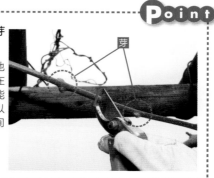

芽

❽修剪后进行牵引，主枝要尽量靠近棚架。考虑到枝条之后的成长，最好用8字结来绑枝条。

❾从上面俯视，将新梢向上牵引，如果新梢比主枝低，就不容易结出好果实。

❿从棚下仰望，没有交叉枝，能看到天空为宜。不然当叶子长出来时，就会过于茂盛而无法被阳光充分照射。

猕猴桃的混合芽

▲既能萌发出花，也能萌发出叶的芽是混合芽。

Q&A

Q 花量少是怎么回事？

A 没有修剪好。

猕猴桃的枝条顶端有混合芽，如果对枝条顶端修剪力度过强，就会导致坐花不好。修剪时注意不要将花芽修掉。

另外，枝条拥挤时叶子无法充分照射到阳光，也会导致坐花不好。对拥挤的枝条要进行疏枝修剪，让叶子充分沐浴阳光是种植的关键。

3 开花·授粉 → 5月末至6月上旬

雌株和雄株只有在开花的时候才能判断雌雄，所以要好好确认一下花的性别。人工授粉可以提高坐果率。

狝猴桃的花蕾

雌花

雄花

Q 落果是什么原因造成的？

A 授粉不好。

开花时赶上下雨，花粉不容易随风传播，无法进行自然授粉。这时，需要进行人工授粉。

人工授粉

雌花开到3~5成及全开时，分别进行1次人工授粉最有效。

❶摘下雄花，将花粉抖落。

❷用毛笔沾上花粉。

❸刷在雌花的雌蕊上。

❹或捏住雄花直接将花粉蹭在雌花的雌蕊上。

---

4 疏果 → 7~9月

如果结果过多，果实会很小，且第2年就不怎么结果了。为了改善隔年结果现象，分2~3次进行疏果。

Before

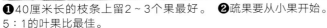

❶40厘米长的枝条上留2~3个果最好。5：1的叶果比最佳。

❷疏果要从小果开始。

After

❸留下3个果实。

Point

留下椭圆形的果实

疏掉病果、虫果、小果、圆形或变畸形的果实。椭圆形的果实能长大。

疏果

▶ 留下两个椭圆形的果实。

Q 上一年结了许多果，今年就不结果了，这是怎么回事？

A 这是因为隔年结果现象。

狝猴桃的生理落果很少发生，如果上一年结果过多，第2年就不怎么结果了。适度疏果可以改善隔年结果现象。

病虫害防控

病害 灰斑病会在收获期爆发，果实会出现斑点并落果。雨水多易暴发灰斑病，可以通过套袋来预防。

虫害 6~7月蝙蝠蛾会在树干和枝条分叉部位挖洞，并钻入啃食。为了防控蝙蝠蛾，应及时除去周围杂草，发现幼虫后应立刻杀死。

40

5 收获 → 10 ~ 11 月

收获猕猴桃后，有 2 周时间催熟，让果实糖度上升。自己种的果树的收获期要记好。

猕猴桃成树一棵能结果近500个。

海沃德在日本九州地区的收获期是10月上旬，关东地区是10月中旬，东北地区是10月下旬。

通过果汁的透明度来判断收获期

猕猴桃何时能采收光看外表无法判断。临近收获期时果汁的颜色会变透明，果皮上的毛容易被拔掉。

Point

▲ 收获过早的猕猴桃，果汁呈浑浊状。

▲ 收获适期的猕猴桃，果汁接近透明状。

食用方法

猕猴桃除了生食，也可以用来制作果酱。猕猴桃中含有被称为"猕猴桃碱"的蛋白质分解酶，将果实切成薄片放在生肉上一段时间，肉就会更柔软、更好吃。

盆栽要点

避风保护枝叶

盆栽与庭院栽培的管理方法基本相同。将雌、雄两株分别种在两个花盆中。

推荐使用环形架或扁形架。如果阳台有能放下两个花盆的地方，种植起来就很容易。

如果在能被强风吹到的阳台上种植，可能会因为强风产生叶摩、折断枝条，这样容易诱发病害。最好用防风网保护植株。

Q&A

Q 不坐花是怎么回事？

A 通过施肥培育健壮植株。

定植后的 1 ~ 2 年，要充分施肥和浇水，让植株茁壮成长。这样到了第 3 ~ 4 年，就很容易坐花了。

Point

◆ 花盆尺寸

使用7号以上花盆种植。经过 3 ~ 4 年，根系长满花盆就需要换大一号的花盆。

◆ 土壤肥料

将赤玉土和腐叶土按照 6：4 混合，并加入少许白云石粉。12月至翌年1月施用有机复合肥料，3月施用化肥或鸡粪作为底肥（P225）。

◆ 浇水

猕猴桃不耐干旱，所以注意不要断水。特别是夏天要充分浇水。

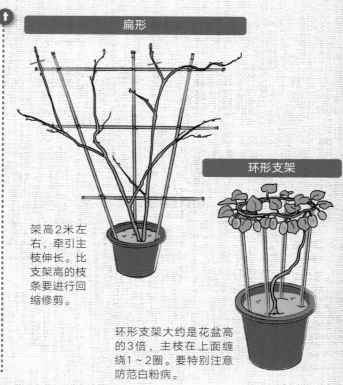

扁形

架高2米左右，牵引主枝伸长。比支架高的枝条要进行回缩修剪。

环形支架

环形支架大约是花盆高的3倍，主枝在上面缠绕 1 ~ 2 圈。要特别注意防范白粉病。

胡颓子有落叶品种和常绿品种，日本从古时起就有栽种。

胡颓子

胡颓子科　　　　　　　　　　难易度　▶容易

栽培要点　喜光照和排水良好的环境，在其他果树都不容易种植的地方也能轻易成活。

DATA

- **英语名** Thorny olive　・**类型** 落叶灌木、常绿灌木、常绿藤本
- **树高** 2～4米　　　・**产地** 日本、中国、欧洲南部、北美
- **日照条件** 向阳（常绿品种半阴即可）
- **收获时期** 5～6月（常绿品种）、7～8月（落叶品种）
- **栽培适地** 日本北海道、本州、四国、九州
- **初果时间** 庭院栽培3～4年，盆栽3年
- **盆栽** 容易（5号以上花盆）

种植月历

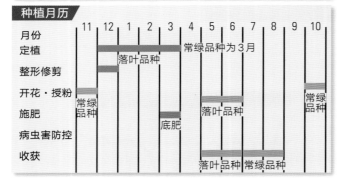

月份	11	12	1	2	3	4	5	6	7	8	9	10
定植		落叶品种				常绿品种为3月						
整形修剪												
开花·授粉	常绿品种											常绿品种
施肥					底肥		落叶品种					
病虫害防控												
收获							落叶品种		常绿品种			

■ 推荐品种

落叶品种	伞花胡颓子（*Elaeagnus umbellata*）	种植一棵产量也很高。涩味稍强。其他品种果实都是椭圆形，但该品种果实形状接近圆形。晚熟品种。
	木半夏（*E.multiflora*）	种植一棵坐果差，种植2个品种比较好。小中果。早熟品种。
	大木半夏（*E.multiflora var. gigantea*）	种植一棵坐果差，需要和其他品种一起搭配种植。口感很好。中熟品种。
常绿品种	胡颓子（*E.pungens*）	常绿灌木，茎直立，但茎顶端微垂，看起来像藤蔓植物。常庭院栽培。晚熟品种。
	大叶胡颓子（*E.macrophylla*）	花为筒状，奶油色。枝条藤蔓状。果实上密生白色鳞片状的毛。早熟品种。
	蔓胡颓子（*E.glabra*）	枝条卷须生长。叶子内侧呈红色。经常能在海岸附近看到野生的，所以在海岸附近更容易种植。中熟品种。

胡颓子的特征

抗干燥，抗风雨，很容易种植

　　有落叶品种和常绿品种两种。果实很容易受伤，所以市场上很难见到，只有自家种植才能享受美味。

　　果实是甜的，但是果皮里含有丹宁，呈白色小斑点状，所以吃起来有些涩味。胡颓子抗病虫害能力强，所以可以无农药种植。

品种选择

有些品种需要搭配授粉树

　　种植一棵也可以结果。但像木半夏、大木半夏等品种和其他品种搭配种植可提高授粉率，坐果会更好。搭配种植另一个品种时，一定要选择开花期一致的。

　　常绿品种可以作篱笆，在日本关东以西的温暖地区种植常绿品种非常容易成活，所以非常推荐。落叶品种有一定耐寒性，所以日本全境都可以种植。

管理作业

1 定植 → 12 月至翌年 3 月（落叶品种）
3 月（常绿品种）

落叶品种需向阳种植，常绿品种半阴即可。不太挑土壤，最好能在排水良好的土壤中种植。

定植方法参考P190，一般将苗木主干修剪到50～60厘米高，使用支柱支撑。

50～60厘米

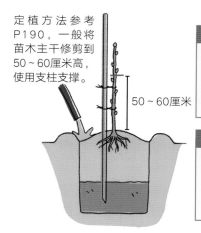

施肥方法

底肥 即使在贫瘠的土壤里也能种植，所以几乎不需要肥料，3月施用有机肥30克即可。

病虫害防控

病害 没有什么病害。
虫害 新梢上容易出现蚜虫，发现后要立刻捕杀。

3 开花·授粉 → 5～6 月（落叶品种）
10～11 月（常绿品种）

种植一棵很难结果的品种，可以用赤霉素处理。

◀ 自花结果率低的品种，可以像葡萄一样用赤霉素处理（P91），就能保证结果了。在花全开后和花开2周后，分别喷洒稀释10000倍的赤霉素溶液。

4 收获 → 5～6 月（落叶品种）
7～8 月（常绿品种）

落叶品种和常绿品种的结果期不同。

◀ 青果逐渐变红成熟后就可以采收了。

2 整形修剪 → 12 月

不进行修剪也能结果，大木半夏容易长得很大，所以修剪到和支架一样高为宜。

树形管理 留3～4根主枝的主干形。

坐果位置 短果枝更容易萌出花芽。

叶芽
花芽
冬
花芽 — 叶芽
夏
果实

从下方长出的主枝要剪掉，留下的枝条要进行回缩修剪。

冬季修剪 尽可能对徒长枝进行疏枝修剪，让其横向生长。

 ➡

❶ 树势强，修剪徒长枝。　❷ 留下的枝条回缩1/3。

胡颓子的花芽

枝条顶端饱满的是花芽

比较瘦小的是叶芽

盆栽要点

每年换大一号的花盆

胡颓子耐干旱，抗风雨，很容易在花盆中种植。不过生长迅速，所以一年就要换一次盆。最开始使用5～6号盆，换4次后就是10号盆了。

花盆过小而枝条生长旺盛，就会出现坐花变差、果实变少的现象。

修剪成3～4根主枝的主干形。

主干形

留下的枝条要进行回缩修剪

徒长枝和分蘖要从基部剪除

Point

◆ 花盆尺寸
用5号以上盆种植。每年换大一号的花盆。

◆ 土壤肥料
将赤玉土和腐叶土按1：1混合。2月施用化肥（P225），不使用化肥也没问题。

◆ 浇水
植株根细，注意不要让土壤干燥。

秋天的代表果树，在日本各地都有种植。

板栗

| 壳斗科 | | 难易度 | 一般 |

栽培要点

为了提高坐果率，可以在附近搭配种植另一个品种。

DATA

- **英语名** Chestnut
- **树高** 3～4米
- **日照条件** 向阳
- **栽培适地** 日本全国
- **初果时间** 庭院栽培 3～4 年，盆栽 3 年
- **盆栽** 略难（7 号以上花盆）
- **类型** 落叶乔木
- **产地** 日本、中国、越南等
- **收获时期** 8 月下旬至 10 月中旬

■ 推荐品种

丹泽	早熟品种中最具人气的一种。果实甜且品质高。适合矮植。收获期在9月上旬。
筑波	果实甜且品质高。较耐贮藏，所以很适合家庭种植。收获期在9月中旬到下旬。
利平栗	日本栗和中国栗的杂交品种。果肉甜且呈黄色，带皮煮后很好吃。收获期在9月下旬到10月上旬。
石锤	品质优，适合用作加工原料。矮植很容易结果。高抗栗瘿蜂。收获期在10月上旬到中旬。
森早生	品质好，高抗栗瘿蜂。适合在肥沃土地上种植。收获期在8月下旬到9月上旬。
国见	大粒，品质好，坐果率高，果色浓。对栗瘿蜂、胴枯病的抗性强。收获期在9月上旬到中旬。
银寄	大粒，风味好品质佳。果实外形比其他品种扁平。收获期在9月下旬到10月上旬。
无刺栗	没有刺所以很容易采收，适合在庭院里种植。收获期从9月开始，是早熟品种。抗栗瘿蜂能力强，口感和香气俱佳。

种植月历

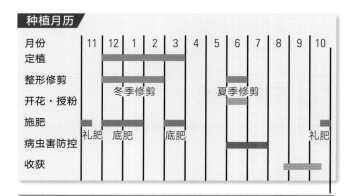

月份	11	12	1	2	3	4	5	6	7	8	9	10
定植												
整形修剪		冬季修剪						夏季修剪				
开花·授粉												
施肥	礼肥	底肥			底肥						礼肥	
病虫害防控												
收获												

板栗的特征

板栗从日本绳纹时代就开始种植了

市场上销售的板栗一般没有品种名称。但其实板栗有很多品种，口感和甜味也不同。

板栗偏好阳光充足、土壤肥沃的种植环境，所以好好准备土壤是很关键的。另外，为了收获更多果实，树冠内部一定要保证光照充足，所以修剪也是必不可少的。

品种选择

选择高抗栗瘿蜂、口感好的品种

板栗树非常容易受栗瘿蜂危害，所以最好选择高抗栗瘿蜂的品种。另外若根据种植目的来选择优质品种。我推荐的基本上大多数都是日本本土品种。

板栗树自花结果性不强，所以需要同时种植两个品种，提高授粉率。在选择时注意选择开花期一致的两个品种。两树之间距离在 10～20 米，均可通过风来传粉。

1 定植 ➡ 12 月至翌年 3 月

日照不好坐果就不好，所以定植时一定要选择阳光充足的地方。

❶2年生利平栗的嫁接苗。

❷将苗从盆中拔出来，注意不要伤到根系。

❸查看盆底，有粗根系缠绕，可直接定植。

❹因为侧面也有粗根系缠绕，所以根坨不会散。

❺要浅植，将嫁接部分露出地面。这个苗的主干已经修剪过了，主枝也只有2根，只需要在主枝顶端1/3处进行回缩修剪。

Q & A

Q 开花很多但是不结果是怎么回事？

A 要种植至少2个品种才行。

　　板栗自花结果性差，所以种植1棵是很难结果，需要搭配授粉树。另外，在开花期进行人工授粉，坐果会更好。能辨别出雌蕊后，将其他品种的雄花花粉用刷子刷到雌蕊上，进行人工授粉。

施肥方法

底肥	12月至翌年1月每株施用有机复合肥1千克左右。在3月每株施用化肥100克。
礼肥	收获后，10月中旬到11月中旬每株施化肥100克（P225）。

2 整形修剪 ➡ 12 月至翌年 2 月

光照不好坐果就不好，所以定植时一定要选择阳光充足的地方。

树形管理　选择主干形、变则主干形、自然开心形都可以。

变则主干形

定植时

将苗木修剪到50～60厘米高。

50～60厘米

第2年冬季

留下3根主枝，在顶端1/4～1/3处回缩修剪。

第3年冬季

徒长枝

将拥挤的枝条或徒长枝从基部剪掉，留下的枝条进行回缩修剪。

第4年后

树高超过4米时拔芯（P47）

为了让阳光照进树冠内部，要将徒长枝和内生枝从基部剪掉。对留下的枝条进行回缩修剪。
花芽一般生长在新梢的顶端附近，所以留做结果枝的枝条可以不进行回缩修剪。

坐果位置 虽然是雌雄同株的植物，但只种一棵很难结果。新梢顶端有混合芽，修剪时一定要注意。

冬

上一年长出的新梢顶端，会萌出1~3个雄花和雌花的花芽

枝条中间为雄花的花芽

靠近枝条基部为叶芽

夏

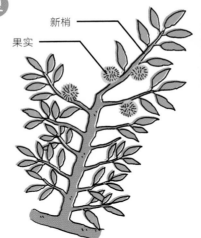

新梢

果实

栗的花芽和叶芽

枝条顶端是混合芽

混合芽

花芽

叶芽

冬季修剪 10年生的成树。树形基本已经定了，修剪主要是将不需要的枝条进行疏枝，改善全树光照条件。

Before

第3主枝

第1主枝

第2主枝

主干

❶从最上面的主枝开始修剪。也就是从第3主枝开始修剪。首先，先决定顶端在哪里。

将这里定为顶端

从这里修剪

❹确定哪里是顶端。因为会变成轮枝，所以要将不需要的枝条修剪掉。

❺轮枝要从枝条基部剪除。

将这里定为顶端

❷以最高的主枝为标准，修剪其他长枝。

Cut!

❸右边的枝条用锯子锯掉。

Cut!

❻留下的枝条进行回缩修剪。

❼最高枝条上的轮枝和
顶端都要剪除。

将这里定为顶端

❽决定从上面数第2亚主枝的顶端的位置。

❾回缩修剪。

❿第2亚主枝上的轮枝、
徒长枝、细枝都要剪除。

⓫从枝条基部长出的细枝要剪掉，这样第2
亚主枝就修剪完成了。

⓬决定第3主枝的顶端的位置。

⓭修剪第3主枝上的轮枝、内
生枝、下垂枝、徒长枝等。

After

从这里修剪

⓮从一个地方长出两个枝条
时，修剪掉较细的那一根。

⓯这样的下垂枝要修剪掉。

⓰整理完不需要的枝条后，修剪就完成了。

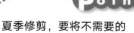

Point

**夏季修剪，要将不需要的
新梢剪掉**

　夏季也可以不进行修
剪，如果要进行就在6月左
右，将徒长枝、内生枝、
交叉枝等不需要的枝条
新梢都修剪掉，以达到改
善树冠光照条件的目的。

Before

在这里剪掉

After

留下离地面1米
左右的主枝。

70~90厘米

Point

乔木通过拔芯来更新

　定植5年后，果树会
超过4米高。将下部的主
枝留2~3根，将中央的
主枝短截，这被称为"拔
芯"。拔芯后，植株的高
度可方便进行日常作业，
且光照也变好了，也更容
易结果。

3 开花·授粉 ➡ 6月

雄花像穗一样，在其基部有雌花。

▲雄花的花蕾。

▲雄花长得很长。

雌花

▶雌花长在雄花的基部。人工授粉时，将其他种类的雄花花粉涂抹在雌花上。

病虫害防控

病害 常见干枯病和炭疽病。植株基部被太阳灼伤后容易得干枯病，所以要让植株基部处在阴凉处。

虫害 将栗瘿蜂出现的枝条剪除并焚烧。发现天牛和樟蚕立刻扑杀。如果树周围有木屑说明里面有天牛的幼虫，要向虫洞中打入药剂。此外，日本苹虎象等也会啃食果实要注意防治。

◀红色部分是寄生的栗瘿蜂

▶红色部分是被樟蚕啃食后的叶子

4 收获 ➡ 8月下旬至10月中旬

绿色的外皮变成褐色时就会开裂，此时就能收获了。

自然掉落的果实是最好吃的。

▲到了秋天后绿色的外皮就会变成褐色。

▲外皮开裂露出里面的果实时，果实也成熟了。

食用方法

除了煮熟吃以外，还可以做成栗子饭。收获后不要立刻吃，而是将栗子放在冰箱中，大概在0℃的环境下保存2周，果实里的淀粉就会转化成糖，会变得更加好吃。

▶带皮煮熟的栗子。

盆栽要点 两棵分别种在两个花盆里

板栗只种植一棵很难结果，需要将两个品种分别种植在两个花盆里。板栗株型直立，非常容易徒长，长出的枝条要进行回缩修剪，尽量保持矮植状态，保持树高为花盆高度的2.5~3倍为宜。如果在坐果后遭遇强风很容易导致落果，所以要避风处理。

Before

定植苗木的修剪

●以变则主干形的2年生树苗为例●

从这里修剪

❷从同一地方伸出的两根枝条。

❶2年生的嫁接苗。主干"拔芯"

Cut!

❸剪掉细的那根。

❹下面有2根细枝条。

After

Cut!

❺将最下面那根剪除。

Cut!

❻上面那根也剪除。

❼留下的主枝进行回缩修剪。

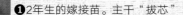

❽右边的主枝进行回缩修剪。

Point

◆ 花盆尺寸

　树苗生长快速，所以选用8~10号花盆种植。

◆ 土壤肥料

　将赤玉土和腐叶土按1：1混合。在12月至翌年1月施用有机复合肥（P225）。

◆ 浇水

　耐干旱。土壤表面干了，就要充分浇水。不要浇水过多，不然会导致根系腐烂。

❾修剪完成后定植即可。

核桃果实蛋白质等营养物质丰富，还可以用于榨油等，用途广泛。

核桃

核桃科　　　　难易度 ▶ 一般

栽培要点　很多品种的雄花和雌花的花期不同，和其他品种一起种植可确保结果。

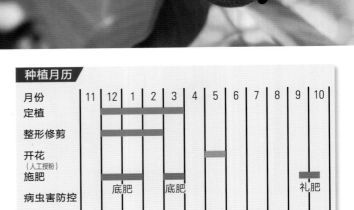

DATA

- **英语名** Walnut
- **树高** 3～4米
- **日照条件** 向阳
- **栽培适地** 日本东北以南的夏季凉爽少雨地区
- **初果时间** 庭院栽培5～6年，盆栽4年
- **盆栽** 一般（8号以上花盆）
- **类型** 落叶乔木
- **产地** 欧洲西南部到西亚
- **收获时期** 9月下旬至10月中旬

■ 推荐品种

Oni	日本国内的野生品种多半是这个品种。壳坚实粗糙。壳和内部的隔膜很厚，且有不规则的突起，可以吃的果实部分其实很少，不过味道很好。
姬	日本自然生长的品种。与上面的品种相比，壳比较薄很容易裂开。果实像丑妞的脸，所以又被称为丑妞核桃。
Sinano	日本长野县东信地区生产的外壳柔软的核桃。日本种植生产的核桃多是这一品种。是Teuchi和Perusha自然杂交的品种。
Pekan	原产美国密西西比河到墨西哥东部。大正时代初期引进日本。果实脂肪含量高，也被称为"黄油树"。

种植月历

月份	11	12	1	2	3	4	5	6	7	8	9	10
定植		▬	▬	▬	▬							
整形修剪		▬	▬				▬					
开花（人工授粉）							▬					
施肥		底肥		底肥							礼肥	
病虫害防控												
收获											▬	

核桃的特征

利用价值高，推荐庭院栽培

在家里种植核桃的人并不多。但是，核桃营养丰富，在气候条件合适的地区很容易种植。种植核桃是一种很有趣的挑战。放任不管的话，核桃树会越长越高，所以需要定期修剪，让核桃树保持在日常作业容易够到的高度。

核桃有很多品种的雄花和雌花的花期不同，所以最好将不同的品种种在一起。

品种选择

Oni和姬需要授粉树

家庭种植，推荐选择日本本土的品种。Oni和姬的雄花比雌花先开，所以需要一起种植南安、丰园等品种作授粉树，以确保其开花。

▶定植后的春天，从顶端抽出新梢。

1 定植 → 12月至翌年3月

选择排水和日照良好的地方定植。

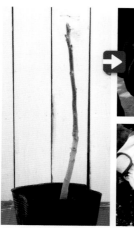

❷从盆里拿出来，种苗根坨不用打散，直接种植。

❶顶端带芽的苗木。

❸定植方法参考P190，核桃要浅植。

3 开花·授粉 → 5月

可以自花结果，但雌花和雄花的花期不同的品种较多，选择花期一致的品种一起种植才能结果。

坐果位置
上一年抽出的新梢顶端有花芽，能开出雌花和雄花。

冬
混合芽
叶芽
雄花花芽

初夏
雌花
雄花
新梢

核桃的嫩果。

4 收获 → 9月下旬至10月中旬

采收后将外皮去除，洗净干燥后保存。

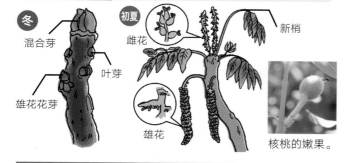

◀Oni成熟后外皮不会裂开，直接落果。Sinano青色的外皮会裂开，摇晃树体或用棍子敲打可以让果实落下。

2 整形修剪 → 12月至翌年2月

和板栗一样容易越长越高。留2～3个主枝，修剪成变则主干形。如果长得过高，要和板栗一样进行"拔芯"。

变则主干形

顶端进行回缩修剪

剪掉徒长枝

主枝的顶端进行回缩修剪，徒长枝、内生枝等枝条进行修剪掉。

施肥方法
底肥 12月至翌年1月、3月每株施用有机肥料1千克左右（P225）。
礼肥 采收后，9月中旬至10月中旬每株施用化肥100克（P225）。

病虫害防控
果壳坚硬，很难受到病虫害侵害。

食用方法
可以将核桃果壳敲开直接食用，也可以烘烤做成菜肴。如果不打开果壳，常温下能保存1～2年。

盆栽要点

至少用10号盆种植

盆栽核桃时，只种植一个品种很难结果，所以要在两个花盆里分别种植两个品种。

株型直立、树势强，所以要将主枝的1/3剪掉，尽可能保持矮植。

定植修剪

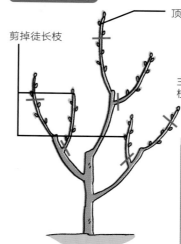

50～60厘米

▲将苗木修剪到50～60厘米高。

Point
◆ 花盆尺寸
生长迅速，所以直接用8～10号花盆定植。

◆ 土壤肥料
将赤玉土和腐叶土按照1：1比例混合。在12月施用有机复合肥（P225）。

◆ 浇水
抗干旱能力强，土壤表面干了就充分浇水。浇水过多易导致根腐。

红色的果实小巧可爱，是非常受欢迎的果树。
在自家庭院栽培，可以让果实在树上成熟后再采收。

樱桃

蔷薇科　　　　　　　　　　　　难易度 ▶ 稍难

栽培要点

自花结果率低，需要搭配亲和性好
的品种一起种植。

DATA

- **英语名** Cherry　　**类型** 落叶乔木
- **树高** 3～4米　　　**产地** 亚洲南部、黑海沿岸地区
- **日照条件** 向阳　　**收获时期** 6月中旬至7月初
- **栽培适地** 日本东北以北地区，在温暖地区种植容易落果
- **初果时间** 庭院栽培4～5年，盆栽2～3年
- **盆栽** 一般（7号以上花盆）

种植月历

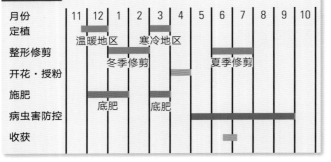

月份	11	12	1	2	3	4	5	6	7	8	9	10
定植		温暖地区			寒冷地区							
整形修剪			冬季修剪				夏季修剪					
开花·授粉												
施肥		底肥		底肥								
病虫害防控												
收获												

■ 推荐品种

香夏锦	生理性落果不多，但在温暖地区种植容易落果。甜度高，果肉柔软可口。授粉树可以选择Saori。
佐藤锦	高品质的人气果树。色泽鲜艳，果肉果汁多，口感甚佳。授粉树可以选择高砂或拿破仑。
红秀峰	品质可以和佐藤锦媲美。坐果好，产量高。适合作佐藤锦和拿破仑的授粉树。
高砂	适合种植在温暖地区。品质高，口感比佐藤锦略酸，果肉果汁充足。
拿破仑	酸味稍强，风味丰富，果肉果汁多。种植结果都很简单。
暖地樱桃	可以在温暖地区种植，每年能结出许多果实，适合家庭种植。有自花结果性，种植一棵也能结果。
Saori	平均单果重为10克，大果。果皮黄中带红斑，颜色艳丽。有一定自花结果能力，种植一棵也能结果。

樱桃的特征

想要品尝熟透了的果实，可以尝试自家种植

　　樱桃的树势强，特别是在温暖地区种植很容易变成大树，所以最好紧凑种植，限制根系扩张（限根栽培P198）。

　　有很多自花结果能力差的品种，所以搭配亲和性好的授粉树一起种植很关键。市场上销售的樱桃都是提早摘下来的，如果在自家庭院中种植樱桃，就能品尝到熟透了的果实。

品种选择

一起种植两个品种，选择亲和性好的品种

　　樱桃品种丰富，代表品种是佐藤锦。推荐选择在温暖地区也能种植的香夏锦和暖地樱桃。樱桃自花结果性差，要和其他品种一起种植才可以，所以选择品种很关键。

◆ 推荐搭配组合

　　佐藤锦 × 高砂/拿破仑

　　香夏锦 × 佐藤锦/拿破仑

　　红秀峰 × 佐藤锦/拿破仑

管理作业

1 定植 → 11月下旬至12月（温暖地区）
3月（寒冷地区）

樱桃虽偏好寒冷地区，但比苹果耐寒性差。日本关东地区可在庭院栽培。

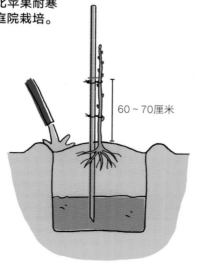

60～70厘米

选择光照充足、排水性和通气性俱佳的土壤进行定植，定植方法参考P190。将主干修剪至60～70厘米高，搭支柱牵引植株生长。

施肥方法

底肥：12月至翌年1月每株施用有机复合肥（P225）1千克左右。3月每株施用化肥150克左右。

礼肥：收获后每平方米施用化肥50克，不施也可以。

病虫害防控

病害：灰霉病危害果实、叶、花，会导致果实在成熟前腐烂，可以套袋来预防。炭疽病一般在降水多的时期发生，发现感染部位就要立即清除。

虫害：常见二化螟、美国白蛾和红蜘蛛等。发现了立刻捕杀。红蜘蛛大量暴发时，要将暴发部位清除。

2 整形修剪 → 1～2月（冬季修剪）

樱桃很容易长成高大的树木，可以通过修剪让其紧凑生长。短果枝上的花芽比较多。

树形管理
主干形（P200）或变则主干形等都行，如果想让其紧凑生长可以选择杯形（P201）。

变则主干形

第2年冬季

第3年冬季

第4年后

剪掉枝条顶端

剪掉枝条顶端

短果枝上萌出的芽

留下的主枝

徒长枝从基部剪除

对主干延长枝进行回缩修剪。

留下3根主枝，其他的主枝从基部修剪。对主干延长枝进行回缩修剪。

剪掉徒长枝等不需要的枝条，整理树形。

坐果位置
在当年的新梢基部长出花芽，花芽上方是叶芽。叶芽会在第2年变成能萌出花芽的短果枝，并在下一年开花。

第1年

第2年

叶芽

花芽

新梢（1年生枝）

新梢

短果枝

果实

花芽和叶芽

叶芽

花芽

▲短果枝顶端上的花芽和叶芽。

第3年

花芽

叶芽

果实

冬季修剪 以9年生的樱桃树为修剪案例。因为太高了，所以修剪要以降低高度为主。

❷是❶的位置向左转90度拍摄的这一张照片。决定枝条的顶端位置，修剪后要让所有枝条都能照射到阳光。

❸将变成交叉枝的亚主枝剪掉。

❹修剪完的样子。

❶从远处看，左、中、右各有一根主枝，分别对它们进行修剪。左边的主枝最高，从这里开始进行。

❺剪掉上面的平行枝。

❻修剪完的样子。

❼整理顶端的轮枝。

❽修剪完的样子。

❾确认一下顶端的位置，比它高的枝条全部从基部剪掉。

❿修剪完的样子。

⓫剪掉徒长枝。

⓬修剪完的样子。

After

这里是顶端

⓭左边的主枝修剪完的样子。

⓮其余的主枝也进行同样的修剪。首先决定顶端的位置。

⓱所有修剪完成后的样子。

⓯从基部修剪掉比顶端高的枝条。

⓰修剪完的样子。

Q&A

Q 只长叶不开花是什么原因？

A 短果枝太少的缘故。

　　如果放任长势好的新梢不管，春天顶端附近的叶芽就会一个劲儿地长，不怎么抽出短果枝。花芽一般都生长在短果枝上。通过冬季修剪，在新梢的1/4处进行回缩，第2年就会抽出短果枝了，坐花也多，结果也好。

　　另外，坐果不好也可能是因为授粉不好。只种了一棵樱桃树，还需要再种一棵搭配性好的品种。种植一棵也能结果的品种，最好也进行人工授粉，能提高结果率。

3　开花·授粉 ➡ 4月

粉色的花朵在4月绽放。开花后进行人工授粉能提高结果率。

◀▲花开5成左右和满开时，分别进行1次人工授粉比较好（P230）。

4　疏果 ➡ 4 ~ 5月

果实太多时要疏果。如果让樱桃结果太多，第2年就不会长出花芽和叶芽了。

◀按每4 ~ 5片叶子留1个果的叶果比进行疏果。先从小果开始疏。

5 整形修剪 ➡ 6 ～ 7 月

收获后要对拥挤的新梢进行修剪，改善光照条件，这样第2年就能更好地结出果实。

▲长度超过30～40厘米的新梢要剪掉1/3或1/4，第2年才能长出短果枝。

▲回缩修剪的地方长出了短果枝，其上萌发了花芽。

▲修剪后抽出的新梢。第2年会长出花芽。

6 收获 ➡ 6 月中旬至 7 月初

等到果实变红就可以收获了，也可以让果实在树上熟透了再收获。

▲果实在成熟过程中如果遇到不断降雨，就很有可能出现裂果。可以将地面上的主干用塑料膜缠绕来预防。

▲采收樱桃时可以用手直接采摘，不用剪刀。

▲捏住樱桃的果柄，向上或横向拽就可以摘下来。不要向下拽，很容易拉折果枝。

食用方法

除了生食，樱桃还可以加工成樱桃派或糖渍樱桃等。加工用樱桃一般选择酸味较强的品种。

盆栽要点

控制土壤的水分比较好。

　　盆栽和庭院栽培的管理方法基本相同。将两个品种分别种在花盆里。淋雨容易让果实受伤，所以在果实成熟的6月，最好将花盆移到淋不到雨的地方。

　　樱桃不耐潮湿，盆栽种植可以轻易控制土壤水分，所以能结出好果实。日本关东以南地区也可以进行盆栽。

定植苗木的修剪

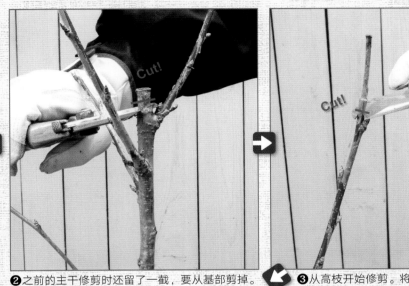

❷之前的主干修剪时还留了一截，要从基部剪掉。

❸从高枝开始修剪。将枯萎的部分剪掉。在生长方向理想的外芽的上方修剪。

❶2年生的嫁接苗。品种为佐藤锦。主枝有4根，全部留下来并进行回缩修剪。

❹同样，这条主枝也是在生长方向理想的外芽的上方修剪。

❺短果枝只修剪一下顶端即可。

❻定植和修剪完成。

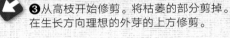

Point

◆ 花盆尺寸

　　用6～8号盆定植。地上部分保持和花盆一样高。每两年换大一号的花盆。

◆ 土壤肥料

　　将赤玉土和腐叶土按1：1的比例混合，加入少量白云石灰。在12月至翌年1月施用有机复合肥（P225）。

◆ 浇水

　　果实着色前充分浇水。开始着色后到采收之间，需要适当控水。需要注意的是，夏季过于干旱会让叶子枯萎。

果实在树上熟透了再采摘口感更好，石榴非常适合作庭院果树，种植起来十分简单。

石榴

石榴科　　　　　　　　　　　　难易度 ▶ 容易

栽培要点 树势强，推荐通过适度修剪进行紧凑种植。

DATA

- 英语名　Pomegranate
- 类型　落叶乔木
- 树高　3～4米
- 产地　西亚
- 日照条件　向阳
- 收获时期　9月下旬至10月
- 栽培适地　日本北海道南部以南地区
- 初果时间　庭院栽培5～6年，盆栽4～5年
- 盆栽　容易（7号以上花盆）

种植月历

（月份）	11	12	1	2	3	4	5	6	7	8	9	10
定植		■	■	■	■							
整形修剪		■	■	■								
开花·授粉								■				
施肥		底肥			底肥			追肥				
病虫害防控						■	■					
收获											■	

■ 推荐品种

大果石榴	日本石榴的代表品种。花很美，果实成熟后会裂果，露出里面红色的果粒。抗病虫害能力强，初学者也能简单种植。生吃非常可口，也适合酿造果酒。
水晶石榴	中国产。果实是其他品种的两倍大，接近230克。花朵和果实都是黄色的，成熟后果实变成红色，甘甜可口。
加利福尼亚石榴	美国产。抗病虫害能力强，种植简单。果实大，成熟后也不会裂开。
Rubi red	欧美产。果实大，果肉颜色是紫红色，十分鲜艳。果实成熟后从顶端裂开。

▶石榴分为成熟后裂果和不裂果两类。

石榴的特征

花朵美丽，初学者也能种植

石榴抗寒、抗热、还抗干旱，日本北海道南部以南地区都可以种植。种植一棵就能结果，并且抗病虫害能力强，即使是果树栽培的初学者也很容易上手。

日本石榴在食用时，完全成熟的果实会从顶端开裂，露出像红宝石一样的果粒。不过，国产石榴一般都不在市场上销售。自家产的石榴可以在最好吃的时候采摘食用，所以这也是种植石榴的好处。

品种选择

种植一棵也能结果，挑选自己喜欢的品种

石榴分为观花和食用两种。日本产石榴品种很少，大果石榴是代表品种之一。其他都是中国或欧美的品种。

在购买苗木时，常常会看到中国品种、美国品种等，不过在买时还是要确认好品种名。

管理作业

1 定植 ➡ 12月至翌年3月

如果光照充足就不用太挑土质，可在日本广泛种植。

挑选光照充足的地方种植，定植方法参考P190。趁着幼树阶段搭好支柱进行牵引。主干修剪到50~60厘米高。从基部剪除分蘖，留下的主枝进行回缩修剪。

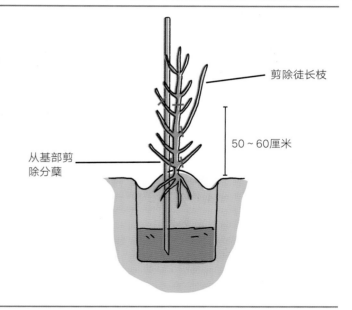

剪除徒长枝

50~60厘米

从基部剪除分蘖

施肥方法

底肥 12月至翌年1月每株施用有机复合肥1千克左右，3月每株施用化肥150克（P225）。

追肥 6月每株施用化肥50克。开花后立刻施用，需要注意如果养分被用于枝条生长，那么坐果就会变差。

2 整形修剪 ➡ 12月至翌年2月

留下3~4根主枝，修剪到方便管理的高度，徒长枝和拥挤的枝条要进行修剪。

树形管理 变则主干形修剪比较容易。不要让果树长得过高。

坐果位置 上一年抽出的枝条顶端会萌出混合芽，混合芽能长出花和叶。

变则主干形

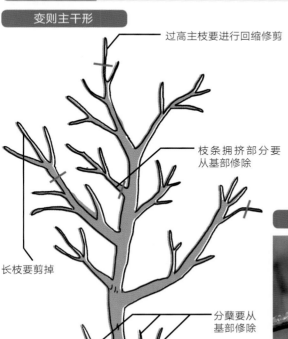

过高主枝要进行回缩修剪

枝条拥挤部分要从基部修除

长枝要剪掉

分蘖要从基部修除

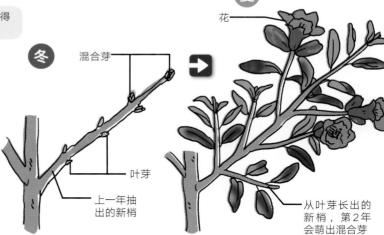

冬

混合芽

叶芽

上一年抽出的新梢

夏

花

从叶芽长出的新梢，第2年会萌出混合芽

花芽和叶芽

▲新梢基部附近萌出的是叶芽。

▶新梢顶端饱满一些的是混合芽。

混合芽

叶芽

▲瘦弱的是叶芽。

59

冬季修剪 疏枝修剪的对象主要是徒长枝和细枝。因为顶端有混合芽，所以回缩修剪一定要控制在最小限度内。

对徒长枝的顶端进行回缩修剪。

轮枝和徒长枝，要将向上生长的枝条顶端回缩修剪。

3 开花・授粉 ➡ 5月下旬至7月上旬

石榴花朵很美，有专门观赏用的品种。
食用品种种植一棵就能结果。

花期在初夏，有自花结果性。

Point

只在果实多的情况下才需进行疏果

一个地方长出几个果实时，留一个果。

▲一个地方长出几朵花，很有可能自然落果。

Q&A

Q 石榴树不怎么坐果，有没有什么对策？

A 进行人工授粉比较好。

如果开花期持续降雨，坐果状况就不会好。花粉会变重，容易掉落，花朵就不容易授粉。遇到这种情况，要在晴朗的日子里，用刷子轻轻扫花朵中央，进行人工授粉。另外，城市的高楼上的阳台很少有授粉昆虫，很难授粉，所以也需要人工授粉。

病虫害防控

病害 常见疮痂病，果实上有疮痂一样灰褐色的斑点，外观不好看，但不影响口感。
虫害 常见介壳虫，见到了立刻捕杀。

▶疮痂病病果出现褐色斑点。

4 收获 ➜ 9月下旬至 10月

果实变成红色就可以采收了。
日本石榴在成熟后会裂果。

▲ 成熟后会变红，这种品种的果皮不会裂开。

▲ 果实裂开后，容易被水打湿引发病虫害，所以要及时收获。

食用方法

除了可以生食，还可以制作果汁或果酒等。日本产的大果石榴比较适合制作果酒。

石榴糖浆
制作方法
① 将石榴果实放入锅中，放入果实重量一半的白砂糖，腌渍15分钟。
② 用木铲将果实压碎混合，中火煮出精华。
③ 用筛子将种子过滤掉。冷藏状况下可以保存1个月。

石榴醋
制作方法
① 将石榴果粒放入容器中，放入果粒重量2～3倍的苹果醋。
② 在常温下保存2周，果实中的精华就会转移到醋里。过滤后保存在冰箱里。饮用时可以加入苏打水制作成饮料。

盆栽要点　　**紧凑种植比较好**

盆栽和庭院栽培的管理方法基本相同。为了不让果树长得过大，推荐修剪成自然开心形等进行紧凑种植。为了促进花芽生长，在萌出花芽的6月中下旬，要控制施肥。在花期和成熟期，需要将花盆转移到淋不到雨的地方。

定植苗木的修剪

▲ 长枝要进行回缩修剪。拥挤的部分要疏枝。

 **Point**

◆ **花盆尺寸**
用7～8号盆定植。随着果树生长相应增大花盆号。因为粗根较多，所以在移盆时一定不要伤到根系。

◆ **土壤肥料**
将赤玉土和腐叶土按照1：1的比例混合。12月至翌年1月施用有机复合肥（P225）。

◆ **浇水**
抗旱能力强，土壤干了后再浇水就可以了。2～3天浇水一次较好。冬天最好在上午浇水。

外形像猕猴桃的小型果实，果面光滑无毛，酸甜可口。

软枣猕猴桃

獼猴桃科　　　　　　　　　　难易度　▶　容易

栽培要点　种植雌雄异株品种时，雌雄两种都要种植。人工授粉可以提高结果率。

DATA

- **英语名**　Tara vine　　**类型**　落叶藤本
- **树高**　设架高度
- **产地**　日本、朝鲜半岛、中国东北部、撒哈拉大沙漠
- **日照条件**　向阳　　　**收获时期**　9月下旬至11月上旬
- **栽培适地**　日本全国
- **初果时间**　庭院栽培2～3年，盆栽2～3年
- **盆栽**　容易（5号以上花盆）

种植月历

月份	11	12	1	2	3	4	5	6	7	8	9	10
定植												
整形修剪		温暖地区		寒冷地区								
开花·授粉							▬					
施肥		▬			▬							
病虫害防控		底肥		底肥			▬					
收获	▬											▬

■ 推荐品种

光香	雌雄同株，种植一棵就能结果。甜味强，酸度中等。9月下旬成熟，催熟十分简单。
峰香	雌雄异株。果汁多，适合生食。10月上旬成熟，有独特的香气。
蛇吻	山形县西川町蛇吻地区自然生长的品种。雌株。果实小糖度也不高，不过结果十分多。
昭和系	香川县农业试验场收集、保存的品种。雌株。果实绿色，甜度强。催熟简单，果实多。
月山系	香川县农业试验场收集、保存的品种。雌株。果实甜度强，也有酸味。
淡路系	香川县农业试验场收集、保存的品种。雄株。开花期早。

◀软枣猕猴桃的果实。

软枣猕猴桃的特征

獼猴桃的同类，种植简单

软枣猕猴桃是猕猴桃科植物，又称为猴梨，因为外观像梨，又经常被猴子取食而得名。果皮上没有毛，所以可以连皮吃。果实比猕猴桃小，果径3厘米左右。像长一些的小番茄。

栽培比普通猕猴桃还要省力，非常适合初学者种植。

品种选择

可以2个品种一起种植，也可以和猕猴桃混植

软枣猕猴桃有很多雌雄异株的品种，需雌株搭配雄株，但也有些品种是雌雄同株，不需要搭配其他品种。软枣猕猴桃还可以和猕猴桃杂交，种植软枣猕猴桃的雌株和猕猴桃的雄株。购买苗木时要先确认好雌雄再买。

管理作业

1 定植 → 12月至翌年2月（温暖地区）3月（寒冷地区）

雌株和雄株搭配种植是基础。雄株也可以选择猕猴桃。

选择光照充足的环境，保水能力好的土壤，定植后架设支柱来牵引。雌雄同株的品种种植一棵就可以。

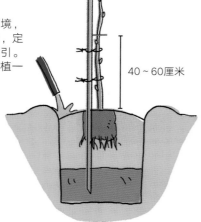

40~60厘米

施肥方法

底肥　12月至翌年1月每株施用有机复合肥1千克。3月每株施用化肥150克（P225）。因为软枣猕猴桃在早春芽萌动时开始吸收养分和水分，所以在那之前施肥比较好。

2 整形修剪 → 12月至翌年2月

在冬季落叶后进行修剪，在芽与芽之间剪断。

树形管理　和猕猴桃一样需要搭架。

T形架　打造高2米的棚架，2根主枝左右分开牵引，然后牵引从主枝上长出的亚主枝。

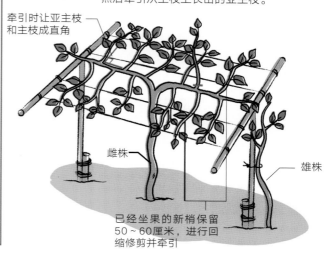

牵引时让亚主枝和主枝成直角

雌株　　雄株

已经坐果的新梢保留50~60厘米，进行回缩修剪并牵引

混合芽

Point

果实在当年抽出的新梢上坐果

软枣猕猴桃和普通猕猴桃一样，在当年抽出的新梢基部开花（P38）。普遍猕猴桃是在新梢基部4~5节开花，软枣猕猴桃是在基部4~11节开花。长10厘米左右的新梢很容易坐果。

冬季修剪　决定好主枝的顶端位置，亚主枝左右交换长出，将不要的枝条修剪掉。

内生枝

❶修剪掉老的内生枝。

❷从基部修剪。

❸修剪后的样子。

❹对新梢顶端进行回缩修剪，让坐果的侧枝长出来。

❺修剪完的样子。

Point

从芽与芽中间修剪

软枣猕猴桃要在芽和芽的中间修剪。如果在芽的附近修剪，芽容易枯萎。

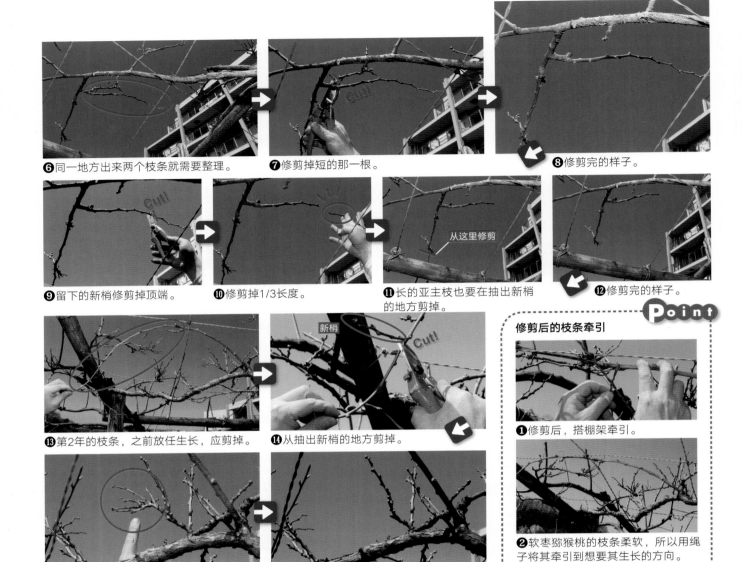

❻同一地方出来两个枝条就需要整理。

❼修剪掉短的那一根。

❽修剪完的样子。

❾留下的新梢修剪掉顶端。

❿修剪掉1/3长度。

⓫长的亚主枝也要在抽出新梢的地方剪掉。

从这里修剪

⓬修剪完的样子。

⓭第2年的枝条，之前放任生长，应剪掉。

新梢

⓮从抽出新梢的地方剪掉。

⓯整理细的轮枝。

⓰从新梢基部剪断。

Point

修剪后的枝条牵引

❶修剪后，搭棚架牵引。

❷软枣猕猴桃的枝条柔软，所以用绳子将其牵引到想要其生长的方向。

3 开花·授粉 ➡ 5月中旬至6月下旬

除了雌雄同株的品种，其他品种进行人工授粉比较好。

▲软枣猕猴桃的花蕾。

▲软枣猕猴桃的雌花。人工授粉时，用刷子在雌蕊上刷上花粉。

4 疏果 ➡ 6 ~ 7 月

为了培养品质好的果实，坐果过多时最好进行疏果。

▲结果枝上每节会长3个果实，只留下1个，剩下的疏掉比较好。小果和外形不好的果实、伤果、病果优先去除。

5 收获 ➡ 9 月下旬至 11 月上旬

和猕猴桃一样，软枣猕猴桃大多数品种收获后经后熟才能食用，不过也有可以在树上完全成熟的品种。

▲需要后熟的品种在收获后放置两周比较好。

▶成熟的软枣猕猴桃切开后的样子。

病虫害防控

病害 基本没有病害。比猕猴桃更抗病。
虫害 容易出现蚜虫和蝙蝠蛾。发现了立刻捕杀。蝙蝠蛾会在6 ~ 7月啃食树干和枝条，一定要注意。

食用方法

软枣猕猴桃甜酸可口，除了生食以外，还可以做成果酱、果酒和果干。

盆栽要点

比猕猴桃更适合密植

软枣猕猴桃的盆栽诀窍和猕猴桃基本一样（P41）。将雄株和雌株分开种植在两个花盆里，并搭架牵引。

盆栽必须要人工授粉。即使种植雌雄同株的品种，也要进行人工授粉，人工授粉可提高结果率。

环形

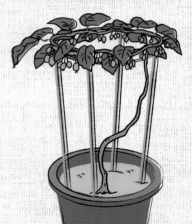

▶用环形支架进行种植。雌株和雄株分别种在不同的花盆里。

Point

◆ 花盆尺寸

用5号以上花盆定植。定植时，注意不要让根系干燥。

◆ 土壤肥料

将赤玉土和腐叶土按6：4比例混合，再掺入少量白云石灰。12月至翌年1月施用有机复合肥，3月施用化肥（P225）。

◆ 浇水

不耐干旱，注意不要断水，特别是在夏季一定要注意。

甜味和酸味都有，果汁丰富的水果。可以从众多品种中挑选自己喜欢的品种。

李

蔷薇科　　　　　　　难易度 ▶ 一般

 栽培要点　注意水肥不要过量。适当干燥的环境下培育出的果实更好吃。

DATA

- 英语名　Plum
- 类型　落叶性高树
- 树高　2.5～3米
- 产地　西亚至欧洲东南部、中国、日本
- 日照条件　向阳
- 收获时期　7月中旬至8月（中国李）、9月（欧洲李）
- 栽培适地　春季没有晚霜、夏季雨水较少的地区
- 初果时间　庭院栽培3～4年，盆栽3～4年
- 盆栽　一般（7号以上花盆）

种植月历

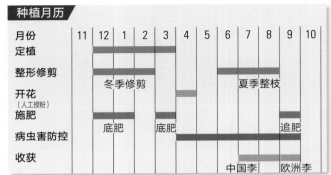

月份	11	12	1	2	3	4	5	6	7	8	9	10
定植												
整形修剪		冬季修剪						夏季整枝				
开花〔人工授粉〕												
施肥		底肥		底肥							追肥	
病虫害防控												
收获									中国李		欧洲李	

■ 推荐品种

中国李	贵阳	日本山梨县李品种——太阳衍生出来新品种，果实极大且口感好。没有自花结果性。果皮紫红色，果肉黄色。收获期在8月左右。
	大石早熟	中果。果皮淡黄色，果肉红色。收获量大，抗病力强。适合温暖地区。需要搭配授粉树，一般和Soldam一起搭配种植。
	Soldam	大果。果皮黄绿色，果肉红色。甜味强，风味甚佳。果实耐储存。种植一棵很难结果，需要搭配授粉树。
	太阳	大果。果皮紫红色，果肉乳白色。种植一棵很难结果，需要搭配授粉树。收获后可以保存很长时间。
	Beauty	中果。果皮淡黄色，果肉红色。有自花结果性，适合作授粉树。
	Mesure	小果。果皮红色，果肉深红色。种植一棵也能结果，适合家庭种植。不适合作授粉树。
	Santa Rosa	中果。果皮、果肉都会从黄色变成红色。自花结果性强，种植一棵也能结果，容易种植。很甜，香气十分好。
欧洲李	Sugar Prones	中果。果皮紫红色。甜味强，风味十分好。种植一棵也能结果。
	Stanley Prune	中果。果皮青紫色，果肉紫色。种植一棵也能结果，但有授粉树结果更好。

李的特征

日本各地都有种植，完熟后十分香甜可口

　　李分为中国李、欧洲李、美洲李。其中，中国李和欧洲李种植广泛。欧洲李又被称为西梅。中国李多数品种需要授粉树，欧洲李即使种植一棵也能结果。

　　市场上卖的李多数是成熟之前采摘的，酸味强。不过家庭种植时，可以让果实熟透了再摘，非常甘甜、多汁，能品尝到真正的美味。

品种选择

搭配优良授粉树很重要

　　种植一棵也能结果的品种有Beauty、Santa Rosa、Mesure，种植都很简单。推荐Soldam和大石早熟组合，或是和Beauty、Santa Rosa中任一个组合。另外，授粉树也可以选择桃、杏、梅等，庭院栽培时可以和这些果树一起种植。

管理作业

1 定植 → 12月至翌年3月

中国李喜排水良好的土壤，而欧洲李喜稍微黏一些的土壤。基本定植方法参考P190。

Q&A

Q 李树不结果是怎么回事？

A 有以下几个原因。

● 自花结果性的问题
多数品种种植一棵无法结果，需要搭配授粉树。
● 温度问题
李花期一般在3月下旬到4月上旬，花期较早容易赶上晚霜，影响授粉。担心晚霜的地区，建议选择花期迟的品种。
● 生理性落果的问题
李生理性落果率高达50%～70%，如果树势不强，落果率更高，更容易长出小果。为了让叶子能够充分进行光合作用，在冬季一定要好好修剪，让阳光能够照射到树内膛。

施肥方法

底肥	12月至翌年1月每株施用有机复合肥1千克。3月每株施用化肥150克（P225）。
礼肥	为了储备第2年生长发育的养分，最好在9月每株施用化肥50克。

 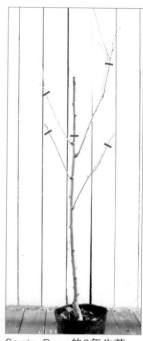

大石早熟的3年生苗。定植时，顶部左边相同地方抽出的2根主枝留下1根。下面细枝全部剪掉，留下的主枝的顶端进行回缩修剪。

Santa Rosa的3年生苗。对主干最上方的主枝进行修剪。在生长方向理想的芽的上方修除。4根主枝进行回缩修剪。

2 整形修剪 → 12月至翌年1月（冬季修剪）
　　　　　　　　6月（夏季修剪）

光照不足会导致坐果差，所以最好种植在光照良好的地方。

树形管理 可选用自然开心形等，中国李可以搭棚进行紧凑管理。

搭棚

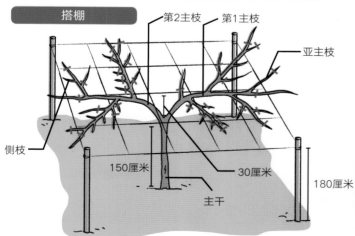

第2主枝　第1主枝
亚主枝
侧枝
150厘米　　30厘米　　180厘米
主干

从棚下30厘米处，将两根主枝向左右牵引，亚主枝抽出棚面。将侧枝中的长果枝和中果枝回缩至5厘米，这样植株能抽出更多结果枝。

坐果位置 上一年抽出的果枝上会萌发花芽和叶芽。

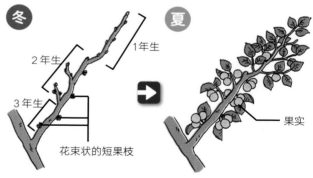

冬　　夏
2年生　　1年生
3年生
花束状的短果枝
果实

花芽·叶芽

花束状短果枝
（花芽+叶芽）
短果枝

虽然每年修剪是最理想的，但有时并不能实现。多年不修剪时，为了打造树形还是在冬季修剪比较好。

Before

从此处修剪

从此处剪

After

❶ 10年生的成年果树，已经有2~3年没有修剪过了，变成现在这样乱七八糟的样子。用锯子锯掉粗主枝，矫正树形。留下主枝3~4条，修剪成变则主干形。

❷ 将不要的主枝剪掉。

❸ 从粗枝开始整理比较好。

❹ 减少主枝，修剪掉徒长枝、内生枝、轮枝、交叉枝等。对留下的枝条进行回缩修剪。

夏季修剪 新梢进行回缩修剪，第2年坐果率会提升

从这里修剪

◀ 今年抽出的新梢在1/3处进行回缩修剪，就会抽出短枝，第2年的坐果就会提高。

3 开花·授粉 ➡ 4月

种植一棵不能结果的品种，需要搭配授粉树。

▲ 中国李的花。人工授粉时，需要将其他品种的花粉蹭在雌蕊上。梅花、杏花和桃花的花粉都可以使用。

◀ 人工授粉可以大大提高坐果率。

4 疏果 → 5～6月上旬

李的幼果50%～70%会生理性落果。疏果要在生理性落果结束后，也就是开花30～40天后进行。

◀在果实和大拇指差不多大时，5～10厘米长的枝条保留1个果，其余修剪掉。

病虫害防控

病害 常见黑斑病和胴枯病，还有会让幼果畸形的李袋果病等。在萌发新芽前的3月上旬，喷洒2次杀菌剂来预防，两次喷洒间隔2周。

虫害 食心虫会啃食新芽和果实。套袋可以预防。

▲感染了李袋果病的病果。

5 收获 → 7月中旬至8月（中国李）
9月（欧洲李）

当果实着色，变得柔软后就成熟了，可以收获了如果有鸟来啄食果实，可以架上防鸟网预防

◀欧洲李的果实

食用方法

李的甜度和酸度适中，推荐制作成果酱。欧洲李可以做成果干。

盆栽要点　　开花期要保护果树避免受寒

盆栽的管理方法和庭院栽培基本相同。放置在阳台日照良好的地方。种植两个品种时，需要分开植在两个花盆里。

开花期在4月左右，不过反复低温容易影响坐果。所以在气温低的夜晚要将花盆移到室内保温。

Point

◆ **花盆尺寸**

使用7～10号花盆定植。

◆ **土壤肥料**

将赤玉土和腐叶土按1:1混合，在12月至翌年1月施用有机复合肥，8月施用化肥（P225）。

◆ **浇水**

土壤表面干了就浇水。保持干一些来种植比较好。夏季早晚各浇水1回，春秋季每日浇水1回，冬季每月浇水4～5回。

定植苗木的修剪

▲Soldam的2年生苗。

▲修剪后。

▲从主干看向芽的方向，在合适的地方修剪。

▲轮枝修剪掉1枝。

▲最上面的主枝上有2个侧枝，留1枝。

▲对留下的主枝进行回缩修剪。

梨的种类丰富，有吃起来沙沙的日本梨、香气浓郁的西洋梨等。

梨

| 蔷薇科 | 难易度 | 一般 |

栽培要点 一起种植两个品种。疏果和套袋是不可欠缺的管理工作。

DATA

- **英语名** Pear
- **类型** 落叶乔木
- **树高** 2.5 ～ 3米
- **产地** 日本中部以南、朝鲜半岛、中国中部
- **日照条件** 向阳
- **收获时期** 8 ～ 10月
- **栽培适地** 日本东北南部地区（日本梨）、东北北部地区（西洋梨、中国梨）
- **初果时间** 庭院栽培3 ～ 4年（日本梨、中国梨）、5 ～ 7年（西洋梨），盆栽3年
- **盆栽** 一般（7号以上花盆）

■ 推荐品种

日本梨	幸水	红梨。中果。早熟品种的代表。甜度强，十分受欢迎。
	长十郎	红梨。中果。中熟品种。种植简单。花粉多，适合用作授粉树。
	丰水	红梨。中熟品种。果实稍微大一些，有一定酸味。果柔软。
	新高	红梨。晚熟品种。花粉少，不适合作授粉树。
	新兴	红梨。晚熟品种。花粉多，适合作授粉树。果实柔软水分多。
	20世纪	青梨。中熟品种。不耐黑斑病，需要套袋。果实颜色柔美。
	黄金二十世纪	青梨。中熟品种。20世纪改良品种，高抗黑斑病。
西洋梨	巴特梨（Bartlett）	早熟品种。果汁丰富，除了生食还可用于加工。
	拉法兰西（La France）	晚熟品种。催熟后十分香甜可口，和其他西洋梨相比酸味更少。
	李克特（Le Lectier）	晚熟品种。丰产性好，虽然坐果多但收获前容易被风吹落，所以需要防风。

种植月历

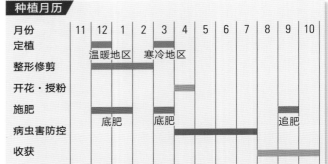

月份	11	12	1	2	3	4	5	6	7	8	9	10
定植		温暖地区		寒冷地区								
整形修剪												
开花·授粉												
施肥												
病虫害防控		底肥			底肥						追肥	
收获												

梨的特征

从古时就开始种植的常见的果树

梨早在《日本书记》中就曾出现过，人们很早就开始种植。梨大致可以分为日本梨、中国梨和西洋梨。其中，日本梨的特点是吃起来沙沙的；西洋梨有独特的香味在口中回味，不过需要催熟；中国梨吃起来多以脆爽多汁为主。

日本梨可以在高温多湿的环境中种植，种植较容易。

品种选择

品种搭配不好，坐果差

梨要搭配授粉树，才能授粉结果，如果两者亲和性不好，也会出现不坐果的现象。

◆ 优质搭配组合示例

- 丰水、幸水、长十郎任选两种
- 拉法兰西 × 巴特梨（拉法兰西可以与日本品种杂交）

管理作业

1 定植 → 12月（温暖地区）　3月（寒冷地区）

喜光照良好的环境，不太挑土壤。定植方法参考P190。

施肥方法	
底肥	12月至翌年1月每株施用有机复合肥1千克左右。3月每株施用化肥（P225）400克。
追肥	以帮助果树第2年生长发育储备养分，9月左右每株施用化肥100克。

丰水的2年生苗。修剪主枝的前端。在生长方向理想的芽的上方修剪。立支柱牵引其生长。

坐果位置

上一年抽出的枝条会结果。30厘米长的枝条不用管，超过50厘米的枝条要在1/3处回缩修剪，让其萌发花芽。

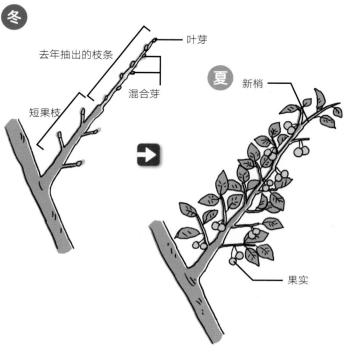

冬

去年抽出的枝条
叶芽
混合芽
短果枝

夏　新梢

果实

2 整形修剪 → 12月至翌年2月

修剪在落叶的冬季进行。为了让果树多长出结果多的短枝，对留下枝条进行回缩修剪。

树形管理　篱臂形、棚架形。

篱臂形

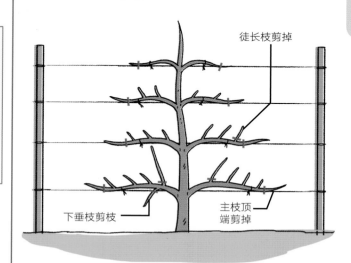

徒长枝剪掉
下垂枝剪枝
主枝顶端剪掉

左右立支柱，间隔20厘米拉弦，牵引主枝。

棚架形

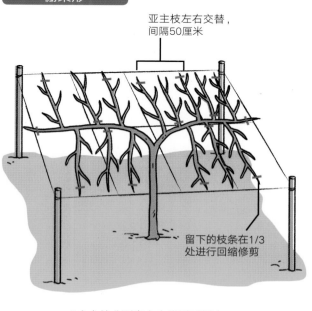

亚主枝左右交替，间隔50厘米

留下的枝条在1/3处进行回缩修剪

2个主枝分别向左右牵引到棚上。

3 开花·授粉 ➡ 4 月

种植一棵不会结果，所以必须同时种植至少两个品种。选择亲合性好的品种组合。

人工授粉要等花药张开。

▼先确认雄蕊的花药是否张开，再给其他品种的雌蕊进行人工授粉。

张开的花药

没有张开的花药

▲用刷子将花粉涂在雌蕊上。

▲也可以直接摘下花将花粉蹭在雌蕊上。

▲幸水的花。

病虫害防控

病害 常见锈病、黑星病、轮纹病等。清除发病部位。通过改善通风来预防。

虫害 常见蚜虫、食心虫、天蛾等。可以通过套袋来预防蛾类的危害。

Q & A

Q 果实在成熟前落果了是怎么回事？

A 可能感染了赤星病或黑星病。

明明已经开花授粉坐果了，但在成熟前却落果了。这种情况恐怕是感染了赤星病或黑星病。梨非常容易感染赤星病或黑星病，所以一定要做好预防。在3月上旬，隔一周喷洒一次杀菌剂，一共喷洒两回，就可以达到预防的效果。

4 疏果 ➡ 5 月至 6 月旬

想要培育出大个甘甜的梨，疏果是必不可少的。5月上旬和6月下旬分两次进行疏果。

摘除

▲第1次疏果时，将在同一个地方长出两个果实的疏掉一个。成长迟缓、外形怪异的果实也是疏果对象。

◀摘掉右边的小果。

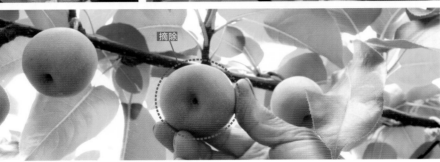

摘除

◀第2次疏果时，20厘米长的枝条只留1个果。

5 套袋 ➡ 6月

第2次疏果结束后套袋防止病虫害和鸟类啄食。

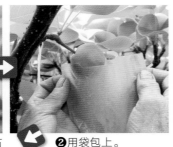

❶第2次疏果结束后的6月左右开始套袋。

❷用袋包上。

❸在果实基部将果袋口拧紧固定。

❹虽然可以固定在果柄的基部，不过固定在枝条上更好。

6 收获 ➡ 8 ～ 10月

成熟后红梨是茶色的，青梨是黄色的。

▲随着果实生长，套的袋会自然破裂。

▲西洋梨果实变成黄绿色后就可以收获了，用1～2周时间催熟。照片是李克特。

食用方法

可以用作蜜饯、果酱、蛋糕等甜点的材料。另外，西洋梨和肉菜十分相配，可以卷着生火腿片吃，也可以把梨擦成泥放在肉菜上吃。

盆栽要点

盆栽的种植方法和庭院栽培的管理方法基本相同，将两个品种分别种植在两个花盆里。在盆栽时，花的数量较少，人工授粉后坐果率可提高。选择其他品种的花，将花粉涂在雌蕊上。

Point

◆ **花盆尺寸**

选用7～8号花盆定植。将主干修剪到约30厘米高。

◆ **土壤肥料**

将赤玉土和腐叶土按照6：4的比例混合，添加少量的白云石灰。12月至翌年1月和8月施用有机复合肥（P225）。

◆ **浇水**

6～7月每天充分浇水2次。离收获时期较近时适当控水，这样果实会很甘甜。

种植两个品种，进行人工授粉

定植苗木的修剪

❶幸水的3年苗。修剪主干。

❷对主枝顶端进行回缩修剪。

庭院栽培的常见果树，美丽的红色果实可供观赏。

枣

蔷薇科	难易度	容易

栽培要点　容易长成高大乔木，所以要尽量维持矮树状态。新梢上保留3～4颗果实，其余修剪掉。

DATA

- 英语名　Jujube
- 类型　落叶乔木
- 树高　3～3.5米
- 产地　欧洲东南部、东亚至南亚
- 日照条件　向阳
- 收获时期　9～10月
- 栽培适地　日本全国
- 初果时间　庭院栽培3～4年，盆栽3年
- 盆栽　一般（7号以上花盆）

种植月历

月份	11	12	1	2	3	4	5	6	7	8	9	10
定植		温暖地区		寒冷地区								
整形修剪												
开花·授粉												
施肥		底肥		底肥								
病虫害防控												
收获												

■ 推荐品种

冬枣	中国产。大小是日本枣的5倍，单果重10～25克，直径5厘米，深褐色。
日本枣	日本本土品种。比中国枣果实小，不过非常适合日本气候。
印度枣	果实跟李一样大，成熟后口感接近苹果。

▶枣花是小花，长在叶子基部。

枣的特征

枣是一种营养价值丰富的健康食品

中国和欧洲自古就开始种植枣，日本在万叶集时代从中国引入。中国有"每日3颗枣，人就不会老"的说法，开水涮一下后干燥的枣被称为"大枣"，是一种中药材。

日本生食较多，常在庭院栽培。

品种选择

种植一棵就能结果

枣树种植一棵就可以结果，如果用于生食，最好选择大果品种。枣树开花要求较高的温度，气温偏低，花而不实。选择品种时注意开花坐果期的温度要求。

管理作业

1 定植 → 12月（温暖地区），3月（寒冷地区）

选择光照充足，排水性好的地方定植。温暖地区在12月，寒冷地区在3月左右定植为宜。

枣喜干燥，所以要选择排水性好的土壤，定植方法参考P190。定植后将主干修剪至40厘米高。

40厘米

施肥方法

底肥 12月每株施用有机复合肥1千克左右。2月下旬每株施用化肥400克（P225）。枣树生长十分旺盛，普通的土壤也可以不施肥。注意不要施肥过量。

2 整形修剪 → 12月至翌年2月

选择主干形或变则主干形。主枝留4～5根，高度为2米左右即可很好地结果。

树形管理 在庭院中一般直立生长。不要让其高度过高，修剪时要注意让阳光能够进入树膛。

主干形

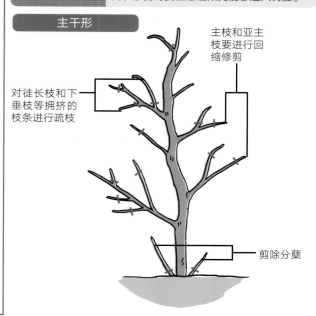

主枝和亚主枝要进行回缩修剪

对徒长枝和下垂枝等拥挤的枝条进行疏枝

剪除分蘖

坐果位置 在春季抽出的新梢基部有花芽，会开出3～4朵花，其中有1～2个可以结果。

冬

混合芽

花芽

夏

新梢

果实

副梢

混合芽

▲圆形、饱满的是混合芽，从这里会抽出新梢。

▲有刺的品种，日常管理时要小心。

Before

从这里修剪

从这里修剪

❶树高要保持在日常管理操作比较容易的高度。

冬季修剪 | 在上一年抽出的枝条的顶端会长出混合芽。

❷在向外生长的新梢的上面修剪。

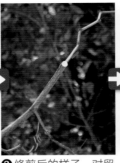

❸修剪后的样子。对留下的新梢进行回缩修剪。

从这里修剪

❹从上面数第2个亚主枝在顶端1/4处进行回缩修剪。

❺修剪后的样子。

❻对其他留下的枝条进行回缩修剪。

❼修剪后的样子。

下垂枝

❽下垂枝从基部修除，保持树冠内部的光照充足。

❾修剪后的样子。

❿修剪细枝和轮枝。

⓫整理好细枝的样子。

⓬未剪干净的枝条要从基部修剪掉。

⓭将坐果能否变好，对留下的枝条进行回缩修剪是关键。

After

Q&A

Q 去年结果很多，但今年却不结了是怎么回事？

A 去年结果过多导致的。

　　为了不让果树结果过多，可以通过疏果等来预防隔年结果现象。

病虫害防控

病害　几乎没有。

虫害　常见枣蛾的幼虫。一般在5月下旬至8月上旬活动。5月下旬到6月初会开始出现，发现了立刻清除并使用杀虫剂。

3 开花·授粉 ➡ 6月

枣有自花结果性，种植一棵也可以结果。不需要人工授粉，不过人工授粉可以提高坐果率。

▲枣的花蕾。新梢上的叶子基部有腋芽。

◀枣花。开花期赶上雨天，或是在阳台种植时，推荐进行人工授粉。

4 疏果 ➡ 7月下旬

结果过多的第2年结果就会变少，所以适度进行疏果。

▲7月下旬左右，1个新梢上只留3~4个枣，留下果实大小一致的，剩下的进行疏果。

▶庭院栽培坐果率高，所以疏果比较好。

5 收获 ➡ 9~10月

果实直径1.5~2.5厘米，维生素含量丰富。果实变红就表示成熟了可以收获了。

▲果实从绿色变红就成熟了。

▲从结果枝基部向顶端撸下果实。

食用方法

除了生食，还可以做成蜜枣、果酒等。制作干枣时，煮后晾干即可。

盆栽要点

盆栽的管理方法和庭院栽培基本相同。枣耐热耐寒性强，适合初学者种植。如果开花期赶上梅雨季，为了坐果，最好将果树移到可避雨的地方。

6月会长出许多小枝，不需要的枝条要进行疏枝。排水不好容易引起根腐，所以每1~2年要换大一号的花盆。

苗木的定植

将主枝修剪到40厘米高，修剪掉枯枝。

40厘米

Point

◆ 花盆尺寸
用7~8号盆定植，每1~2年换大一号的盆，至10号盆为止。

◆ 土壤肥料
将赤玉土和腐叶土按1:1比例混合。12月或3月施有机复合肥（P225）。

◆ 浇水
喜欢排水良好的土壤，不要浇水过多。土壤表面干燥后要充分浇水。

叶子为椭圆形，观赏性强，是很适合庭院栽培的一种果树。

枇杷

| 蔷薇科 | 难易度 | 一般 |

栽培要点 冬季开花，所以要注意修剪时期。注意不要结果过多，适当疏蕾疏果。

DATA

- 英语名 Loquat、Japanese medlar
- 类型 常绿乔木 · 树高 2.5～3米
- 产地 日本、中国 · 日照条件 向阳
- 收获时期 6月
- 栽培适地 日本房总半岛以西的太平洋沿岸温暖地区
- 初果时间 庭院栽培4～5年，盆栽3～4年
- 盆栽 一般（7号以上花盆）

■ 推荐品种

长崎早熟	早熟品种。中果。树势强，果树容易长大。收获期在5月下旬。适合在温暖地区种植。
茂木	早熟品种。中果。甜度高，酸味少。果皮很容易剥。收获期在5月下旬到6月上旬。适合在温暖地区种植。
田中	晚熟品种。大果。酸度高。收获期在6月中下旬。耐寒性比较强，从日本中部地区到东部地区都有种植。
汤川	中熟品种。大果。非常容易紧凑种植。收获期在6月中上旬。比起长崎早熟和茂木，可以在较寒冷的地域种植。
房光	中熟品种。大果。非常容易紧凑种植。收获期在6月上旬。容易在相对寒冷的地区种植。

▶枇杷在冬季开花，白色的花长在总状花序上。

种植月历

月份	11	12	1	2	3	4	5	6	7	8	9	10
定植					■	■						
整形修剪											■	
开花·授粉	■	■										
施肥		■			■				■			
		底肥			底肥				追肥			
病虫害防控				■	■	■	■	■	■	■	■	■
收获							■					

枇杷的特征

日本在江户时代从中国引进，适合作庭院果树

枇杷原产于中国，江户时代引入日本。现在，从日本九州到东北地区南部都在广泛种植。枇杷为常绿果树，11～12月开花，不过花蕾、花和嫩果不耐低温，不适合在寒冷地区种植。

春天长出新叶，新叶为椭圆形，树姿赏心悦目。如果放任不管，树会越长越高，收获就会很麻烦，所以要好好修剪。

品种选择

根据种植的地区来选择品种

枇杷种植一棵也能结果。在温暖地区什么品种都能种植，在相对寒冷的地区，只适合种中晚熟品种，例如田中。最好根据种植地区和气候来挑选品种。

盆栽时，气温过低时要挪进屋里，这样也可以在寒冷地区种植早熟品种。

1 定植 → 3～4月

3～4月是最合适定植的时期，6月或9～10月也可以定植。选择冬季阳光充足的地方定植。

施肥方法

底肥　12月至翌年1月每株施用有机复合肥1千克左右。3月每株施用化肥500克左右（P225）。

礼肥　收获后（7月下旬到8月），每株施用化肥40克。

❶ 1年生的长崎早熟品种。定植方法参考（P190）。

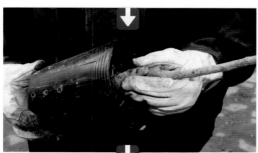

❷ 从花盆中将苗拔出。

❸ 可以看到白色的根绕在一起。这时恰逢新芽萌动，所以不要打散根坨，即可直接定植。

❹ 要让嫁接的部分露出地面，所以要进行浅植。

❺ 偏好排水良好的酸性土壤。

▶用绳子牵引枝条张开。

2 整形修剪 ➡ 8月下旬至9月

修剪在可以看到花蕾时进行。对拥挤的枝条进行整理，并打造树形，同时最好也整理一下花芽。

树形管理 若放任不管，果树会长很高，日常管理就很难。用4~5年将果树修剪成半圆形。

半圆形

第1年

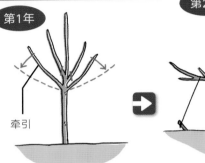

牵引

因主枝会长出轮枝，只留下3根主枝，其余剪掉。

第2年

中心枝条保持不变，牵引左右两边的主枝张开。

第3~4年

中心枝条超过2米就要进行回缩修剪。左右两边修剪掉徒长枝。

坐果位置 枇杷主要是从中心枝条的顶端萌发花芽，也从腋芽伸出的副枝上萌发花芽的。

7~8月 夏枝（副枝）

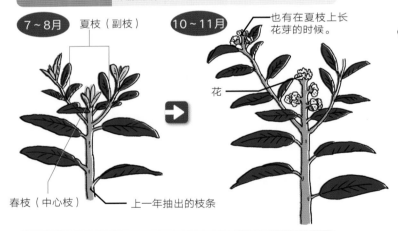

春枝（中心枝） 上一年抽出的枝条

10~11月

也有在夏枝上长花芽的时候。

花

第4~5年之后

整理那些多年生结果侧枝时，将那些想让其充实的枝条进行回缩修剪。向左右牵引的主枝，每隔数年就要更新一次，主干附近的主枝可以作为预备枝培养。

花芽的整理 9月开始会长出花芽和叶芽，各留1个，剩下的修剪掉。

从这里修剪

❶花芽1个、叶芽2个时，修剪掉1个叶芽。

❷留下生长发育较好的那个叶芽。

❸修剪完的样子。

3 疏花序 ➡ 10 月

新梢的顶端会长出数个总状花序，1 个花序有 100 朵花。花序过多时需要修剪掉。

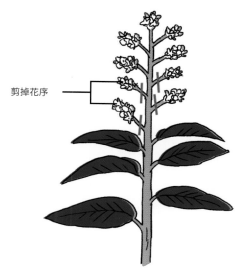

剪掉花序

留下顶端的花序，从 1/2 到 1/3 处全部修剪掉。

4 疏蕾 ➡ 10 月下旬

疏花序后，再接着疏蕾。通过限制花蕾数量来培养大果。

大果品种

留下下面两个花序，这两个花序都要疏蕾。

中果品种

留下中央的 3～4 个花序，这几个花序都要疏蕾。

5 开花·授粉 ➡ 11 月至翌年 2 月

11 月到翌年 2 月，花蕾渐次开放。授粉后果实就开始膨大。

▲ 枇杷的花蕾。

▲ 枇杷的花。

Q&A

Q 果实的产量一年多一年少怎么办？

A 通过疏花序、疏蕾、疏果来改善。

　　枇杷容易出现隔年结果现象。11 月到翌年 2 月，新梢的顶端会长出许多花序，去掉一半，剩下的花序将顶端的花蕾剪掉。等结果后，再通过疏果来限制数量。

病虫害防控

病害 常见癌肿病，主要危害枝干、芽梢、叶片，果实上也有发生。发病表现为树干上发现肿瘤，果实出现黑色斑点。一般苗木容易感染，入手时一定要检查。

虫害 常见蚜虫、象甲等。蚜虫发现了就捕杀。象甲可以通过套袋来预防。

▲ 受象甲侵害的果实。

▲ 受病害侵害的果实。

6 疏果 ➡ 3～5月

等到寒气消散后，春季再进行疏果。要保持一个轴上只留一个果。

第1次疏果	3月下旬

一个轴上留3～4个果，剪掉病果、虫果、小果或外形不好的果。

第2次疏果	5月上旬

一个轴上只留一个果，留下外形较好的大果。

7 收获 ➡ 6月

果实变成橘色且变软就说明已经成熟了，从成熟的果实开始依次采摘。如果一直将果实留在树上，口感会下降，所以应尽快采摘。

▲不要硬拽，要用剪刀剪断果梗来采摘。

Point

套袋防控病害

　　疏果结束后的3～4月，进行套袋来防控病虫害，同时也能避免果实被叶子划伤。

▶大果品种一个果实套一个袋，其他品种一个花序套一个袋。

食用方法

　　除了可以生食，还可以做成果酱或糖渍，也可以用于酿造果酒。枇杷的种子用蜂蜜浸泡后是非常受欢迎的茶品。

盆栽要点

选择光照良好的地方，注意避开强风

　　盆栽的管理方法和庭院栽培基本相同。因为枇杷只种一棵也能结果，所以种一棵就行。枇杷不用施肥也能生长得很好，所以种植起来比较轻松。将花盆放置在光照良好的地方，寒冷时要挪进室内。

　　枇杷不耐强风，盆栽时如果叶片遭受强风而受伤，很容易引起病害，建议搭建避风板等。在高层公寓种植时，这一点要特别注意防风。

Point

◆ **花盆尺寸**
用6~7号盆种植。结果后，每年换大一号的盆。

◆ **土壤肥料**
将赤玉土和腐叶土按1∶1进行混合。12月至翌年1月和6月下旬使用有机复合肥料（P225）。

◆ **浇水**
土壤干燥后需要充分浇水。夏季每天2次，其他季节每天1次。

定植苗木的修剪

▲长崎早熟品种。因为已经结果所以就这样直接种。

▲早期早熟品种。因为正在开花，所以不要修剪直接种。

自然开心形

将下面的两个主枝牵引张开。

盆栽时，用绳子牵引枝条。主干用支柱固定、牵引。

▲枝条直立，花芽很难萌发，所以牵引下面的枝条水平伸展。

花朵十分美丽，果实香甜可口，是非常受欢迎的园艺果树，有着独特的异域风情。

斐济果

桃金娘科	难易度	一般

栽培要点

种植一棵无法结果的品种较多，所以要两棵一起种。

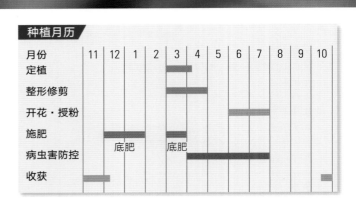

DATA

- 英语名　Feijoa，Pineapple guava
- 类型　常绿灌木　　•树高　2.5～3米
- 产地　南美乌拉圭共和国、巴拉圭共和国、巴西南部
- 日照条件　向阳　　•收获时期　10月中旬至12月上旬
- 栽培适地　日本关东南部以西的太平洋沿岸地区
- 初果时间　庭院栽培4～5年，盆栽3～4年
- 盆栽　容易（7号以上花盆）

■ 推荐品种

双子座（Gemini）	早熟品种。中果。种植一棵也能结果，不过和授粉树一起种植，果实更大。
皮波特丹尼斯选择（Pypot denise choice）	中熟品种。大果。非常香甜。自花结果性高，种植一棵就能结果。
阿波罗（Apollo）	中熟品种。大果。自花结果性高，种植一棵就能结果。香气强，果肉好看，风味十足。
猛犸（Mammoth）	中熟品种。大果。需要授粉树。果汁十分可口，但不耐贮藏。
胜利（Trimph）	晚熟品种。中果。需要授粉树。香味好果实大。耐贮藏。
柯立芝（Coolidge）	晚熟品种。中果。可以自花结果，种植1棵也能结果。花粉多，适合作授粉树。

▶白色的花瓣和红色的花蕊，十分美丽。

种植月历

月份	11	12	1	2	3	4	5	6	7	8	9	10
定植					▬							
整形修剪					▬▬							
开花·授粉								▬▬				
施肥					▬							
病虫害防控		底肥			底肥		▬▬▬▬▬▬					
收获	▬											▬

斐济果的特征

果实香甜多汁、芳香四溢，非常适合作庭院树

原产南美洲，盛产于新西兰。较耐寒，适合在日本种植。柑橘能够种植的地区都能种植斐济果。斐济果在市场上并不常见，适合作家庭果树。果实在树上熟透了，味道很特别。

斐济果口味像西洋梨和桃混起来的，独具异域风情的花朵十分美丽。另外，叶子背面是银色的，很适合观赏在园艺中十分受欢迎。

品种选择

花粉量多的树可以作授粉树

种植一棵无法结果的品种较多，所以基本需要2个品种一起种植。授粉树推荐选择花粉多的品种。

皮波特丹尼斯选择和阿波罗是种植一棵也能结果的品种。不过，想要结出很多好的果实，还是有授粉树更好。

管理作业

1 定植 ➡ 3月至4月上旬

适应性非常好不择土壤。一般定植适期在3月至4月上旬，而温暖地区也可以选择10月上旬到11月上旬。

施肥方法

底肥　12月至翌年1月每株施用有机复合肥1千克左右，3月每株施用化肥400克左右（P225）。

❶品种猛犸的苗木。选择光照良好的地方定植，定植方法参考P190。

❷将苗木从盆里拔出。

❸打散根部。

❹浅植，充分浇水。

❺修剪主干。在顶端1/3处进行回缩修剪。

2 整形修剪 ➡ 3～4月

放任不管果树会越长越高，株型开张且分枝多，最好维持在2.5～3米的树高。

树形管理　树形可选择变则主干形等（P200~202）。下面主要介绍半圆形。

Point

注意顶端不要剪太多
　　斐济果在枝条顶端萌发花芽，如果在春天将顶端剪掉过多会就没有花芽了。修剪主要以拥挤的枝条和过长的枝条为主，长了花芽的枝条尽量不要进行回缩修剪。

半圆形

第1年

50厘米

将主干50厘米以下的主枝修剪掉。

第2~3年

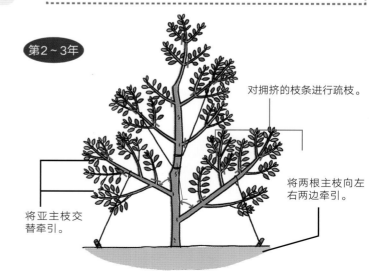

对拥挤的枝条进行疏枝。

将两根主枝向左右两边牵引。

将亚主枝交替牵引。

❶整理长枝。

❷向上生长的枝条进行处修剪。

❸这是一根径直生长的长枝，放任不管很容易变成轮枝。

❹顶端进行回缩修剪。

夏　第2年

花蕾
混合芽
新梢
结果母枝　花芽叶芽

叶芽
花芽

从这里修剪

❺顶端变成了轮枝，所以要修剪。

❻将向上生长的枝条剪掉。

❼修剪后的样子。

病虫害防控

病害　没有。

虫害　蝙蝠蛾常在6~7月出现，幼虫侵害果树内部枝条。除去植株基部的杂草，发现了立刻捕杀，并打入杀虫剂。叶子上有卷叶蛾，枝条上会出现介壳虫，发现了立刻捕杀。

3 开花·授粉 → 6~7月

至少要种植两个品种，不然就很难结果。有自花结果性的品种最好也进行人工授粉。

▲斐济果的花蕾。

▶6~7月开花，花朵可以作为可食用装饰花使用。

Q&A

Q 种植的品种单颗即可结果，但没有结果怎么办？

A 要进行人工授粉。

　　有自花结果性的品种，最好也和其他品种一起种植，这样才能结出好吃的果实。另外，斐济果的花期为6~7月，正好和日本的梅雨季节重合，这样花不容易授粉，因此需要通过人工授粉来提高结果率，用花粉多的花直接蹭在雌蕊上即可。

4 疏蕾·疏花·疏果 ➡ 5月·8月

坐果多时，就要进行疏蕾、疏花和疏果。顶端的果实小，是疏果的对象。

◀果实少时，不进行疏蕾、疏花、疏果也没问题。但是结果多时，在新梢基部留下两个花蕾，剩下的疏除。也可以坐果后再疏果，挑选大果留下即可。

食用方法

　除了可以生食以外，因其富含果胶还可以用于制作果酱、果冻等。此外，斐济果的花瓣厚实、味甜，也可以食用。

5 收获 ➡ 10月中旬至12月上旬

果实成熟后果皮依然是绿色的，所以很难判断收获期。一般在开花后5~6个月收获。

▲收获后，放在12~15℃的环境下进行一周左右的催熟，可以增加甜度。

▲自然落果就可以收获了。

盆栽要点

抗寒能力不强，所以要注意保温

　盆栽的管理方法和庭院栽培基本相同。但盆栽时需要注意两点，一是要和其他品种一起种植。二是要注意保湿，因其抗寒能力不强，在0℃持续的温度环境下，树势会变弱，可以把盆栽放在阳光充足的地方或在夜里放入室内防寒。

Point

◆ **花盆尺寸**
　用6号花盆定植，每1~2年换大一号的花盆。

◆ **土壤肥料**
　将赤玉土和腐叶土按1:1比例混合。12月至翌年1月施用有机复合肥（P225）。

◆ **浇水**
　因为不喜潮湿，所以土壤表面干了就浇水。不过夏季高温干燥会让幼果发育停止，所以夏季要每日应充分浇水2次。

定植苗木的修剪

如果枝条拥挤就要进行疏枝。

品种数很多，在全国都可以种植。种植一棵也能结果，是很容易种植的常见果树。

葡萄

葡萄科　难易度 ▶ 一般

 栽培要点

要注意观察新梢伸长方向，再进行修剪、疏蕾、疏果等。

DATA

- 英语名　Grape　•类型　落叶藤本
- 树高　支架高度　•产地　西亚（欧洲品种）、北美（美国品种）
- 日照条件　向阳　•收获时期　8月至10月上旬
- 栽培适地　日本全国。特别适合收获期雨水少、日照时间长的地区
- 初果时间　庭院栽培2～3年，盆栽1～2年
- 盆栽　容易（5号以上花盆）

种植月历

月份	11	12	1	2	3	4	5	6	7	8	9	10
定植		温暖地区			寒冷地区							
整形修剪												
开花·授粉		冬季修剪				夏季修剪						
施肥												
病虫害防控		底肥			底肥		追肥				礼肥	
收获												

■ 推荐品种

巨峰	大粒。果皮为黑紫色。甜度强，酸味弱，十分可口。有一定抗病性，种植比较容易。欧美杂交品种。
先锋	大粒。果皮为黑紫色。酸味和涩味弱、甜度强，十分可口。种植比较容易。欧美杂交品种。
特拉华	小粒。果皮为深红色。非常容易于种植。用赤霉素处理后可以得到无籽葡萄。欧美杂交品种。
早熟坎贝尔	中粒。果皮为黑紫色。有独特的香气和适度的酸味。抗病性强，种植简单。欧美杂交品种。
司特本	中粒。果皮为黑紫色。糖度高，酸味少。耐贮藏。欧美杂交品种。
贝利A	中粒。果皮为黑紫色。果汁多，味道浓厚。种植简单，不过容易长很多花序，需要疏蕾。欧美杂交品种。
尼亚加拉	中粒。果皮为黄绿色。果皮薄容易剥离。种植容易。有独特的香气，甜味强。美国品种。
Neo Muscat	大粒。果皮为黄绿色。适合温暖地区种植，抗病性强。果皮厚，酸味弱。欧洲品种。
甲斐路	大粒。果皮为明亮的鲜红色。果房需要避雨、避光，种植起来稍微困难些。欧洲品种。

葡萄的特征

因为是藤本植物，所以有不同的搭架方法

葡萄果序总状生长，不仅外形令人喜爱，口感甘甜可口，是极受欢迎的水果之一。果粒大小、果皮颜色等有许多变化，对气候和土壤有一定的适应能力，日本全国都可以种植。

葡萄是藤本植物，搭架生长比较自由。在庭院栽培时，可以使用支柱或绳来搭爬藤，盆栽推荐比较紧凑的架子。

品种选择

欧美杂交品种和美国品种都适合日本气候

葡萄有欧洲品种、美国品种和欧美杂交品种等。日本气候高温多雨，适合欧美杂交品种和美国品种。巨峰、先锋、特拉华等品种是适合家庭种植的典型品种。

欧洲种也能家庭种植，不过不耐雨水，除了雨水少的地域，其他地域都需要避雨种植。另外，葡萄种植一棵也能结果。

管理作业

1 定植 → 12月至翌年1月（温暖地区）3月下旬至4月（寒冷地区）

在冬季或早春定植，并设置支柱牵引植株，定植方法参考（P190）。

定植方法参考（P190）

施肥方法

底肥	12月至翌年1月，每株施用有机复合肥1千克。3月每株施用化肥400克（P225）。
追肥	6月每株施用化肥40克。
礼肥	为了给第2年积累养分，在10月初施用化肥50克。

Before

❶ 巨峰的3年生苗。

❷ 从盆中取出幼苗，然后用剪刀刮底部中央，这样在放入新的土壤后可以促进根部生长。若葡萄的根很细，也可以不削侧面的土。

❸ 将苗木放入种植穴的中央。

❹ 葡萄更喜欢干燥的环境，将苗钵高出土壤5厘米左右，进行浅植，踏实周围土壤。

After

❺ 立起支柱。

Cut!

❻ 主枝修剪成离地50厘米左右。

❼ 用支柱牵引枝条，注意不要绑紧。

❽ 定植完成，充分浇水。

2 整形修剪 → 12月至翌年2月（冬季修剪）

搭架管理更简单。3年后树形就稳定了。

树形管理 可以搭架或建棚（P202）。

搭架

钢丝

1米

支柱

第1年冬天

使用支柱和钢搭架，牵引主枝。将主枝向右牵引，其他枝条修剪掉。

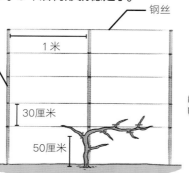

30厘米

50厘米

第2年夏天

左右各牵引1根主枝，并将主枝上抽出的亚主枝向上牵引。

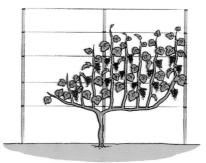

第2年冬天

中间伸出的主枝留2根，其他枝条都剪掉，再牵引留下的主枝。

第3年冬天

第2年同样只留下中央的2根主枝，其他枝条修剪掉，牵引留下的枝条。第4年以后做同样的修剪。

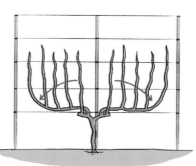

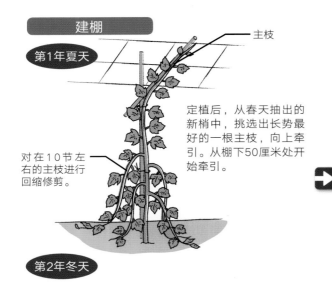

建棚

第1年夏天

主枝

对在10节左右的主枝进行回缩修剪。

定植后，从春天抽出的新梢中，挑选出长势最好的一根主枝，向上牵引。从棚下50厘米处开始牵引。

第1年冬天

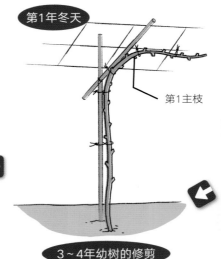

第1主枝

除了第1主枝外，其他主枝和侧枝全部剪除。同时，在第1主枝顶端1/5处回缩修剪。

▲特拉华葡萄架棚牵引。

第2年冬天

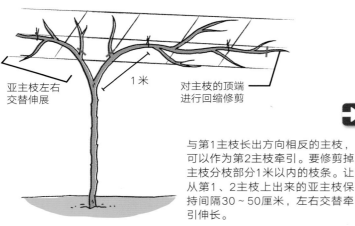

亚主枝左右交替伸展

1米

对主枝的顶端进行回缩修剪

与第1主枝长出方向相反的主枝，可以作为第2主枝牵引。要修剪掉主枝分枝部分1米以内的枝条。让从第1、2主枝上来的亚主枝保持间隔30～50厘米，左右交替牵引伸长。

3～4年幼树的修剪

对主枝的顶端进行回缩修剪

50厘米

1米

进行疏枝修剪，离主干较近的亚主枝间隔1米，在离顶端较近的亚主枝间隔50厘米。从亚主枝上长出的侧枝是结果母枝。侧枝进行疏枝修剪，枝条间隔50厘米，在第6～10芽处进行回缩修剪。

坐果位置 上一年伸长的枝条上会抽出新梢，长出花芽。

冬

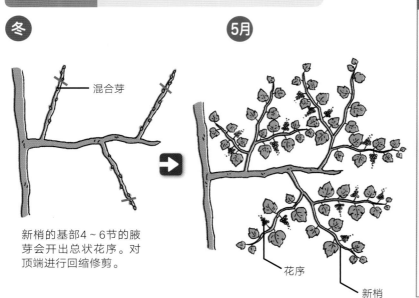

混合芽

新梢的基部4～6节的腋芽会开出总状花序。对顶端进行回缩修剪。

5月

花序

新梢

病虫害防控

病害 黑豆病、白粉病、炭疽病、霜霉病等。及时处理落叶、刮老翘树皮、套袋、去除卷须和果柄、处理掉修剪的枝条等都可以预防。

虫害 葡萄虎天牛、卷叶蛾等。葡萄虎天牛的幼虫会潜入树中啃食。可以通过刮老翘树皮预防。

▲被豆小卷叶蛾啃食的痕迹。

▶感染黑痘病的特拉华。

Point

在芽与芽中间修剪

在葡萄的节或芽附近进行修剪的话，芽容易枯萎。修剪时，不要在芽的附近剪，要在芽与芽中间修剪。

芽

冬季修剪 对多年结果的老枝和不需要的枝条进行疏枝，对留下的枝条进行回缩修剪。

从这里修剪
❶亚主枝会和侧枝交叉，所以要修剪掉侧枝。

❷修剪后的样子。如果可以牵引，那就不用修剪。

Cut!
❸新梢回缩修剪。照片是特拉华，所以留下5个芽，剩下剪掉。

❹修剪后的样子。大粒品种要留下10个芽，剩下的进行回缩修剪。

❺修剪后，为了不让枝条交叉，可以在棚架上牵引。

Point

品种不同，留下的芽的数量也不同

在对枝条进行回缩修剪时，根据品种不同留下不同数量的芽，果实才能长得最好。

特拉华（照片）和贝利A等小粒或中粒品种，留下4~5芽最好。巨峰等大粒品种树势强，留下10个芽。

10个芽

3 花序整形 → 5~6月

可以在花前（5月）整理花序，也可以在花后（6月）整理花序。

❶枝条基部第3节上的花穗留一个。基本上保持一枝一花穗，超过15节的枝条可以留两个花穗。

❷从枝条基部长出的花穗要修剪掉。

❸顶端剪掉，这样可以让下面的果粒更饱满。

❹完成。

Q&A

Q 果实变黑无法收获是怎么回事？

A 可能是得了炭疽病。

从梅雨季中期到结束，果实萎蔫变色，甚至落果，有可能是得了炭疽病，应将发病部分清除。套袋可以预防炭疽病。另外，到了冬季（落叶期）可以带上手套刮老翘树皮，预防病虫害。

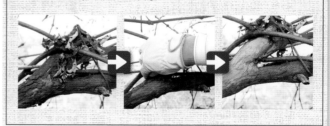

Point

用赤霉素处理能得到无籽葡萄！

巨峰、先锋和特拉华等用赤霉素处理后就可以得到无籽葡萄，颗粒也会变大。

在开花10天前，也就是还是花蕾时，用赤霉素处理1次，在开花后10天处理第2次。将赤霉素按规定量溶于水，然后将花序浸泡在其中即可。

4 疏花序·疏果·套袋 → 6月

可以通过疏果、套袋等方式让果实更饱满。

Before

花后花序整形

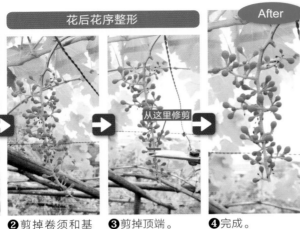

从这里修剪

After

❶ 特拉华疏花序。从基部修剪掉不要的果实。

❷ 剪掉卷须和基部的2个花序后的样子。

❸ 剪掉顶端。

❹ 完成。

❶尼亚加拉的疏果。将生长迟缓的顶端剪掉。

❷基部的果实也疏掉。尽量不要触摸留下来的果实。

❶给果实套袋。将比果实大一圈的袋子从果实下方套上。

❷将袋子在果柄处拧紧。可以达到防治病虫害和避免风雨伤害的目的。

5 收获 → 8月至10月上旬

顶端果实成熟后就是采摘的最佳时期。
葡萄是从基部开始成熟的。

▲用剪刀在果柄处剪断（司特本）。

▲先锋的绿色果实变成了深紫色。

食用方法

除了生食外，葡萄比较适合做果酱或果汁。每个品种都拥有自己独特的色泽和香气。

▲特拉华是小粒葡萄的代表品种。

▲种植简单的中粒早熟葡萄品种坎贝尔。

盆栽要点　　选择可以紧凑种植的品种

葡萄种植一棵就能结果，即使盆栽也比较容易结果。盆栽一般选择中小粒品种，例如特拉华等。

因为葡萄是藤本植物会不断伸长，所以推荐使用架子左右牵引，紧凑种植。

想要收获美味的葡萄，一定不要让植株结果过多。要进行疏花和疏果，一个花盆里结5~6个花序是比较合适的。

Point

◆ 花盆尺寸

最终升级到8~10号花盆。根据成长状况每1~2年换大一圈的花盆。

◆ 土壤肥料

将赤玉土和腐叶土按照1：1的比例混合。12月至翌年1月、9月分别施用有机复合肥（P225）。5月至6月中旬促进新梢成长，施用速效的液肥进行追肥。

◆ 浇水

葡萄非常耐旱，但夏季土壤表面干燥就要充分浇水。而浇水过多易出现根腐，所以要注意。

搭架

3年生苗木。移植后，向左右两边牵引枝条展开。

搭架。牵引枝条，各主枝要进行回缩修剪。

苗木的修剪

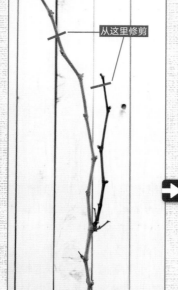

从这里修剪

❶巨峰的2年生苗。

❷从主干顶端进行回缩修剪。

❸对主枝进行回缩修剪。

❹修剪完成后的样子。主枝长成后可以搭架进行牵引。

秋季果树叶子会变黄，在庭院栽培十分好看，奶油色的果实有一种独特的香气。

巴婆果

番荔枝科	难易度	一般

栽培要点 幼树不耐干燥，注意不要断水，要充分浇水。

DATA

- **英语名** Papaw，Pawpaw
- **类型** 落叶乔木
- **树高** 3 ~ 4米
- **产地** 北美东部
- **日照条件** 向阳
- **收获时期** 9 ~ 10月
- **栽培适地** 日本北海道南部以南的温暖地区。
- **初果时间** 庭院栽培4 ~ 5年，盆栽3 ~ 4年
- **盆栽** 一般（7号以上花盆）

■ 推荐品种

威尔士	丰产，能结许多果。耐寒性强，全国都可以种植。单果重300 ~ 400克。
太阳花	丰产，能结许多果。早熟品种。果肉为金黄色。单果重200克左右。
空军1号（NC1）	加拿大培育的早熟品种。单果重400克左右，大果。甘甜浓厚。抗寒性强，在北海道都能种植。
威尔逊	有甜味，大果，早熟品种，种植比较容易。
甜美爱丽丝	丰产，甜味强的优良品种。株型比较紧凑，在狭小的空间也能种植。单果重200克。
米切尔	有一种香蕉的甜香气味，能结很多果的早熟品种。单果重200 ~ 300克。

▶具有异域风情的深紫色花朵。

种植月历

月份	11	12	1	2	3	4	5	6	7	8	9	10
定植		温暖地区			寒冷地区							
整形修剪												
开花·授粉												
施肥		底肥			底肥						礼肥	
病虫害防控												
收获												

巴婆果的特征

美味的奶油色果肉，种植十分简单

有热带水果特有的风味，果肉像芒果和香蕉的味道。虽然像新引进的果树，其实从明治时代日本各地就有种植。

如果硬要选择，还是温暖地区适合种植。不过也有耐寒性强的品种，全国都可以种植。抗病虫害能力强，可以算是容易种植的果树了。

品种选择

搭配授粉树可提高坐果率

巴婆果种植一棵也能结果，但如果两个品种一起种植结果率就会很高。品种不同花期和收获期也不同，选择花期相近的两个品种就能确保授粉。

另外，每个品种的耐寒性不同，要根据种植场所和环境进行选择。抗寒性强的威尔士等十分适合庭院栽培。

管理作业

1 定植 → 12月（温暖地区） 3月（寒冷地区）

定植方法参考P190，温暖地区适合在12月定植，寒冷地区适合在3月定植。

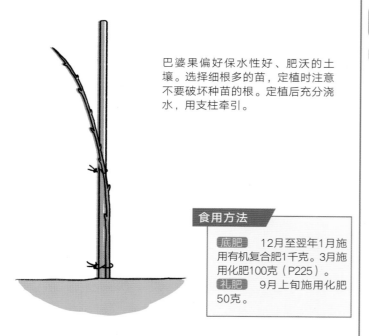

巴婆果偏好保水性好、肥沃的土壤。选择细根多的苗，定植时注意不要破坏种苗的根。定植后充分浇水，用支柱牵引。

食用方法

底肥　12月至翌年1月施用有机复合肥1千克。3月施用化肥100克（P225）。
礼肥　9月上旬施用化肥50克。

坐果位置　上一年抽出的新梢的基部到中间部位会长花芽。

冬

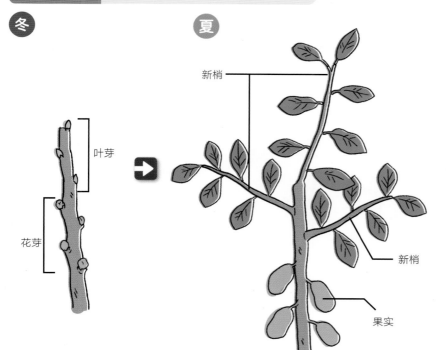

叶芽

花芽

→

新梢

新梢

果实

2 整形修剪 → 12月至翌年1月

该果树直立性强，放任不管的话会长成3～5米高的大树，锯断主干，修剪后株型要紧凑。

树形管理　除了变则主干形，推荐有多根主枝的树形。

变则主干形

剪掉新梢顶端

主干

主干修剪得比较低，保留3～4根主枝。对从主枝上抽出的新梢顶端进行回缩修剪，修剪掉1～2节。

花芽·叶芽

叶芽

花芽

▲饱满的是花芽，瘦弱的是叶芽。

❶6年生果树。因为树木很高，要修剪到方便管理的高度。

冬季修剪　变则主干形的修剪案例。
主要以修剪轮枝和平行枝等不需要的枝条。

❷决定好高度后，以其为中心圆锥状修剪其他枝条。

从这里修剪

❸比决定好的位置高的枝条都要修剪掉。

❹修剪后的样子。

Cut!

❺对枝条顶端进行回缩修剪。

从这里修剪

❻整理比顶点高的枝条。

❼修剪好的样子。

从这里修剪

❽整理轮枝或拥挤的枝条。

❾修剪好的样子。以同样的方法整理其他枝条。

❿对徒长枝和细弱枝进行疏枝。

⓫修剪掉内生枝。

Cut!

⓬留下的枝条要确认芽的位置，在花芽上方回缩修剪。

⓭完成。

3 开花·授粉 → 4～5月

雄蕊比雌蕊更早成熟，种植两个品种，然后进行人工授粉。

人工受粉

❶巴婆果的花蕾。　❷开始开花。

❸满开后，确认花药是否张开，用刷子进行授粉。只种植一棵时，将先开的花用纸包好冷藏，之后用于授粉。

❹开始坐果。

Point

果实多时要进行疏果

结果过多时，以叶果比10：1为标准修剪，一个枝条上留1～2个果为宜。

4 收获 → 9～10月

果实绿色变淡，果实出现茶色就可以收获了。

▲用网套住果实可以防止鸟害，并预防落果。

▲成熟后会自然落果，在落果之前收获即可。

食用方法

除了生食外，巴婆果可以和酸奶一起搅拌后浇在冰沙上，或用其制作奶油冻。巴婆果独特的丝滑口感十分美味。

盆栽要点

种植两个品种一定能结果

种植一棵也能结果，但是在两个花盆里种植两棵，通过人工授粉就一定能结果。

因为该果树直立性强，容易长很高，所以要对伸长的枝条进行回缩修剪，可以修剪成变则主干形紧凑种植。树高修剪到花盆高度的2.5～3倍为好。

Point

◆ 花盆尺寸

使用7～8号花盆定植。随着植株生长替换更大一号的花盆。

◆ 土壤肥料

将赤玉土和腐叶土按1：1比例混合定植。12月至翌年1月、8月上旬各施用一次有机复合肥（P225）。

◆ 浇水

冬季发现土壤干后，白天少量浇水。夏季充分浇水，每日浇水2次。幼树不耐旱，所以浇水一定要浇透。

Q&A

Q 旅行数日回来后，发现植株已经枯萎了，怎么回事？

A 注意不要断水。

巴婆果耐干旱能力较弱，盆栽时，注意不要缺水。8～9月，每日早晚各浇水1次，每次浇水要浇透。需要外出1周内时，可以用盆装水，将花盆浸入其中。另外，根系过密会让根难以吸水，所以到了6月左右，要换大一号的花盆。

花朵招人喜欢，果实甘甜、水分多，家庭种植时让果实自然成熟口味更佳。

桃

| 蔷薇科 | 难易度 | 一般 |

栽培要点 偏好排水良好的土壤，注意不要过度潮湿，在光照良好的地方种植。

DATA

- 英语名　Peach（毛桃）、Nectarine（油桃）
- 类型　落叶乔木　　　• 树高　2.5～3米
- 产地　中国西南部的高原地带
- 日照条件　向阳　　　• 收获时期　6～8月
- 栽培适地　日本东北南部地区
- 初果时间　庭院栽培3年，盆栽3年
- 盆栽　一般（7号以上花盆）

种植月历

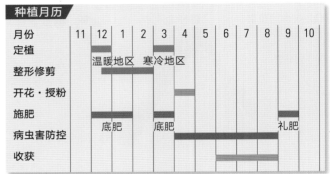

月份	11	12	1	2	3	4	5	6	7	8	9	10
定植		温暖地区		寒冷地区								
整形修剪												
开花·授粉												
施肥		底肥			底肥						礼肥	
病虫害防控												
收获												

■ 推荐品种

毛桃	白凤	中果。早熟品种。果实柔软，酸味少，不耐贮藏。比较容易种植。
	武井白凤	中果。酸味少、甘甜可口。早熟品种，不易发生病虫害，适合初学者种植。
	黎明	中果。中熟品种。果汁多、糖度高，口感和品质都很好。结果多。耐贮藏。
	白桃	大果。晚熟品种。结果大，口感好。基本没有花粉，需要授粉树。
	黄金桃	大果。晚熟品种。糖度非常高，口感极好。有一定抗病性，容易种植的丰产品种。果肉为黄色。
	大久保	中果。中熟品种。种植容易。花粉多，适合作授粉树。
油桃	平家红	中小果。中熟品种。酸味少，口感不错。花粉多，种植一棵也能结果，种植简单。抗病能力强。
	幻想曲	中果。中熟品种。即使不套袋也没有什么裂果，果枝多、甜味强十分可口。
	秀峰	大果。晚熟品种。油桃和毛桃的杂交品种。甜味和酸味的平衡十分好，果汁多。
	味顶	中果。中熟品种。酸味少，果肉柔软，果汁多。不套袋也很难裂果。

桃的特征

花和果实都能带给人快乐，是常见果树

桃果皮有毛的是毛桃，没有毛的是油桃，种植方法相同。果实水分多、甜度高，经过疏果和套袋等管理工作，能够收获品质更高、口感更好的果实。

桃是在夏季高温时期成熟，而市场上贩卖的果实大多是提早采摘的。但如果在自家庭院栽培，可以让果实在树上熟透了再采收。

品种选择

有花粉极少的品种，需要特别注意

桃的品种多，果肉有白色和黄色两大类。种植一棵也能结果，不过有些品种基本没有花粉，这样的品种需要搭配大久保、黎明等花粉多的品种作授粉树一起种植。

油桃几乎所有品种都有花粉，可不搭配授粉树。晚熟品种的病虫害多，中熟品种幻想曲等容易种植。

管理作业

1 定植 → 12月（温暖地区）
翌年3月（寒冷地区）
选择排水好的地方定植（P190）。

选择光照良好，通气和排水良好的地方定植。将苗木呈70°角斜插，然后用支柱支撑，形成自然开心形树形。主干保留60~80厘米。

60~80厘米

倾斜70°种植

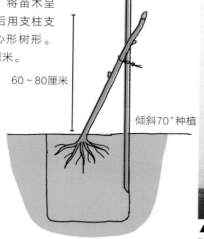

▲2年生白凤的苗。对侧枝疏枝，对主干进行回缩修剪。

施肥方法

底肥	12月至翌年1月每株施用有机复合肥1千克，3月每株施用化肥100克（P225）。
礼肥	9月左右每株施用化肥50克。施用化肥过早，营养会被用于枝条伸展而不是萌发花芽，所以要在花芽萌动后再施用。

2 整形修剪 → 12月中旬至2月
为了改善植株光照条件，对不需要的枝条进行疏枝，让中果枝和长果枝长出来。

树形管理
自然开心形在狭小的地方也方便管理。

自然开心形

第1年冬

所有侧枝都从基部修除，主干保留60~80厘米。

第2年冬

第1主枝　第2主枝

40厘米

留下第1主枝和第2主枝，其余主枝修除，亚主枝剪掉。

第3年冬

留下上一年的枝条上抽出的亚主枝，对其进行回缩修剪，对当年的新梢抽出的亚主枝进行疏枝。

坐果位置
上一年枝条顶端到中间部位会萌发出花芽。中果枝和长果枝要比短果枝更容易结果。

第1年冬
花芽
花芽和叶芽
上一年伸长的枝条
叶芽

第2年夏

果实

第2年冬
花芽
长果枝
叶芽
短果枝
中果枝

花芽·叶芽

叶芽　　花芽

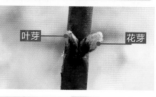

花芽　　叶芽

Before

从这里修剪

冬季修剪 3年生幼苗的修剪案例。
留下3根主枝打造变则主干形。

从这里修剪

❷决定顶端位置。

❸对留下的枝条进行回
缩修剪。

Cut!

❹修剪完中央的长枝
后的样子。

Cut!

❺决定好顶端位置后
剪掉右边的枝条。

After

❶从中央高的主枝开始修剪。

交差枝

❻修剪后的样子。　❼整理交叉枝条。　❽修剪后的样子。　❾左边的主枝进行同样的修剪，　❿完成。
　　　　　　　　　　　　　　　　　　　　　　　　　对留下的枝条进行回缩修剪。

3 开花·授粉 ➡ 4月

桃的花期是4月左右。白桃等花粉少的品种需要人工授粉才能结果。

粉色的花朵绽放。照片是白凤的花。

人工授粉

在花开到6～7成时，用刷子将花粉多的品种的花粉取下来进行人工授粉。

4 疏果 ➡ 5月

开花后4周，也就是5月下旬进行疏2次果，留朝下生长、生长良好、附近有叶子的果。

疏果

❶长果枝上留2～3个果，中果枝上留1～2个果，短果枝上留1个果实。保持叶果比为25∶1（早熟品种为30∶1）。

❷用剪刀剪或是用手摘都可以。去掉小果子或向上生长的果实。

❸疏果，仅剩2个。

❹5月下旬留下1个果实。

5 套袋 ➡ 5月中旬至下旬

疏果结束后套袋，可以避免病虫害或因风雨造成的裂果。

❶第2次疏果后，进行套袋。　❷桃的果柄较短，所以要将封口条系在枝条上。　❸套袋之后的样子。

病虫害防控

病害　将患了缩叶病的部分清除。通过修剪，来改善光照和通风条件，从而预防黑星病等病虫害。灰霉病可以通过套袋来预防。

虫害　蚜虫、食心虫、苹果透翅蛾、桃蛀螟等。发现了立刻捕杀。

▲病果。　　　▲缩叶病病叶。

6 收获 ➡ 6～8月

收获前给果实摘袋，阳光下照射一周，果实色泽会变好。

果皮变成粉色，散发出甘甜的香气就可以采收了。

食用方法

除了可以生食外，桃还可以做糖渍桃或桃酱。

盆栽要点

排水好，保证土壤中的通气性

桃偏好排水良好的土壤，对土壤中的氧气浓度敏感。通气不好会引发根腐病，可以多放盆底石改善土壤的通气性。

另外，要认真疏果，盆栽要保持1枝1果，1盆3～5果。春天到夏天，果树容易因强风造成叶摩，从而染病，所以遭遇强风时要将其移到室内。

Point

◆ 花盆尺寸

用7号以上的花盆。根系容易盘绕，所以每2年换大一号的花盆。

◆ 土壤肥料

将赤玉土和腐叶土按1：1比例混合种植。12月至翌年1月、8月施用有机复合肥（P225）。

◆ 浇水

7～8月要充分浇水，每日浇水2次。其他时候发现土壤干燥就浇水。春季和秋季，每月浇水4～5次，冬季每月浇水1～2次。

定植苗木的修剪

Before　After

▲2年生的黎明。4根主枝全部留下，对每个主枝进行回缩修剪。

▲修剪完成后的样子。

Cut!　Cut!

❶在右边的主枝向右生长的外芽上方修剪。　❷左右2根主枝也在生长方向理想的外芽上方修剪。

Cut!

❸下方的主枝也一样进行回缩修剪。

杨梅富含维生素C，是一种非常美丽的果树。

杨梅

杨梅科		难易度	容易

栽培要点

实生苗非常皮实，但要过15～20年才能结果，所以一定要选择嫁接苗。

DATA

- 英语名 Red Bayberry
- 树高 3～4米
- 日照条件 向阳
- 栽培适地 日本关东南部以西的太平洋沿岸地区
- 初果时间 庭院栽培4～5年，盆栽4～5年
- 盆栽 可能（7号以上花盆）
- 类型 常绿乔木
- 产地 日本、中国南部
- 收获时期 6月中旬至7月中旬

种植月历

月份	11	12	1	2	3	4	5	6	7	8	9	10
定植						▬						
整形修剪				▬▬▬▬								
开花·授粉							▬					
施肥	几乎不需要施肥											
病虫害防控	零星发生											
收获								▬▬				

■ 推荐品种

瑞光	大果。中晚熟品种。酸味强。每年结果。适合用于制作果酒。
森口	大果。中熟品种。酸味少。每年结果。有早期结果性。
秀光	大果。中熟品种。生吃十分可口。比瑞光和森口的果实大一圈。有早期结果现象。
龟藏	中果。晚熟品种。没有酸味，甜度高。每年结果性好。耐贮藏。有早期结果现象。
阿波锦	大果。晚熟品种。果实表面有肿包。隔年结果性强，需要疏果。

▶杨梅的幼果变红后即可采收。

杨梅的特征

基本不需要费功夫的果树

杨梅种植后基本不需要施肥，抗病虫害能力也强，推荐初学者种植。另外，树形和叶子很美，经常被用作公园、街道的绿化树。

根像豆科植物，可以通过与根瘤菌共生来固氮，同时给根瘤菌供给营养，经常种植在贫瘠的土地上。

品种选择

推荐选择结果年限短的大果品种

杨梅分为雌株和雄株，需要一起种植才能能结果。雌、雄株各种植1株，先种植雌株，等雌株长大后，再嫁接雄株的枝条比较好。

品种中有隔年结果的品种，可能无法每年都收获。如果家庭栽培，推荐选择结果年限短且每年都能结大果的瑞光、森口、龟藏等品种。

1 定植 ➡ 3月下旬至4月上旬

选择光照良好的地方定植，贫瘠的土壤也能很好地生长。

定植方法参考P190页。选择嫁接苗，因为根系容易受伤，定植时一定要注意不要打散根，要充分浇水。

施肥方法

杨梅的根可以和根瘤菌共生获得营养，所以没必要特别施肥。

2 整形修剪 ➡ 2～3月

杨梅易长成大树，修剪后留2～3根主枝，株型紧凑。

坐果位置 春、夏、秋三季都会抽出新梢，花芽一般生长在上一年春枝的腋芽上。

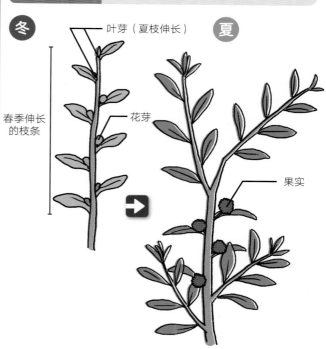

冬　　叶芽（夏枝伸长）　　夏

春季伸长的枝条

花芽

果实

树形管理 建议选择主枝2～3根的自然开心形，修剪到容易管理的高度。

自然开心形

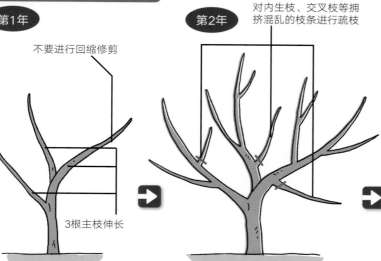

第1年

不要进行回缩修剪

3根主枝伸长

第2年

对内生枝、交叉枝等拥挤混乱的枝条进行疏枝

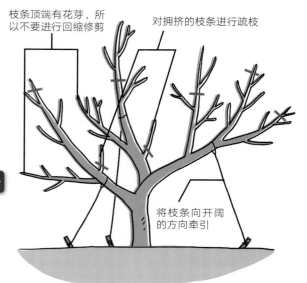

第3年以后

枝条顶端有花芽，所以不要进行回缩修剪

对拥挤的枝条进行疏枝

将枝条向开阔的方向牵引

▲10年生的杨梅树。

冬季修剪 有隔年结果的可能性，所以要对内生枝和交叉枝等拥挤混乱的枝条进行整理，限制结果数能有效预防隔年结果现象。

Before

从这里修剪

❶对下垂的长枝条或拥挤的枝条疏枝。

❷轮枝，留下向上生长的枝条，修剪掉向下生长的枝条。

After

❸修剪后的样子。

Q&A

Q 树已经长大了，很难管理了，怎么办？

A 修剪掉50%的枝叶。

瑞光和森口等品种由于直立性好、树势较强，放置不管会不断长高，变得难以管理。所以在树长到2.5米高时，在3月左右让叶量减少一半，对各个枝条进行回缩修剪。

Q 不结果是怎么回事？

A 需要授粉树。

杨梅分雌株和雄株，雄株基本不结果。另外，只有雌株也不能结果，必须搭配种植雄株。带着名字贩卖的一般都是雌株。

种植雌株时搭配种植雄树。

▲当树木长得过高时，整理一半的枝条翻新比较好。

病虫害防控

病害 抗病性强，基本没什么危害。
虫害 有时候会出现蓑蛾、卷叶蛾幼虫，发现了就立刻捕杀。

3 **开花·授粉** ➡ 4月中旬至5月中旬

如果旁边有雄株，就没有必要进行人工授粉了。在山中自然生长时，雄株的花粉可以随风飘到数公里外。

▲杨梅的花蕾。长在上一年的新梢的腋芽处。

4 疏果 → 5月中旬

在生理性落果结束的5月中旬左右进行疏果。结果过多，第2年坐果就会变差。

▲叶果比为5∶1为宜。不进行疏果的话，第2年结果会不足上一年的一成。

食用方法

除了可以生食外，还可以将杨梅加工成果酒、糖渍、盐渍、果酱等。杨梅果酒为鲜红色，十分美丽。相传杨梅果酒对牙痛或腹痛有帮助，所以常被用作药酒。

杨梅酱
制作方法
①洗净杨梅，加入相当于杨梅重量40％的白砂糖，放置1个小时，排出水。
②在锅中加入①和1片柠檬切片，用中火加热。混合搅拌，注意不要烧焦。
③变成泥状时就做好了，关火即可。

5 收获 → 6月中旬至7月中旬

绿色的果实会慢慢变红，变成暗红色时就可以收获了。

◀等到完全成熟后再收获，口感会更好。

盆栽要点

搭半圆形架紧凑种植

杨梅抗病虫害能力较强，也不需要施肥，在盆栽也很容易。但是容易长得过大，因此，建议将水平张开的枝条向下牵引，搭半圆形架紧凑种植。

另外，杨梅抗旱能力不强，冬天最好放在光照好、温暖的地方。

Point

◆ 花盆尺寸
使用7号花盆定植。为了让果树更好地结果，每两年换大一号的花盆。

◆ 土壤肥料
将赤玉土和腐叶土按1∶1比例混合定植，一般没必要施肥。

◆ 浇水
土壤干燥了就充分浇水。

环形

将主枝向外张开牵引，形成环形（P203），在阳台等狭小的地方也很容易种植。

105

非常适合盆栽，小小的果实和花十分招人喜爱，是日本人非常熟悉的果树。

山樱桃

蔷薇科　　　　　　难易度　▶ 一般

栽培要点　枝条拥挤时容易照不到阳光，会导致枝条枯萎，所以需要认真修剪。

DATA

- 英语名　Chinese bush cherry
- 树高　1～1.5米
- 日照条件　向阳
- 栽培适地　日本全国
- 初果时间　庭院栽培2～3年，盆栽2～3年
- 盆栽　容易（5号以上花盆）
- 类型　落叶灌木
- 产地　中国北部、日本、朝鲜半岛
- 收获时期　6月

■ 推荐品种

红果品种	淡红色的花朵，红果品种比较普及，开花期比白果品种稍早。
白果品种	花朵为纯白色，果实粒大，结果数比红果品种少。

▶淡粉色的小花十分美丽，因为是矮树所以管理简单。

种植月历

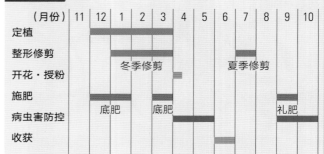

（月份）	11	12	1	2	3	4	5	6	7	8	9	10
定植												
整形修剪			冬季修剪						夏季修剪			
开花·授粉												
施肥		底肥		底肥							礼肥	
病虫害防控												
收获												

山樱桃的特征

古典家庭果树，用于观赏也十分受欢迎

原产于中国，江户时代引入日本。与金柑并称日本古典家庭果树。日本全境都可以种植，但不耐多湿和光照不足，适合在排水好和日照良好的地方种植。

果实比较小，直径为1.5厘米，果皮非常有光泽，果实外观非常可爱。酸甜适中，十分爽口。

品种选择

种植一棵也能结果，适合用于家庭果树

山樱桃没有什么特别的品种，有红果品种和白果品种两大类，种植方式没有不同。如果空间允许可以各种植一棵，结果更好。山樱桃的花和果实有两种颜色，十分好看。

选择苗木时，排选主干有光泽的。

管理作业

1 定植 → 12月至翌年3月

日照良好是最关键的。另外，选择排水良好的地方定植。

定植方法参考P190。照片是2年生嫁接苗。整理轮枝和平行枝。留下的枝条，挑选生长方向理想的外芽，在枝条1/3处进行回缩修剪。

施肥方法

底肥	12月至翌年1月每株施用有机复合肥1千克左右。3月每株施用化肥50克（P225）。
礼肥	9月每株施用化肥30克。

树形管理
建议选择丛生形（P201）或变则主干形，修剪到方便管理的高度。

变则主干形

第1～3年

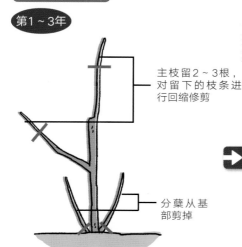

主枝留2～3根，对留下的枝条进行回缩修剪

分蘖从基部剪掉

第4年以后

为了改善内部光照条件，对拥挤的地方进行疏枝，并进行回缩修剪

分蘖从基部剪掉

2 整形修剪 → 1～3月

光照不好时，只有外侧会开花结果，为了让光进入树冠内部，最好进行疏枝。

坐果位置
短果枝上能长出好的花芽。上一年伸长的枝条顶端到中间部分会长出花芽。

冬

叶芽

花芽

上一年伸长的枝条

夏

果实

病虫害防控

病害	几乎没有病害。
虫害	介壳虫或卷叶蛾经常会出现，发现了立刻捕杀。9～10月会出现苹掌舟蛾蚕食叶片。要清除带着幼虫的叶或枝。

▲苹掌舟蛾的幼虫是一种喜食蔷薇科植物的害虫，人碰触后会出疹子，所以清除时要注意。

After

冬季修剪	丛生形的5年生的山樱桃的修剪案例。之前一直放任不管，现在要对不需要的枝条进行疏枝，整理树形。

Before

❶以3根主枝为中心。决定好中央枝条的高度，左右两边的枝条要比中央的低一些。

❷在中央主干上长出主枝的位置修剪。

❸修剪后的样子。

❹主枝的顶端分叉成2枝，留下其中1枝。

从这里修剪

❺对留下的枝条进行回缩修剪。

3 开花·授粉 ➡ 4月上旬

因为山樱桃有自花结果性，所以即使不进行人工授粉也可以。开花期在4月。

▲纷纷绽放的小花。

▲在开花之后叶子就会展开。

4 疏果 ➡ 5月上旬

即使不疏果也没有关系。不过坐果过多的树，可以通过疏果来让果实更饱满。

▲按照叶果比2~3：1来疏果。

5 收获 ➡ 6月

果实变红时就可以收获了，味道酸甜。

▶果实保质期不长，无法拿到市场上销售，只有在家里种植才能吃得上。

6 夏季修剪 ➡ 7月

对春季以后伸长的枝条进行回缩修剪，第2年会抽出短果枝，结出果实。

短果枝

❶ 20厘米左右的新梢更容易长出花芽，超过40厘米的枝条是整枝的对象。

❷ 在顶端1/3处进行回缩修剪。

❸ 从修剪的地方会抽出短果枝。

Q&A

Q 没有结果是怎么回事？

A 可能是授粉不足或是光照不足。

光照不足坐花就不好。对多余的枝条进行疏枝，让阳光能照射进树冠内部。

另外，虽然种植一棵也能结果，不过开花期降雨或是授粉昆虫少也会导致授粉不能顺利进行。开花后，用毛笔等给花人工授粉比较好。

食用方法

果皮薄、果肉柔软所以很容易弄破，收获后应立刻生食或加工。推荐加工成果酒或果酱等。使用红果制作果酒时，颜色十分鲜艳美丽。另外，果酱有一定酸味，口感清爽。

盆栽要点

通过修剪提高坐果率

修剪可以改善坐果。在1～3年的新梢的顶端1/3处进行回缩修剪。这时，留下与枝条生长方向相同的芽，在其上方修剪。另外，从基部抽出的枝条也要剪掉。

第4年以后，对主枝顶端的小枝进行疏枝，有利于树冠内部的光照和通风良好。对老枝或徒长枝、弱枝等进行疏枝、回缩等。

Point

◆ 花盆尺寸
用5～10号花盆定植。每1～2年换大一号盆。

◆ 土壤肥料
将赤玉土和腐叶土按1:1比例混合定植。12月至翌年1月、8月施用化肥（P225）。

◆ 浇水
土壤干燥后就充分浇水。因为不耐潮湿，不要浇水过多。

定植苗木的修剪

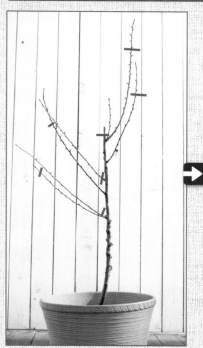 

▲ 对轮枝和平行枝进行整枝，枝条不多的一侧可以进行强修剪，让侧枝长出。

▲ 在生长方向理想的外芽上方修剪。

有一定耐寒性，在世界广泛种植。
品种有成千上万种。

苹果

蔷薇科　　　　　　　　　　难易度 ▶ 一般

栽培要点 不耐过度潮湿，夏季水分不足容易导致果实生长发育差，需要特别注意。

DATA

- 英语名　Apple（苹果）
- 类型　落叶乔木　　　　• 树高　2.5～3米
- 产地　西亚　　　　　　• 日照条件　向阳
- 收获时期　9月至11月中旬
- 栽培适地　日本东北以北的寒冷地区
- 初果时间　庭院栽培5～7年（矮砧的苗需要3年），盆栽3年
- 盆栽　容易（7号以上花盆）

■ 推荐品种

珊莎	早熟品种。中小果。适合在温暖地带种植。和其他主要品种搭配结果更容易。完全成熟后，味道好。
津轻	早熟品种。中大果甜味强。抗斑点落叶病强，不耐白粉病。适合在温暖地带种植。
千秋	中熟品种。中果。和其他主要品种搭配结果更容易。适合在温暖地带种植。
阿尔卑斯少女	中熟品种。果实稍小。种植简单，适合初学者。
世界1号	中熟品种。果实非常大。需要及早疏果。与富士、王林杂交的果实不怎么好吃。
红玉	中熟品种。中小果。甜味和酸味的平衡较好。适合用于加工和料理。抗斑点落叶病强，不耐白粉病。
陆奥	中熟品种。中大果。不适合作为授粉树，搭配红玉作授粉树较好。
新世界	中熟品种。中果。果肉粗糙，不过甜味极强带蜜。未成熟的果实有涩味。
北斗	中熟品种。中大果。果肉细密，果汁多，甜味和酸味的平衡好。抗斑点落叶病。
王林	晚熟品种。中果。果实是黄绿色的青苹果。香气好，口感极佳。耐贮藏。
富士	晚熟品种。中果。日本国内种植最多的经典品种。甜味强，可口。适合在温暖地区种植。
沙果	晚熟品种。果实小，和铃铛差不多大小。在狭窄的空间里也能种植。适合作其他品种的授粉树。

种植月历

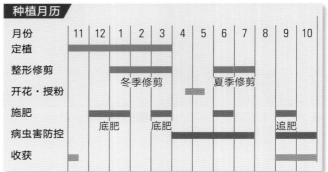

月份	11	12	1	2	3	4	5	6	7	8	9	10
定植												
整形修剪				冬季修剪				夏季修剪				
开花·授粉												
施肥		底肥		底肥							追肥	
病虫害防控												
收获												

苹果的特征

种植了近4000年的常见果树

苹果是一种常在神话故事中出现的果树，4000年前欧洲就已经开始种植。在日本，很多人认为苹果是"北方的果树"，不过有些品种在日本冲绳以外的地区也可以种植。

但是，冬季如果气温无法长时间保持在7℃以下，春天发芽就不会好，甚至不开花，所以不适合在四季如春的地方种植。

品种选择

挑选花期一致的品种作授粉树

苹果许多品种种植一棵无法结果，需要搭配授粉树。挑选花期一致，亲和性好的品种一起种植。

阿尔卑斯少女和沙果等小果的品种，可以作授粉树在花盆中种植。另外，陆奥不适合作其他品种的授粉树，其授粉树可以选择红玉。

管理作业

1 定植 ➡ 11月至翌年3月

最好定植在光照良好，不西晒，不容易干燥的地方，
定植方法参考P190。

❶3年生的津轻苗。家庭种植推荐使用紧凑生长的矮砧嫁接苗。

❷去掉外面的盆，让底下和侧面的根系稍微松散一些后再定植，将赤玉土和腐叶土混合使用。

❸让种植的地方形成一个低洼的水坑，充分浇水。等到根系稳定后，架支柱牵引其生长。

Q & A

Q 苹果在日本的温暖地区也可以种植吗？

A 如果选择的品种适合，在日本九州也能种植。

　　苹果适合在寒冷地区种植，不过如果选择合适的品种，在温暖地区也能种植。在日本冲绳亚热带地区，苹果等落叶果树都不适合种植。
　　夏季酷热，树势较弱，要避开西晒的地方定植，并做好病虫害防控工作。另外，在温暖地区种植比在寒冷地区种植结果早，果实颜色会稍微差一些，贮藏期也会缩短。

施肥方法

底肥	12月至翌年1月每株施用有机复合肥1千克，3月每株施用化肥500克（P225）。
追肥	6月每株施用化肥50克

2 整形修剪 ➡ 1~3月

枝条柔软，通过牵引很容易打造树形。主枝保留3~4根。

树形管理　除了变则主干形，采用搭架或U形树形都可以。

变则主干形

第2年冬天

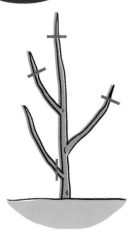

检查枝条上外芽的位置，对枝条顶端进行回缩修剪。

第3年冬天

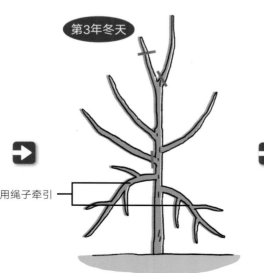

用绳子牵引

下面的两根主枝让其结果，要将枝条向稍低于水平方向牵引。对平行枝和顶端的主枝进行疏枝。

第4年冬天

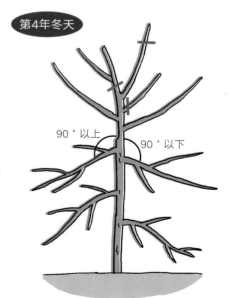

90°以上　90°以下

上部枝条牵引同第3年的操作。注意不要让果树长得过高，对顶端部位进行回缩修剪，对拥挤的部位进行疏枝。

111

坐果位置 从上一年枝条的腋芽抽出的新梢，顶端萌出花芽。长果枝、中果枝也能萌花芽，不过一般短果枝上的果实长得好。

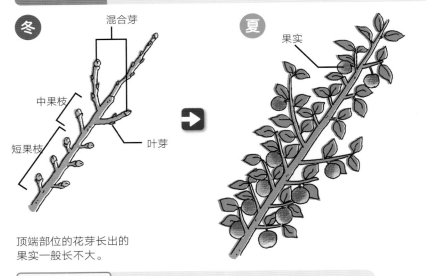

冬　混合芽　中果枝　短果枝　叶芽

夏　果实

顶端部位的花芽长出的果实一般长不大。

花芽叶芽

混合芽

叶芽

冬季修剪 整理徒长枝和内生枝、平行枝，打造树形。为了让短果枝长出来，将留下的枝条进行回缩修剪。

Before

❶8年生果树。已经形成了骨架，整理树形，从左边的主枝开始修剪。

从这里修剪

❷首先要决定顶端位置并修剪。

从这里修剪

❸下面的主枝，不要让其高过顶端。

❹将向上的枝条剪掉后的样子。

从这里修剪

❺整理主枝上的亚主枝。

❻将向上的枝条也剪掉。

After

从这里修剪

从这里修剪

❾其他主枝也像左边的主枝一样，将不需要的枝条剪掉。最后，为了长出更多的短果枝，对留下的枝条进行回缩修剪。

从这里修剪

❼然后整理下面的亚主枝。

❽剪掉向上生长的内生枝。

❿完成。

3　开花·授粉 ➡ 4月下旬至5月中旬

苹果1个花序上有5 ~ 6个花朵。

▲从花序中央的花朵开始绽放，侧面的花朵也会陆陆续续绽放。

Point

通过人工授粉能确保结果

　　摘下其他品种的花，蹭在雌蕊上。花期不一致时，可以先将雄蕊的花粉保存下来，授粉时再使用。

4　疏果 ➡ 5 ~ 7月上旬

一个地方开出多朵花，最初开的花能结出最好的果实。疏果分2 ~ 3回进行。最终一个花序留一个果实。

❶开花后3 ~ 4周进行第1次疏果。如果果实上有伤或感染了病，即使是一茬儿花结出的果实也要疏果。

❸疏掉两个果实后的样子。生理性落果结束（6月下旬），将留下的两个果实疏掉一个。

❷花序上有4个果实，留下中间的两个。

Point

7月下旬进行第3次疏果

　　大果品种，4 ~ 5个花序留一个果。中果品种，3个花序留一个果。

夏季修剪	整理枝条拥挤的部分，要让阳光充分照射到树冠内部，这样才能结出好果实。

案例1

❶对拥挤的新梢进行疏枝。

❷将3根枝条疏枝成2根。

❸修剪掉一根后的样子。

案例2

❶对内生枝和徒长枝进行疏枝。

❷从枝条基部剪除。

❸疏枝后树冠就能照到阳光了。

对顶端进行回缩修剪，能够早一年结果

6月，对当年春天抽出的新梢进行回缩修剪，能够早一年抽出短果枝。短果枝可以长出饱满的果实。长度超过30厘米的新梢都要进行回缩修剪。

基部能抽生出短果枝

5 套袋 ➡ 7月

疏果结束后，通过套袋来预防病虫害。不过不套袋的果实比较甜。

❶从下方套袋，在基部用曲别针别住。

❷系在分叉地方就可以了。在收获前一个月摘掉套袋，照射阳光让果实染色。

病虫害防控

病害 因为苹果不耐雨水和潮湿，所以在梅雨时期非常容易染病。白粉病、斑点落叶病、赤星病等。将感染的部分或病斑部分清除。

虫害 蚜虫、蟎、卷叶蛾、食心虫等。发现了就捕杀。刮掉果树的老翘树皮，可以达到预防的效果。

▲被蟎啃食的果实。

▲感染了黑斑病的果实。

6 收获 → 9 ～ 11 月中旬

果实上色就能收获了。用手就能轻松摘下来就是收获的时候了。

▲富士苹果。在树上完全成熟的苹果格外好吃。

▲阿尔卑斯少女。除了生食，还适合做果酒。

食用方法

苹果除了可以生食，还可以加工成果酱、果汁、果酒等，使用范围很广。酸味强的品种，可以制成糖渍苹果等，十分可口。

苹果酱

制作方法

①将苹果去皮去芯，切片。加入相当于苹果重量30％～40％的白砂糖搅拌，放置一小时，让其出水。

②在锅中加入①和一片柠檬片，一边用中火煮一边搅拌，注意不要糊了。当苹果酱成糨糊状就做好了。

盆栽要点

选择不易长大的品种，注意避开强光

苹果树能长得很大，所以要在空间大小受限的地方种植苹果，最好选择阿尔卑斯少女或沙果等小型品种。阿尔卑斯少女种植一棵也能结果，不过最好一起种植两棵。

变则主干形比较紧凑，半圆形（P201）也很容易管理，所以推荐选择以上两种树形。另外，苹果讨厌强光，夏季午后最好将盆栽移至阴凉处。

Point

◆ **花盆尺寸**

选择不同品种的苗2棵，分别种植在7～10号盆中。

◆ **土壤肥料**

将赤玉土和腐叶土按照1：1混合定植。12月至翌年1月、5月左右分别施用有机复合肥（P225）。

◆ **浇水**

浇水不足容易引起叶烧，在开花后果实开始膨大的7～8月，一定不要断水。注意不要让土壤干燥，每日浇水2次。

定植苗木的修剪

Before

After

▲3年生的富士苗

▲左边的主枝变成了轮枝，所以只留1根，并进行回缩修剪。

❶在主枝的上方修剪。

❷左边的轮枝只留1根。

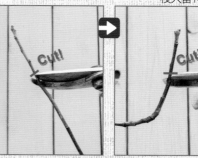

❸顶端进行回缩修剪。　❹右边的主枝，回缩修剪注意外芽的位置。

制作果酒、糖浆、果酱

在家庭种植的果实，除了生食外，还可以加工成果酒或果酱等。下面介绍如何制作。

果酒的基础做法

制作果酒的原料酒，推荐使用酒精度数为35度的烧酒。为了延长保质期，可以选用酒精度数高的烧酒。除此之外，还可以用琴酒、朗姆、伏尔加等。

一般果酒中添加冰糖，不过有些人不喜甜可以不加糖，只用酒即可。如果要加冰糖，用糖量为果实重量的1/4 ~ 1/2。

果实浸泡后1 ~ 3个月就可以饮用了。过1 ~ 2个月后取出果实，在常温处保存2 ~ 3年香气更浓烈。

▲果实浸泡1 ~ 3个月后就可以饮用了

容器消毒

保存果酒、糖浆、果酱等的容器，一定要注意卫生，要好好进行消毒。如果容器过大难以烹煮，可以用酒精洗涮容器。

▲将瓶子放入水中加热，烹煮10分钟为宜。

糖浆的基础做法

糖浆是用糖来吸出果实中的精华。使用的糖量要与果实重量相同。将水果和白砂糖混合装入瓶中，每日搅拌1回，让白砂糖充分溶化，吸出果实中的精华。每日搅拌可以防止发霉。1 ~ 2周析出糖浆，保存在冰箱中。如果出现发酵现象时，可以煮沸后保存。糖浆1个月以内吃完为宜。

果酱的基础做法

如果想品尝水果的美味，推荐将它们制作成果酱。一般是将水果和白砂糖一起熬制而成。白砂糖使用量为果实重量的1/4 ~ 1/2为宜，可以根据果实的甜度来调节成自己喜爱的口味。除了白砂糖外，也可以挑选其他糖。糖分含量越高越容易保存。一般水果的果胶含量少，果酱很难形成糨糊状，所以要和柠檬片一起煮。

果酱做好后装入干净的瓶中，并在冰箱中冷藏保存，开封后2周内吃完。

◀在洗干净的果实上撒上白砂糖，静置一会儿让其出水。

▲将其煮成糊状，加入柠檬片可以增加黏稠度和酸味。

▲用干净的瓶子密封保存。

柑橘

PART 2

以温州蜜柑为代表的柑橘是清爽的酸甜味。一些品种可以种植在日本东北以南地区。柑橘常绿果树的代表树种。

● 柑橘的培育方法
● 温州蜜柑·椪柑
● 甜橙·杂柑
● 香橙·金柑·枳
● 柠檬·酸橙

柑橘作庭院树的历史十分悠久。柑橘是常绿植物，喜欢温暖气候。

柑橘的培育方法

根据环境来选择适合的品种

　　日本栽培柑橘的历史悠久，以温州蜜柑为首，柠檬、金橘等都有很多品种。因为柑橘是常绿植物，所以喜欢温暖气候，适合种在日本关东以南地区。香橙（日本柚子）和酸橘抗寒能力较强，所以可以在日本东北北部地区种植。年均温度高于15℃，最低温度不低于－5℃的地区都可以种植。此外，所有品种都可以盆栽，因此在寒冷地区可以盆栽种植，冬天挪到屋檐下或屋内。

　　定植、整形修剪、施肥等方法，不同柑橘都是通用的。坐果位置也基本相同，不过品种之间稍有差异，这点会在后面介绍。

　　盆栽柑橘时，所有种类的种植方法都相同。请参考P125。

管理作业

1 定植 ➡ 3月

选择光照充足、排水良好的地方定植。
柑橘应堆土浅植。

After

Before

▶温州蜜柑"兴津早生"的3年生苗。

施肥方法

底肥　12月至翌年1月每株施用有机复合肥1千克，3月每株施用化肥500克（P225）。因为柑橘是常绿植物，肥料尽量选择长效肥，比如油渣等植物性有机肥。

追肥　不怎么需要。

▶偏好光照充足、排水良好的地方。

❶挖一个种植穴。选择带有砾石的黏土，坑要挖深挖大。盆栽时，种植穴的直径和深度一般是40~50厘米。

❷在腐叶土上面覆盖赤玉土，充分混合（将轻质土壤放在下面更容易混合）。

❸在种植穴中填入❷的土。

❹从盆中拔出盆苗，苗的根系盘绕在底部，用剪刀或移植铲将土敲落。注意不要切断根。

3厘米

❺用移植铲在侧面以3厘米的间隔划线，这样转一圈。去除杂草的根，抖落土壤。

❻将苗木放在种植穴中，确认好高度的同时将土壤回填。嫁接部分稍微高出地面。

❼在苗外侧挖一个凹槽。

❽在凹槽里灌水。充分浇水直至水漫过凹槽。

❾将土填回凹槽中。

❿在植株周围堆土，形成一个小鼓包，定植就完成了。

整形修剪 ➡ 3月

将夏枝和秋枝中的下垂枝条进行回缩修剪，拥挤的枝条进行疏枝，让阳光能够照射进树冠里。坐果位置因品种而异，参考各种类介绍页。

树形管理 树势强时，可以留2～3根主枝修剪成自然开心形或变则主干形，树势弱时打造成半圆形。

自然开心形

离地15～20厘米的粗枝作为第1主枝，一共留下3个主枝，其他去除，注意保持枯条的平衡。

第2年3月

第2主枝

主枝顶端进行回缩修剪

第3主枝

第1主枝

15～20厘米

第3年3月

去除阻碍主枝和亚主枝生长的枝条

亚主枝

对从主枝长出来的正中央的亚主枝进行回缩修剪。

主枝

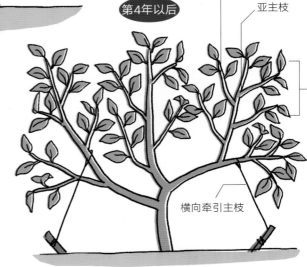

第4年以后

从亚主枝出来的侧枝上会萌出花芽

侧枝

亚主枝

横向牵引主枝

注意主枝和亚主枝的平衡感。横向牵引，抑制树势，这样才能更好地结果。

半圆形

对于树势较弱的柠檬和酸橙，可以向左右两侧牵引主枝，做成矮半圆形。

牵引

3月的修剪

柑橘不像落叶乔木那样在冬季修剪，而是在萌芽前（3月初）修剪。落叶乔木在冬季将养分贮藏在其根部，而常绿植物——柑橘在叶子中存储养分。因此，修剪时不要像落叶乔木那样进行强剪，而是要以打造树形为主，不要剪掉过多枝条，主要修剪不需要的枝条。许多柑橘品种都有刺，要小心，特别是幼树刺很多。

Before

金橘（7年生）整形修剪

❶尽管是自然开心形，但有5根主枝，要留其中4根。在修剪树形时，要留意枝条是否都能沐浴到阳光，然后将不需要的枝条疏枝。

❷主干留4根。

从这里修剪

❸剪掉交叉的右侧枝条。

从这里修剪

❹修剪掉内侧重叠的枝条。

❺修剪后的样子。

从这里修剪

❻修剪掉徒长的平行枝。

❼修剪后的样子。

❽整理平行枝。

❾修剪掉徒长枝，树形修剪就完成了。

❿整理细枝。

⓫对拥挤的部分进行，要使叶子都能照到阳光。

⓬长度超过40厘米的新梢要在1/3处进行回缩修剪。

⓭从远处看能看到树整体，整理树形，保证其能更好地沐浴阳光。

After

Before

从这里修剪

❶已经是变则主干形了，将不需要的枝条进行疏枝。

❷剪掉中央的徒长枝。

❸让阳光能照进树冠内部。

从这里修剪

❻平行枝上有轮枝，要剪掉。

After

❹整理左边内侧枝条和平行枝、交叉枝。

❺树冠中央能照射进阳光，所以明亮了好多。

❼一般平行枝要留下面的，不过这棵树下面的平行枝是轮枝，所以要修剪掉。

❽修剪后的样子。

❾外轮廓凹凸有致，枝条都能照射到阳光。

夏秋修剪	在萌发出许多花蕾的"大年"中，对夏季树枝和秋季树枝进行较强的回缩修剪，会让结果母枝出现，从而预防"隔年结果"。另一方面，在花蕾少的"小年"中，主要以疏枝为主，避免回缩修剪。

▲夏枝在带芽的叶子上方回缩修剪（椪柑）。

▲剪掉的部分下方的芽会变成结果母枝。

Q & A

Q 隔年结果怎么办？

A 通过疏果限制结果。

　　柑橘都会在秋冬较晚时结果，同时为也会萌出花芽。另外，柑橘有一个习性，当年结果的枝条，第2年就不会结果了，这样就很容易引起隔年结果。

　　预防隔年结果最重要的是要控制柑橘树结果数量。主要通过疏果来控制结果数（124页）。另外，收获期要尽快采摘，这样才不会给柑橘树造成负担。

　　萌出许多花芽的"大年"，要像右图对夏枝或秋枝进行回缩修剪。这样第2年就能抽出能萌发花芽的枝条了，可以有效预防隔年结果现象的发生。

只有春枝时

叶和叶之间距离短，枝条粗壮

春枝

几乎所有的叶腋上都有混合芽

抽出夏枝时

叶子大

叶和叶之间的距离宽

夏枝

春枝

在夏枝的基部进行回缩修剪

抽出夏枝和秋枝时

叶和叶之间的距离宽，叶子小

秋枝

夏枝

春枝

在夏枝中央进行回缩修剪

3 开花·授粉 → 5月
（四季种夏季和秋季也开花）

柑橘的花期在5月。金橘和柠檬在夏季和秋季也开花。

除了八朔柑、向日夏以外，大多数柑橘种植一棵就能结果。没有必要进行人工授粉，不过进行人工授粉结果会更好。

4 疏果 → 7～8月

柑橘一般当年结果过多，第2年就很难结果了，很容易引起隔年结果现象，所以疏果是一项必不可少的管理工作。

Before

摘除这2个果

❷温州蜜柑的叶果比为25～30：1，按此比例疏果。

After

❶结果过多的枝条、照不到阳光的枝条、叶子少的枝条都是疏果的对象。

❸4个果实中疏掉2个。叶果比根据品种不同各异。

5 收获 → 根据品种不同收获时期各异（p136）

收获果实时用剪刀修剪。

▲变色之后就成熟了，可以采摘了。香橙和柠檬配合需求可以采摘青果。硬拽会拽掉果皮，所以一定要用剪刀剪下来。照片是夏橘。

食用方法

　　柑橘除了生食外，还可以用来做果酱或果酒。柠檬等酸味强的果实可以榨果汁，用于料理或用于果酒。果皮可以做果皮酱，或干燥之后用于精油，还可以用纱布包住泡澡用。盐渍柠檬是非常受欢迎的料理。

病虫害防控

柑橘病害都是共通的，参考P242～245

病害

- 疮痂病　枝、叶、果实上出现疙瘩状或疮痂状的突起。温州蜜柑、柠檬都很容易患此病。
- 黑星病　6～7月，叶子和枝条上出现小黑斑，然后枯死。在夏橘上多有出现。
- 溃疡病　5月以后，果实和叶子上出现木栓状斑点。柠檬、酸橙上经常出现。

虫害

- 介壳虫　春季容易出现。
- 天牛　7～8月容易出现。
- 红蜘蛛　7～9月容易出现。
- 鳞翅目害虫　8～9月凤蝶幼虫容易出现。
- 潜叶蛾　5～9月会钻进叶片中啃食。容易出现在柠檬、酸橙的夏枝和秋枝上。

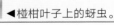

▲香橙感染了溃疡病。

▲被潜叶蛾危害的叶子。

▲不论哪种柑橘的叶子上都容易看到凤蝶幼虫。

◀椪柑叶子上的蚜虫。

盆栽要点

选择能紧凑种植的品种

盆栽的管理方法和庭院栽培基本相同。可以紧凑种植的有温州蜜柑和金橘、香橙、柠檬等。

要认真进行疏果，才能结出好的果实，预防隔年结果。

柑橘抗寒能力弱，在日本东北以北的寒冷地区种植时，冬天要将花盆放置在朝南的屋檐下，或是移至屋内明亮的地方。

Point

◆ 花盆尺寸

用5～6号（大果品种用7～8号）花盆种植，每1～2年换大一号花盆。

◆ 土壤肥料

将赤玉土和腐叶土按照1：1的比例混合。12月至翌年1月施用有机复合肥1千克，3月施用化肥50克（P225）。

◆ 浇水

不耐干旱，所以表层土壤干燥了就要充分浇水。夏季容易干燥，所以每日都要浇水。

苗木的定植

Before

After

▲大果品种的3年生苗。

▲像P83右下方插图一样对枝条进行牵引。

❶盆底放入网片。可以放入盆底土，也可以不用。

❷将赤玉土和腐叶土按照1：1的比例混合，并放入盆中1/2处。

❸将苗放入，再填入土壤，要进行浅植。

❹要充分浇水，直到水从盆底流出。

温州蜜柑500多年前日本人从浙江黄岩引入的宽皮柑橘实生变异。日本人以为原产我国温州，故名温州蜜柑。

温州蜜柑·椪柑

芸香科　　　　　　　　　　　难易度 ▶ 容易

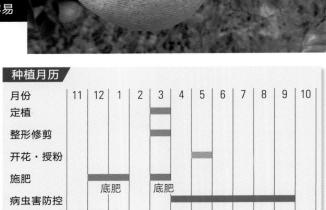

栽培要点　喜排水良好、光照条件好的种植环境。冬季应避开寒风。

DATA

- 英语名　Satsuma mandarin（温州蜜柑）
　　　　　Ponkan mandarin（椪柑）
- 类型　常绿乔木　　　　　● 树高　2～2.5米
- 产地　中国南部、日本（温州蜜柑）、印度
- 日照条件　向阳　　　　　● 收获时期　10～12月
- 栽培适地　日本关东以西的温暖地区（温州蜜柑）
- 初果时间　庭院栽培5～6年，盆栽3～4年
- 盆栽　容易（7号以上花盆）

种植月历

月份	11	12	1	2	3	4	5	6	7	8	9	10
定植					■							
整形修剪					■							
开花·授粉							■					
施肥		底肥			底肥							
病虫害防控						■■■■■■■■						
收获	■■■											■

温州蜜柑·椪柑的特征

好剥皮、果实甘甜的柑橘

　　温州蜜柑是日本自古就种植的柑橘。如果种植在日本关东以西的温暖地区，基本什么土质都能种植。最好选择光照良好、排水性好的地方种植。单果重100克左右，好剥皮，甘甜可口，果肉柔软。

　　椪柑单果重150克左右，是不太酸的一种柑橘。皮和果实之间有空隙，所以十分好剥皮。比温州蜜柑的抗寒性差，适合在温暖地区种植。

品种选择

根据耐寒性，挑选适合当地种植的品种

　　温州蜜柑根据收获期可以分为早、中、晚熟品种，早熟品种在冷天气来临前就可以收获了，所以在寒冷地区也可以种植。中晚熟品种的果实口感好，不过容易出现隔年结果现象，庭院栽培还是推荐选择早熟品种。椪柑分大果品种和小果品种，大果品种适合种植在温暖地区，而小果品种，例如森田椪柑、太田椪柑也能种在气温低的地区。

■ 推荐品种

	宫川早熟	早熟	丰产，中果，代表品种，结果良好，隔年结果现象少。
温州蜜柑	兴津早熟	早熟	丰产，中果，代表品种，结果良好，隔年结果现象少。
	南柑20号	中熟	丰产，大果，代表品种，结果良好，隔年结果现象稍少。
	大津4号	中晚熟	丰产，大果，结果良好，容易隔年结果。
	青岛温州	晚熟	丰产，大果，结果良好，容易隔年结果。
椪柑	太田椪柑	早熟	丰产，小果品种，中果，结果良好，日本关东西部地区也可以种植。
	森田椪柑	早熟	小果品种，中果，浮皮果少，日本关东西部地区也可以种植。
	吉田椪柑	早熟	大果品种，中果，果实美丽，适合在温暖地区种植。

管理作业

1 定植·整形修剪 → 3月

柑橘的基本管理作业都是相同的，定植及施肥参考P118～119，打造树形参考P120，修剪参考P120～123。

坐果位置 每年春季、夏季、秋季抽3回枝。上一年春季抽出的枝条会开花结果。十分容易出现隔年结果现象。

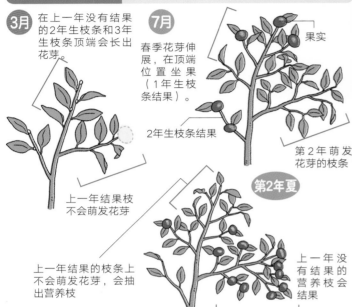

3月 在上一年没有结果的2年生枝条和3年生枝条顶端会长出花芽。

7月 春季花芽伸展，在顶端位置坐果（1年生枝条结果）。

果实

2年生枝条结果

第2年萌发花芽的枝条

上一年结果枝不会萌发花芽

第2年夏

上一年结果的枝条上不会萌发花芽，会抽出营养枝

上一年没有结果的营养枝会结果

3 疏果 → 7月

柑橘疏果作业基本是相同的，可以参考P124。标准叶果比各品种之间有差异。

▲7月果实大小跟大拇指差不多，以叶果比30：1为标准进行疏果。

2 开花·授粉 → 5月

柑橘开花、授粉等日常作业基本是相同的，可以参考P124。不需要人工授粉，不过进行人工授粉坐果会更好。

温州蜜柑的花

椪柑的花

4 收获 → 10～12月（种类不同略有差异）

果实全体变成黄就成熟了。用剪刀采摘果实。收获后放置3～7日，可以减少酸味。

◀温州蜜柑果实小的比较好吃。

◀椪柑的特点是果皮上方隆起。

可以直接吃，或是制作成果酱，香气清爽，令人心旷神怡。

甜橙·杂柑

芸香科　　　　　难易度 ▶ 容易

栽培要点
在1～5℃的地区容易发生冻害，不易结果。要根据品种进行疏果。

DATA

- 英语名　Sweet orange（甜橙）
　　　　　Hybrid citrus（杂柑）
- 类型　常绿乔木　　•树高　2.5～3米
- 产地　中国（甜橙）　日本（杂柑）
- 日照条件　向阳　　•收获时期　根据品种
- 栽培适地　日本纪伊半岛以西的温暖地区（甜橙），
　　　　　　日本关东以西的温暖地区（杂柑）
- 初果时间　庭院栽培4～5年，盆栽3～4年
- 盆栽　容易（7号以上花盆）

■ 推荐品种

甜橙	吉田脐橙	12月中上旬收获	脐橙，树势普通，结果性良好，脱酸迟。
	华盛顿脐橙	12月下旬至翌年1月上旬收获	脐橙，树势偏弱，矮树，不太抗溃疡病。
	森田脐橙	12月下旬至翌年1月上旬收获	脐橙，树势强，有叶果多，结果性良好。
	瓦伦西亚橙（Valencia Orange）	6～7月收获	甜橙，树势强，过了最适期甜味就会下降。
杂柑	川野夏（甘夏）	12月中旬至翌年1月上旬收获	夏橘，树势强，种植简单，脱酸迟。
	新甘夏	12月中旬至翌年1月上旬收获	夏橘，树势强，种植简单。
	宫内伊予柑	12月中上旬收获	树势弱，矮树，耐寒性差。
	大谷伊予柑	12月中下旬收获	树势弱，矮树，果实美丽，疏果要趁早。
	八朔柑	12月下旬至翌年1月中旬收获	树势强，容易变成高大树木，可以用夏橘等作授粉树。
	不知火	1月下旬至翌年2月上旬收获	清见×椪柑，树势弱，枝条下垂。
	清见	2月下旬至翌年4月中旬收获	温州蜜柑×特罗维塔甜橙，树势强，枝条下垂。
	向日夏	5月上旬至翌年6月上旬收获	树势强，可以用夏橘等作授粉树，种植简单。
	三宝柑	12月至翌年6月收获	树势强，清爽甘甜，不过果皮厚的品种比较多。

种植月历

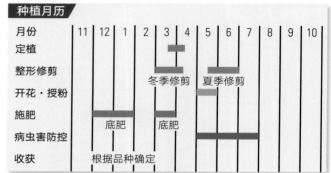

月份	11	12	1	2	3	4	5	6	7	8	9	10
定植					▬							
整形修剪				冬季修剪			夏季修剪					
开花·授粉						▬						
施肥		底肥			底肥							
病虫害防控								▬▬▬				
收获		根据品种确定										

甜橙、杂柑的特征

在树上成熟的中晚熟品种

　　甜橙、杂柑都是在1～5月收获的中晚熟柑橘。甜橙、脐橙等在柑橘里算糖度高的，在世界上都有流通。

　　夏橙、伊予柑、八朔柑、向日夏等都属于杂柑。伊予柑是橘和橙的天然杂交种。不管哪种都是果汁多、大果的品种，每种品种有自己独特的风味。定植和修剪方法与温州蜜柑相同。

品种选择

将种植空间、气候、收获期相合

　　不论是树势强势的夏橙、八朔柑，还是树势弱的伊予柑，都需要根据种植空间来选择品种。杂柑的耐寒性跟温州蜜柑差不多，不过甜橙的耐寒性较差，所以只适合在日本纪伊半岛以西的温暖地区种植。八朔柑、向日夏不能用自己的花粉授粉，所以需要和夏橙、伊予柑等一起种植。除了这两个品种，其余种植一棵就能结果。

管理作业

1 定植·整形修剪 ➜ 3 ~ 4月

柑橘的基本管理作业都是相同的，定植及施肥参考P118~119，整形修剪参考P120 ~ 123。

坐果位置

和温州蜜柑相同，去年或前年伸展的枝条上会萌发花芽，春季混合芽会抽出新枝，顶端会开花。

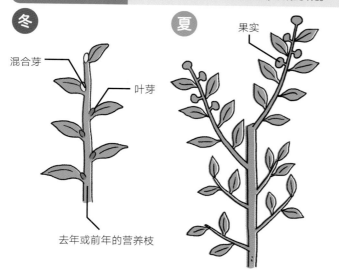

冬

混合芽
叶芽
去年或前年的营养枝

夏

果实

2 开花·授粉 ➜ 5月

不同柑橘的授粉工作是相同的，参考P124。不需要人工授粉，但进行人工授粉坐果更好。

◀橘子的花。

▲夏橘的花蕾和花。

3 疏果 ➜ 7 ~ 8月

疏果作业，柑橘都是相同的，参考P124。品种不同，叶果比也不同。

▲7 ~ 8月，果实成长起来后进行疏果。照片是夏橙。和向日夏等中果品种，叶果比为50 ~ 60：1。杂柑的大果品种，叶果比为70 ~ 80：1，以此为标准进行疏果。

4 收获 ➜ 不同种类收获期不同（P136）

果实变黄就可以采摘了。

夏橙、八朔柑适合在温暖地区种植，可让果实挂在树上到翌年4月上旬至5月上旬再收获。如果果实遭遇寒冷，果汁会减少，苦涩的味道会增加，所以在寒冷地区种植的果树，在12月下旬就要收获了（不过采收过早也会产生苦涩的味道）。甜橙在收获后要贮藏1 ~ 2周，这样可以脱酸。

▲伊予柑。

▲甜橙。

▲夏橙。

▲三宝柑。

香橙（日本柚子）、金柑等可以增加料理的香气。金柑不论是生食还是煮成糖浆都很好吃。

香橙·金柑·枳

| 芸香科 | 难易度 | 容易 |

栽培要点

香橙比较抗寒，耐干旱和多雨。
金柑比较喜好阳光。

DATA

- **英语名** Yuzu、Pomelo（香橙）Kumquat（金柑）
- **类型** 常绿乔木（香橙）常绿灌木（金柑）
- **树高** 2～2.5米　　**产地** 中国
- **日照条件** 向阳　　**收获时期** 根据品种
- **栽培适地** 日本东北以南地区（香橙），
  日本关东以西的温暖地区（金柑）
- **初果时间** 3～4年（酸橘2年）
- **盆栽** 容易（7号以上花盆）（日本柚子、臭橙、酸橘）
  （5号以上花盆）（花柚、金柑）

■ 推荐品种

香橙	大田锦	8月上旬至12月上旬收获	树势强，大果，不易产生隔年结果现象，没有刺，耐寒性强。
	山根	8月上旬至12月上旬收获	树势强，大果，不易产生隔年结果现象，没有刺，耐寒性强。
	狮子柚	11～12月收获	果实非常大，单果直径能达到20厘米。果树也很高。
	花柚	8月中旬至12月上旬收获	树势弱，矮树，不易产生隔年结果现象，别名"一岁柚"等。
金柑	大果金柑	12月下旬至翌年2月收获	果实大，在温暖地区种植果实会更大。
	长果金柑	12月下旬至翌年2月收获	椭圆形，酸味强。不易产生隔年结果现象。
	圆果金柑	12月下旬至翌年2月收获	圆形果实是其主要特征。
枳	酸橘	8月下旬至11月上旬收获	树势弱，矮树，不易产生隔年结果现象。
	臭橙	9月中旬至10月上旬收获	又叫臭橘、臭橙、枸橘。树势普通。容易产生隔年结果。适合在温暖地区种植。在半阴的环境中也能种植。

种植月历

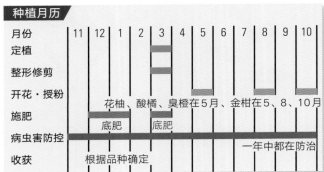

月份	11	12	1	2	3	4	5	6	7	8	9	10
定植												
整形修剪												
开花·授粉				花柚、酸橘、臭橙在5月、金柑在5、8、10月								
施肥		底肥		底肥								
病虫害防控								一年中都在防治				
收获		根据品种确定										

香橙和金柑的特征

即使量少，利用价值也很高的柑橘

香橙的果实果皮香气浓烈，果汁有酸味，可以应用于各种料理中。在日本东北地区也能种植，不抗冬季干燥的风，所以在日本关东以北地区种植要注意防寒。

金柑会在5月、8月、10月开花3次，这是金柑的主要特征，不过夏季开的花结果最好。金柑的果树都不高，且耐砍伐，可以作为绿篱使用。

品种选择

种植一棵也能结果，要根据种植空间和气候来挑选品种

香橙的品种很多，庭院栽培时如果放任不管会长得十分高大，所以要尽量紧凑种植。一般枝条上都带刺，但也有不带刺的品种。

金柑一般长不高才适合盆栽。推荐可以结出大果的大果金柑。但一定要选择嫁接苗。

管理作业

1 定植 → 3月

柑橘的基本管理作业都是相同的，定植及施肥参考P118~119。

❶大果金柑的3年生苗。将苗拔出花盆，放入定植穴填入土。

❷定植后的样子。要进行浅植，然后用土堆起来。

2 整形修剪 → 3月

修剪作业柑橘都是相同的，参考P120~123。这里介绍坐果位置。

| 坐果位置 | 香橙、臭橙、酸橘、金柑的坐果位置各异，修剪时一定要记住。 |

■柚 和温州蜜柑相同，在去年或前年抽出的营养枝上萌发出混合芽。

■臭橙・酸橘 和香橙一样，不过前年的枝条上不会萌发花芽。树冠如果有许多饱满的短果枝就很容易结果。

■金柑 和香橙一样，去年生长的枝条上会萌发混合芽，春天生长的新梢和去年枝条的腋芽会萌发花芽

冬

春天，混合芽抽出的新梢顶端会萌发花芽。

夏

春枝的新梢不怎么伸长就会结果

果实

叶芽

去年生长的枝条

冬

混合芽

夏

从春季开始生长的新梢会结果

果实

叶芽

去年生长的枝条

冬

混合芽

夏

叶芽

果实

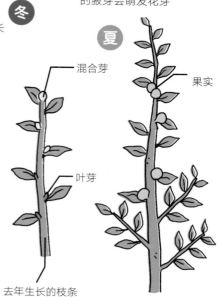

3 开花・授粉・疏果 ➡ 香橙5月（开花）・6月下旬至7月（疏果）
金柑5、8、10月（开花）・9月（疏果）

开花、授粉、疏果的作业，柑橘都是相同的，参考P124。品种不同叶果比不同，要根据各自的叶果比进行疏果。

香橙在5月开花。7月果实就膨大到拇指大小，这时按照叶果比10~15：1进行疏果，花柚按照叶果比8~10：1，臭橙按照4~5：1来疏果。照片是花柚。

金柑在5、8、10月都会开花。基本没有必要疏果，不过早结的果实能够膨大，晚结的小果和伤果要疏果，这样果实就会膨大。

4 收获 ➡ 各种类（品种）不同，参考 P163

香橙、金柑根据使用目的，可以选择采摘黄果或青果。

▲狮子柚的果皮变黄就可以采收了。

▲香橙可以根据使用目的，采摘未成熟的青果。嫩果的成长结束，微泛绿色时，苦涩味道降低，就可以收获了。

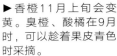

▶香橙11月上旬会变黄。臭橙、酸橘在9月时，可以趁着果皮青色时采摘。

▲金柑在11月下旬变成橘色，这时果皮的甜味也出来了，所以可以陆续采摘成熟的果实。采收可以一直持续到2月。

Before

Q 庭院栽培的香橙已经超过10年没有开花结果了，怎么办？

A 修根让坐果变好。

　　香橙在环境条件过好时，只会长枝叶不结果。营养过多是不坐果的原因之一，可以减少氮肥使用量。

　　另外，可以进行修根，来促进开花。定植超过6年还是开花，一定要试一试修根。修根会促进须根生长，抑制树势，就容易坐花了。

　　花柚不论在庭院栽培还是盆栽，都能结出很好的果实，所以家庭种植推荐选择花柚。

❶8年生香橙。在枝条下方的土壤上挖4个坑。

❷用铲子挖深。

❸挖到能看到根为止。

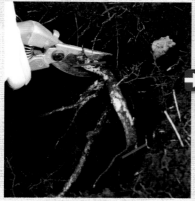

❺4个坑中的粗根都这样处理。

❻挖出的土和腐叶土混合。

❹用剪刀将粗根剪断。

After

❼将庭院土和腐叶土混合后回填，这样就会长出新的须根。

❽周围4个坑都这样完成。

柠檬·酸橙的酸味很强，常被用于料理或饮料。花朵为白色，十分美丽。

柠檬·酸橙

| 芸香科 | 难易度 | 容易 |

栽培要点 抗旱能力弱，偏好温暖、干燥的环境。盆栽十分方便管理。

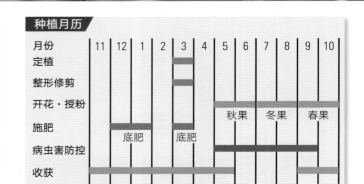

DATA

- 英语名 Lemon（柠檬）Lime（酸橙）
- 类型 常绿乔木 • 树高 2.5～3米
- 产地 印度 • 日照条件 向阳
- 收获时期 根据品种
- 栽培适地 日本东北南部以西的温暖地区（柠檬）
  日本纪伊半岛以西的太平洋沿岸的温暖地区（酸橙）
- 初果时间 庭院栽培3～4年，盆栽2～3年
- 盆栽 一般（7号以上花盆）

种植月历

月份	11	12	1	2	3	4	5	6	7	8	9	10
定植					■							
整形修剪					■							
开花·授粉							■ 秋果		■ 冬果		■ 春果	
施肥		底肥			底肥							
病虫害防控												
收获												

推荐品种

	品种	收获时期	特征
柠檬	里斯本	9月下旬至5月下旬收获	树势强，秋果多，四季开花性弱，耐寒性强，是日本的主要栽培品种。
	维拉弗卡拉	10月下旬至5月下旬收获	树势强，耐寒性强，隔年结果现象少。
	尤力克	9月下旬至5月下旬收获	树势稍弱，四季开花性强，香气强，果汁多，适合在温暖地区种植。
酸橙	波斯来檬	9月下旬至5月下旬收获	树势稍弱，在酸橙中属于抗寒性强的，果实少籽。
	墨西哥酸橙	9月下旬至5月下旬收获	树势普通，果树不太高，耐寒性弱，香气好，酸味强。

▶柠檬的青果也有香气，可以利用。

柠檬·酸橙的特征

不耐低温的柑橘，适合在干燥环境培育。

柠檬和酸橙的果汁和果皮都可利用的。果树会开出香味四溢的白花，十分赏心悦目。柠檬和酸橙都是柑橘中耐寒性差的，虽然可以在日本关东南部以西地区种植，不过冬季更适合在温暖的沿海地区种植。偏好干燥一些的土壤。4～10月的降水量少，是生产出优质的柠檬和酸橙的条件。适合种植在排水性和保水性好、富含腐殖质的土壤中。

品种选择

种植一棵也能结果。每年开花3次，有四季开花性。

柠檬、酸橙都是种植一棵也能结果的，所以不需要授粉树。因为具有四季开花性，所以和其他柑橘类不同，5～6月的秋果、7～8月的冬果、9～10月的春果，分次开花。9～10月开的花，可以在树上过冬后再收获。柠檬的耐寒性有强有弱，不过据说耐寒性差的品种香气更好。酸橙可以种植在稍微寒冷的地区。

管理作业

1 定植·整形修剪 → 3月

柑橘的管理作业都是相同的，定植及施肥参考P118 ~ 119，整形修剪参考P121 ~ 123。

▲嫁接用胶带会妨碍生长，所以适时要揭掉。

◀2年生柠檬嫁接苗。要进行浅植。

坐果位置

和温州蜜柑相同，其每年开花3次，保留在5 ~ 6月的秋果，疏掉冬果和春果。

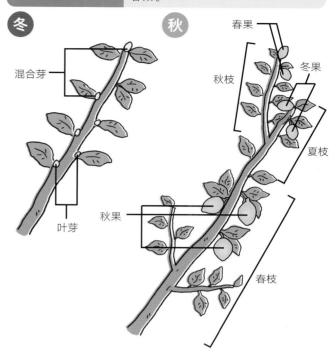

2 开花·授粉·疏果

→ 5 ~ 6月、7 ~ 8月、9 ~ 10月（开花）·8月（疏果）

开花、授粉、疏果的作业，参考P124。品种不同叶果比不同。

▲每年开花3次，没有必要进行人工授粉，不过进行人工授粉，坐果会更好。

▶柠檬适合在温暖地区种植，通常除了5 ~ 6月的秋果，其他果实都要疏掉。8月时，以叶果比20 ~ 30：1为标准进行疏果。酸橙比较容易落果，所以不用进行疏果。

3 收获 → 参考 P136

柠檬和酸橙主要利用秋果。在温暖地区种植时，冬季可以在树上越冬，根据使用量来进行采收。

▲柠檬在9月就可采摘利用未成熟的果实了。果实变黄要等到12月以后。温暖地区可以让果实在树上待到翌年5月，需要时随时采摘。酸橙果实会变大，果皮出现光泽后再采收。9月到翌年5月都可以采收。

各种柑橘的特征清单

柑橘的培育方式基本相同。每种柑橘的树势、耐寒性、疏果时的叶果比、收获期等都是不同的。要把握好各种柑橘的特点。

品种名	树势	耐寒性	单果重（克）	疏果时的叶果比	收获期
温州蜜柑（早熟）	强	中	130	20~30：1	10月中旬至11月上旬
温州蜜柑（中晚熟）	强	中	130	30~40：1	11月中旬至12月中旬
椪柑	强	中	150（小果品种）200（中果品种）	30：1	1月至2月上旬
脐橙	中（吉田）	弱	280	50~60：1	12月上旬至翌年1月中旬
代代橘	强	中	400	50~60：1	12月中旬至翌年1月上旬
伊予柑	弱	中	200	50~60：1	12月上旬至下旬
夏橘	强	中	400	70~80：1	12月中旬至5月上旬
八朔柑	强	稍弱	300~400	70~80：1	12月下旬至5月上旬
不知火	弱	稍弱	200	50~60：1	1月下旬至3月
向日夏	强	中	150	50~60：1	5月上旬至6月上旬
香橙	弱	强	30	8~10：1	8~12月
狮子柚	强	强	500	50~70：1	11~12月
香母酢（Kabosu）	中	弱	50	8~10：1	9~10月
酸橘	弱	强	30	4~5：1	8~11月
金柑	弱	中	10	疏掉小果	12月下旬至翌年2月
柠檬	强（里斯本）稍弱（尤力克）	强（里斯本）弱（尤力克）	120	秋果叶果比为20~30：1，冬果和春果全部修剪掉	9月下旬至5月下旬
酸橙	稍弱	强	120	疏掉小果	9月下旬至5月下旬

金柑酒制作方法

❶将金柑洗干净，清洁好使用的容器。

❷放入约等于金柑1/4 ~ 1/2重量的冰糖。

❸往容器里加入烧酒。加入可以没过果实的足量烧酒。放置1个月后就可以饮用了。金柑在1 ~ 2个月后取出。

酸橘醋（250毫升）制作方法

❶过滤出柠檬、香橙、酸橘等的果汁100毫升。

❷在锅中放入100毫升酱油和❶的果汁、醋一大勺、大个温州蜜柑一个、酒一大勺、海带5厘米^2，用中火加热。

❸沸腾前将海带取出，加入鲣鱼干（约5克）煮沸后关火。冷却后盖上布巾放入冰箱中。在3个月以内食用完。

浆果

PART 3

浆果大多是十分易于种植的灌木，适合家庭种植。以蓝莓为代表，还有树莓、黑莓等，都非常适合初学者。

适合初学者在狭窄空间种植，果实里富含有效护眼成分花青素。

蓝莓

| 杜鹃花科 | 难易度 | 容易 |

栽培要点 偏好酸性土壤。为了能更好结果，至少要同时种植两个品种。

DATA

- 英语名　Blueberry　　•类型　落叶灌木
- 树高　1.5～3米（高丛蓝莓、兔眼蓝莓）
- 产地　北美　　•日照条件　向阳至半阴
- 收获时期　6月中旬至9月上旬
- 栽培适地　日本关东以北、中部地区（高丛蓝莓），日本关东以西的温暖地带（兔眼蓝莓）
- 初果时间　2～3年
- 盆栽　容易（5号以上花盆）

■ 推荐品种

	品种	说明
北高丛蓝莓	维口	极早熟品种，大果，在黏土质土壤中生长发育很差。
	蓝塔	早熟品种，直立性，耐寒性强，能紧凑种植。
	早蓝	早熟品种，直立性，耐寒性强，能紧凑种植。
	斯巴坦	中熟品种，直立性，高丛蓝莓中比较耐热的品种，果实聚拢性好。
	蓝光	中熟品种，耐寒性强，分枝多。
	蓝丰	中熟品种，果实大，分枝少，种植简单。
	晚蓝	晚熟品种，直立性，生食口感极佳。
南高丛蓝莓	艾文蓝	中熟品种，果实美丽，分枝多。
	乔治宝石	中熟品种，土壤适应性强，可以紧凑种植。
	夏普蓝	中熟品种，裂果多，对冬季低温的要求少。
	奥尼尔	极早熟品种，直立性，甘甜可口，非常稀少的特大果实。
兔眼蓝莓	乌达德	早熟品种，果粒较大，香气浓郁的果实。
	乡铃	中熟品种。果实小，不过结果量多。种植容易，是在日本最常见的品种。
	亮蓝	中熟品种，种植简单，不过裂果、分枝多有发生。
	提芙兰	晚熟品种，兔眼蓝莓中比较耐热的品种，结果多，保质期久。
	芭尔德温	晚熟品种，坐果率高，果实美丽，收获期长。

种植月历

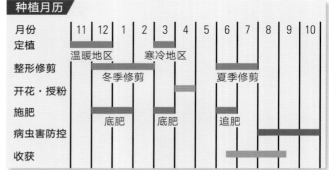

月份	11	12	1	2	3	4	5	6	7	8	9	10
定植												
		温暖地区			寒冷地区							
整形修剪												
			冬季修剪						夏季修剪			
开花·授粉												
施肥												
		底肥		底肥				追肥				
病虫害防控												
收获												

蓝莓的特征

花、果实和叶均可观赏

蓝莓原产北美，耐寒性强，在日本是容易种植的代表性小果树。春季开白色小花像满天星，夏季到秋季陆续结果。秋季叶子变成美丽的红叶，十分赏心悦目，作为庭院果树有很多优势。

偏好光照良好的地方，不过酷夏西晒会导致植株烧根，所以要准备遮阳的设备。

品种选择

同品系中选择两个品种种植

北高丛蓝莓不耐夏季干旱、酷热，所以适合在日本中部、东北地区等凉爽的地区种植。南高丛蓝莓适合在比较温暖的地区种植。兔眼蓝莓耐热能力强，所以适合在日本关东以西的温暖地区种植。

蓝莓种植一棵坐果很差，所以需要在同品系中选择两个不同品种混植，提高授粉率。

管理作业

1 定植 → 11～12月（温暖地区）
3月（寒冷地区）

在树叶掉落、芽和根的生长停止的秋季到冬季期间进行定植。如果非要在生长发育时期定植，要注意不要打散根坨。

光照和排水良好，稍微有些潮湿的酸性土壤是最理想的。定植方法参考P190。

高丛蓝莓
赤玉土：泥炭土＝1：1

兔眼蓝莓
赤玉土：腐叶土＝1：1

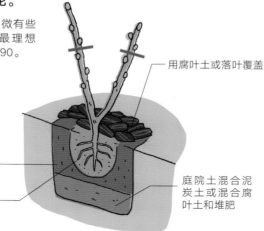

用腐叶土或落叶覆盖

庭院土混合泥炭土或混合腐叶土和堆肥

不要让根碰到混了堆肥的土壤

施肥方法

底肥 12月到翌年1月每株施用有机复合肥1千克，3月每株施用化肥50克（P225）。

追肥 6月每株施用硫酸铵50克，并根据叶色施肥，如果叶色变淡变黄，最好进行追肥。

Q 种在庭院中不结果，怎么办？

A 有几个原因需要考虑。

● 需要在疏松的土壤中定植

定植穴土壤坚实、没有营养，这样是不易结果。蓝莓的细根且柔软，所以在坚硬的土壤中无法顺利生长。参考P190备土，然后再次定植看看效果如何。

● 最起码种植两个品种

是不是只种植了一棵？虽然有种植一棵就能结果的品种，不过种植两个品种坐果率更好。但是，需要是同一个品系的。如果种植了不同品系的两个品种，就不会相互授粉，所以在购入苗木时一定要确认好品种信息。

● 土壤不合适

蓝莓偏好酸性土壤，特别是高丛蓝莓的倾向更为显著。定植时，需要混合泥炭土。

● 水分不足

蓝莓喜水，所以需要在植株基部应覆盖腐叶土等防止干燥。

● 施肥不平衡

3月和6月施肥时，将50克硫酸铵加入其他肥料中一起施用，植株生长发育、坐果才会更好。

2 整形修剪 → 12月至翌年2月（冬季修剪）

定植1～2年内，要修剪掉花芽，让植株饱满充实。从第4～5年开始，为了结出更好的果实，也要更新枝条，并进行疏枝管理。

树形管理 主轴枝（长着结果枝的枝条）留4～5根，每3～5年进行一次更新。

丛生形

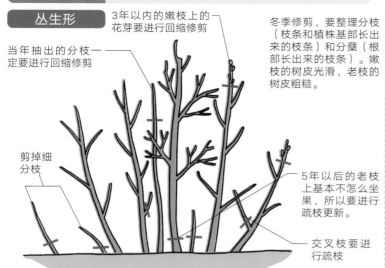

3年以内的嫩枝上的花芽要进行回缩修剪

当年抽出的分枝一定要进行回缩修剪

冬季修剪，要整理分枝（枝条和植株基部长出来的枝条）和分蘖（根部长出来的枝条）。嫩枝的树皮光滑，老枝的树皮粗糙。

剪掉细分枝

5年以后的老枝上基本不怎么坐果，所以要进行疏枝更新。

交叉枝要进行疏枝

Point

回缩修剪让植株更饱满

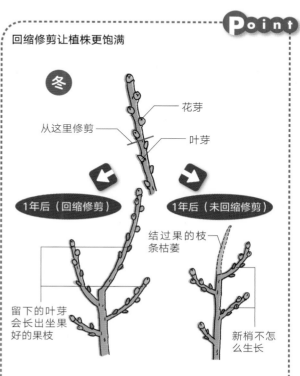

冬

花芽

从这里修剪

叶芽

1年后（回缩修剪）

1年后（未回缩修剪）

结过果的枝条枯萎

留下的叶芽会长出坐果好的果枝

新梢不怎么生长

花芽·叶芽

花芽

叶芽

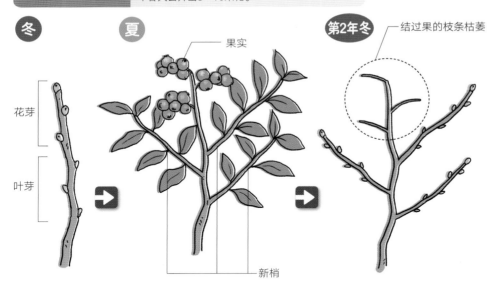

冬　　　夏　　　　　　　　　　　　第2年冬　　　结过果的枝条枯萎

花芽

叶芽

果实

新梢

冬季修剪 以7年生的兔眼蓝莓为例。5~6年后会抽出分枝8~10根（高丛蓝莓为3~4根）。蓝莓的分枝在6年后坐果会变差，所以5~6年进行更新修剪比较好。

Before

After

▲俯视树整体。要保持360°平衡。

▲修剪细分枝，对剩下的分枝进行回缩修剪。嫩枝上的花芽要去掉，伸长的枝条要让其向外生长，尽量在外芽上方进行修剪。

▲为了让阳光照射到树全体，要对1/3的树枝进行修剪。

140

从外芽的上方修剪

❶从枝条上伸出的1年生分枝,观察果树整体高度,从向外生长的芽上方修剪。

❷比修剪部位低的4个芽能够很好地伸长。

❸同样,这样的带花芽的嫩分枝顶端要修剪掉。

❹修剪后会长出结果枝。

修剪细分枝

❶从地面长出的分枝,留下饱满的,其余的修剪掉。

❷从外芽上方进行回缩修剪。

❸修剪掉从地面长出的4根分枝。修剪第1根。

❹修剪第2根。

❺修剪第3根。

❻修剪第4根。

❼修剪后的样子。

❶修剪掉内生的平行枝。

❷修剪上面的短果枝。

❸拥挤的枝条中留下向外生长的枝条，修剪掉徒长部分。

❹让植株横着向外伸展。

Point

更新老枝

　　2～3年生的结过果的老枝，在树势更强的嫩枝处进行更新修剪。若没有可留下的嫩枝的话，5～6年生的枝条就要从基部修剪掉。

▲左侧枝条是树皮粗糙的老枝。

▲剪掉后，右侧的嫩枝的坐果就会变好。

Point

回缩和抽枝

新梢

▲如果在冬季或初夏进行回缩修剪后，那么在第2年春天或秋天，原来回缩修剪的地方就会长出饱满的新梢。这个新梢在下一年会萌发花芽。

Point

对超过10年的植株进行更新

　　定植后30年，植株的中心就会枯萎，变得像甜甜圈一样。这时要挖10～15年的植株填入中间枯萎的部分补充更新。

3 开花·授粉 ➡ 4 月

因为兔眼蓝莓没有自花结果性，所以需要同时种植同品系的至少2个品种。高丛蓝莓也是至少同时种植2个品种比较好。

▲兔眼蓝莓的花。

▶高丛蓝莓的花比兔眼蓝莓的花大一圈。

人工授粉能提高坐果率！

种植同品系的两个品种，可以自然授粉，不过进行人工授粉坐果会更好。从侧面看，雌蕊顶端高出花瓣时就是授粉的最佳时间。

❶摘下别的花。

❷将花粉弄在指甲盖上。

❸花粉。

❹蹭在其他品种的雌蕊上。

病虫害防控

病害 几乎没有什么病害。

虫害 虫害也很少。不过需要注意丽金龟和蓑蛾的幼虫，如果发现了要及时捕杀。

其他 当果实变黄后，注意麻雀、鹎、白头翁等鸟类啄食。有时也会有果子狸来偷食。如果受害严重可以考虑用网来防治。

食用方法

几乎没有籽、甘甜可口的蓝莓十分适合生食，也可直接放入烤制点心中作装饰，或是将果实直接冷冻保存。推荐制作成果酱、果汁、果酒等。

蓝莓果酱

制作方法

①把蓝莓放入锅中，用铲子搅碎蓝莓，加入相当于蓝莓重量30%～40%的白砂糖混合，放置一会儿让水出来。

②加入一片柠檬，中火。注意不要炒糊，一边搅拌一边加热。当变成酱状就做好了。

4 整形修剪 ➡ 6 ~ 7 月

6 月，对树势好的新梢进行回缩修剪，到了秋季枝条就会分叉，长出新的饱满的枝条。

案例1

▲对长度超过20~30厘米的枝条进行回缩修剪，之后就会长出饱满的结果枝。

案例2

▲确认好芽的位置，让枝条向外伸展，在外芽处进行回缩修剪。这样树形不会被打乱。

5 收获 ➡ 6 月中旬至 9 月上旬

果实和果柄都变成紫红色时，用手轻轻捏住摘下果实即可。

▲兔眼蓝莓品系中的提芙兰。

▲用手捏住摘下成熟的果实。

▲和没有长出果实的轴一样，果柄尖和果实颜色相同时就可以采摘了。

盆栽要点

一个花盆种一个品种，同时种两个花盆

　　盆栽蓝莓十分简单，推荐初学者种植。基本管理方法和庭院栽培相同。苗木定植一般在3月左右进行。同一品系中挑选2个品种种植。

　　和庭院栽培相同，推荐选择丛生形，不过也可以选择自然开心形和变则主干形（P203）。

　　梅雨季过后，避开高温和强日光，移到不西晒的地方避光种植。

Point

◆ 花盆尺寸

　　使用5～6号花盆定植，每两年换大一号的花盆。

◆ 土壤肥料

　　兔眼蓝莓用赤玉土和腐叶土1：1混合的土壤种植，高丛蓝莓用赤玉土和泥炭土按1：1混合的土壤种植。定植时，不需要施肥。

◆ 浇水

　　蓝莓喜水。干旱对蓝莓的生长发育不利，土壤表面干燥后要立刻充分浇水。注意不要断水。

Q&A

Q 夏季蓝莓枯萎了是怎么回事？

A 酷暑时要早晚各浇水一次。

　　　蓝莓不耐干燥，所以夏季枯萎的情况很多。特别是幼树更不耐干旱，所以一定要注意。夏季应早晚各浇水一次，浇水要浇透。

Q 一个花盆里种植两棵可以吗？

A 不可以，建议一个花盆种植一个品种。

　　　如果两个品种种植在一起，因为对土壤适用性不同，一定有一棵长得比另一棵好，所以最好一个花盆里只种植一棵。如果必须要种在一个花盆里，最好在中间隔开。

▶南高丛蓝莓奥尼尔。

定植苗木的修剪

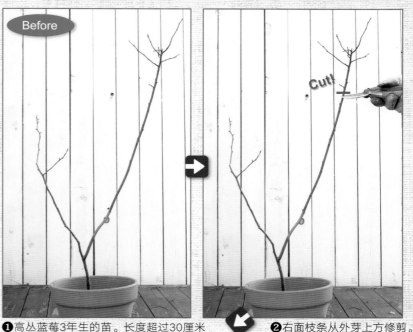

❶高丛蓝莓3年生的苗。长度超过30厘米的枝条，是没有修剪过的反面案例。因为还是幼树，所以现在修剪还来得及。

❷右面枝条从外芽上方修剪。

❸左边枝条要修剪掉顶端的花芽。这样修剪就完成了。

果实很容易受伤，所以想要品尝到完熟的果实，只有在自家庭院种植才行。

树莓

薔薇科　　　　　　　　难易度 ▶ 容易

栽培要点　在贫瘠的土壤上也能种植，种植一棵也能结果。要注意夏季酷暑和干燥。

DATA

- 英语名　Raspberry
- 树高　1~1.5米
- 日照条件　向阳至半阴
- 栽培适地　日本关东以北地区
- 初果时间　2年
- 盆栽　容易（5号以上花盆）
- 类型　落叶灌木
- 产地　北美、欧洲
- 收获时期　4~8月、9~10月

■ 推荐品种

品种	收获	特点
夏印第安 （Indian Summer）	两季收获	红色，直立性，受欢迎的代表品种，味道醇厚。
海尔特兹 （Heritage）	两季收获	红色，直立性，种植简单，产量稳定。
拉扎姆 （Razam）	7月收获	红色，直立性，没有刺。
秋金 （Fall gold）	8~9月收获	黄色，直立性，收获期长。
奇尔科腾 （Chilkoten）	7月收获	红色，直立性，有光泽的中粒品种。
夏祭 （Summer Festival）	两季收获	红色，直立性，受欢迎的品种。
三裂悬钩子 （Rubus trificlus）	7~9月收获	黄色，直立性，以西日本为中心自然生长的品种。

▶三裂悬钩子，产自日本，果实黄色。

种植月历

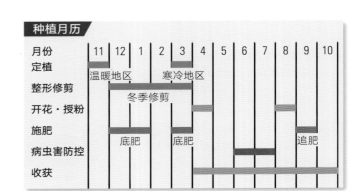

月份	11	12	1	2	3	4	5	6	7	8	9	10
定植		温暖地区			寒冷地区							
整形修剪			冬季修剪									
开花·授粉												
施肥		底肥		底肥							追肥	
病虫害防控												
收获												

树莓的特征

初夏和秋季两季结果的果树

树莓的果实由很多小核果组成。一般初夏和秋季结果两次，不过品种不同略有差别。

耐寒性强，能忍受~20℃的低温，不过夏季不耐酷热和干燥，需要种植在夏季凉爽的地区。植株不高，可以在阳台等狭小的空间里种植。

品种选择

果实颜色有红、黄、紫黑色，特点也不同

品种不同果实的颜色不同，有红、黄、紫黑色。有的株型直立，也有的半直立，树形适合采用丛生形或架子形。不论哪种品种都有刺，不过两季品种中有些无刺。

一般红色的果实不论味道还是香气品质都很高，黄色品种的糖度高酸度小，可以用于生食。黑紫色的酸味强，适合用于加工。

管理作业

1 定植 → 11月（温暖地区）3月（寒冷地区）

一般寒冷地区在3月定植，温暖地区在11月定植。选择光照和排水良好环境定植。

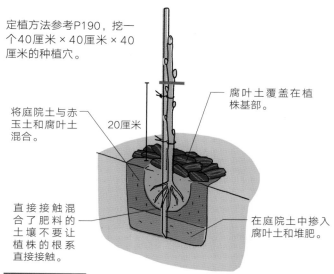

定植方法参考P190，挖一个40厘米×40厘米×40厘米的种植穴。

将庭院土与赤玉土和腐叶土混合。

腐叶土覆盖在植株基部。

20厘米

直接接触混合了肥料的土壤不要让植株的根系直接接触。

在庭院土中掺入腐叶土和堆肥。

施肥方法

底肥　12月至翌年1月每株施用有机复合肥700克，3月每株施用化肥50克（P225）。

追肥　收获的9月，每株施用化肥20克。

2 整形修剪 → 12月至翌年3月

落叶期在12月至翌年3月，在冬季对老枝进行疏枝修剪，拥挤部分进行修剪。

坐果位置
春季抽出的枝条在第2年夏季会坐果，然后冬季枯萎，两年为一循环。

冬　夏

果实

混合芽

A

B

叶芽

上面是单季树莓。两季树莓，A的芽会在第1年开花，B的芽会在第2年开花。

树形管理
一般使用丛生形，不过使用支柱组建成的架子形也不错。

丛生形

初夏6月

12月至翌年3月

扇形

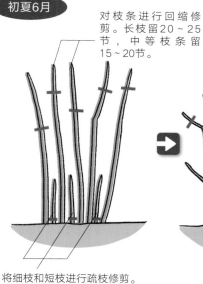

对枝条进行回缩修剪。长枝留20～25节，中等枝条留15～20节。

顶端的1～3节修剪掉。

将细枝和短枝进行疏枝修剪。

拥挤的地方进行疏枝。

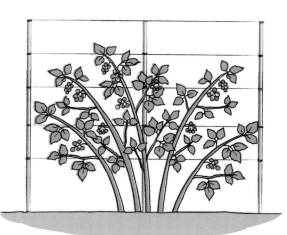

用架子将植株牵引成扇形。

| 冬季修剪 | 结过果的枝条到冬季会枯萎，所以要从植株基部疏枝更新。
当年抽出的新梢到第2年会结果，所以要对顶端进行回缩修剪，这样才能结出更多果实。 |

❶中间结过果的老枝要从基部剪掉。　❷修剪相同的老枝。　❸老枝修剪完的样子。

❹不要在芽的上方修剪，否则可能会从修剪的地方开始枯萎，要在芽和芽之间修剪。

❺对春季抽出的新梢进行回缩修剪，修剪掉1/4。

Point

分株

　树莓和黑莓相同，地下茎伸长会长出子株。在替植时，要将相连的地下茎剪断，将子株进行分株有助于植株增殖。分株的方法参考P233。

---

3 开花·授粉 ➡ 4月·8月（两季性）

有自花授粉性，所以不用搭配授粉树，只种植一棵也能结果。

◀▲没必要进行人工授粉，但人工授粉可提升坐果率。

4 收获 ➡ 4~8月・9~10月（两季树莓）

果实全体完全成熟后就可以收获了（两季树莓会结果2次）。
收获期如果下雨，很容易造成果实受伤。

▲用手轻轻摘下果实。最好在凉爽的早晨或傍晚采收。

病虫害防控

病害 在果实成熟期如果遇到降雨过多，可能会导致灰霉病发生。预防方法是尽量避开雨水，并且在果实成熟后立刻采收。

虫害 蝙蝠蛾的幼虫会钻入茎中，在内部啃食。最好拔掉植株基部周围的杂草，并覆盖稻草或腐叶土。

食用方法

果实除了可以生食，还可以制作成果酱、果酒或糕点，特别是红色的果实做成果汁十分鲜亮。采收后果实很容易受伤，所以要冷藏、冷冻保存，或是快一些加工制作成果酱等。

盆栽要点

种植一棵就能结果，所以推荐初学者种植

初学者推荐盆栽。虽然定植苗木在一年中都可以进行，不过还是选择在根系不容易受伤、树叶已经掉落、根的生长停滞的休眠期比较好。树莓根部对氧气需求较多，建议采用盆底石，以保证排水良好。

随着树莓的地下茎延伸，会接连不断地长出子株。随着植株生长，生长的中心也会慢慢偏移到外侧。所以每两年要进行一次补种，植株就会焕发新生。

Point

◆ **花盆尺寸**
选择比育苗大一圈的花盆定植。每两年换一次盆。

◆ **土壤肥料**
将赤玉土和腐叶土按照1:1的比例混合。定植时，不需要使用肥料。

◆ **浇水**
不喜干燥，春季和秋季要每日浇水1次，冬季要3~5天浇水1次。夏季每天早晚各浇水1次。

定植苗木的修剪

Before

After

◀夏印第安的3年生苗。

▶中央的枝条当年已经结过果实了，所以要疏掉，留下的枝条进行回缩修剪。

分株
❶剪掉中央结过果的老枝。

Cut!
❷留下的枝条进行回缩修剪。

Cut!
❸细枝也要进行回缩修剪。

长势强，丰产。果实富含花青素、SOD等抗氧化活性物质，对眼睛有好处，花朵很好看。

黑莓

| 蔷薇科 | 难易度 ▶ 容易 |

栽培要点 夏季比较耐酷热。注意夏季不要干旱或直接被西晒到。

DATA

- 英语名 Blackberry
- 类型 落叶灌木
- 树高 1~2米
- 产地 北美
- 日照条件 向阳至半阴
- 收获时期 7~8月
- 栽培适地 日本关东以西地区
- 初果时间 2年
- 盆栽 容易（5号以上花盆）

种植月历

月份	11	12	1	2	3	4	5	6	7	8	9	10
定植		温暖地区			寒冷地区							
整形修剪			冬季修剪				夏季修剪					
开花·授粉					两季性							
施肥		底肥			底肥					礼肥		
病虫害防控												
收获												

■ 推荐品种

冬福瑞 （Thornfree）	无刺，蔓生，能结许多果实。
宝森 （Boysen）	有刺，蔓生，果实紫红色，大果，酸味强。
黑沙丁 （Black stain）	无刺，半直立，果实为黑色，醇香果大。
阿帕奇 （Abachi）	无刺，直立，可以结出许多又大又黑的果实。
纳瓦荷 （Noho）	无刺，直立，果实为中粒，甘甜可口，产量高。

黑莓的特征

非常皮实且培育简单，花朵惹人怜爱

黑莓和树莓是近亲，种植一棵也能结果，非常皮实，即使不怎么打理也能收获许多果实。春季开花，花朵似樱花，十分好看。黑莓分为有刺品种和无刺品种，一般有刺品种的果实更美味。

果实酸甜可口，富含维生素C，还富含有益眼睛的花青素，其含量甚至超过蓝莓。

品种选择

根据株型特点、种植空间等来选择

株型直立、半直立或蔓生，根据品种特性来选择树形。

黑莓生长发育旺盛，如果空间有限还是选择盆栽比较好。要充分利用支柱牵引。

管理作业

1 定植 → 11月（温暖地区）
3月（寒冷地区）

黑莓不择土壤但不能作茄科蔬菜的后茬作物，因为可能会导致生长发育不良。由于黑莓植株会横向扩张，所以尽量选择开阔的地方种植。

定植方法参考P190，挖一个40厘米×40厘米×40厘米的种植穴。

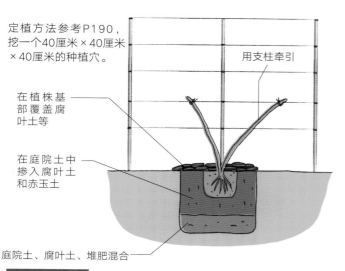

用支柱牵引

在植株基部覆盖腐叶土等

在庭院土中掺入腐叶土和赤玉土

庭院土、腐叶土、堆肥混合

施肥方法

底肥 | 12月至翌年1月每株施用有机复合肥700克。3月每株施用化肥50克（P225）。

礼肥 | 在采收果实之后的9月，每株施用化肥50克。

坐果位置
春季抽出的枝条在第2年夏天会坐果，冬季枯萎。这样两年为一个循环。

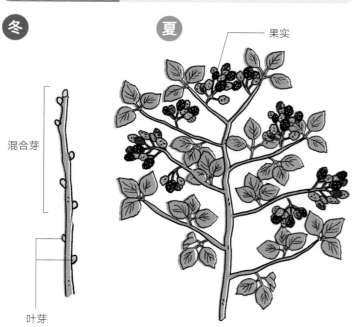

冬

夏

果实

混合芽

叶芽

2 整形修剪 → 12月至翌年3月（冬季修剪）
5月下旬至6月（夏季修剪）

用支柱和架子等牵引，冬季管理树形，夏季整枝促进花芽增多。

树形管理
可以选择丛生形或架子形，牵引枝条生长。

丛生形

6月

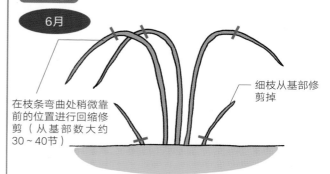

在枝条弯曲处稍微靠前的位置进行回缩修剪（从基部数大约30~40节）

细枝从基部修剪掉

12月至翌年3月

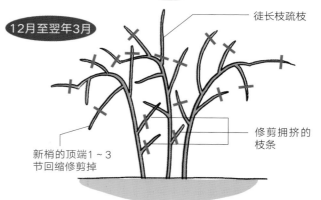

徒长枝疏枝

修剪拥挤的枝条

新梢的顶端1~3节回缩修剪掉

扇形

架起支柱，将枝条牵引成扇形。

Before

牵引

牵引

❶疏掉颜色鲜艳的2年生枝条。

冬季修剪 每年都要进行疏枝，将结过果的2年生枝条修剪掉。要对当年抽出的新枝进行回缩修剪并牵引其生长。

从这里修剪

❷已经结过果的枝条不会再结果了，所以要修剪掉。

❸要修剪掉全部的老枝。

❹即使是1年生枝条，如果是平行枝或是交叉枝等，也要将不需要的枝条修剪掉，过长的枝条要修剪到方便管理的长度。

After

Cut!

❺第2年对坐果的1年生枝条，顶端进行回缩修剪。要在芽和芽中间进行修剪，否则容易枯萎。

❻放任不管的话，枝条会变得杂乱无章，坐果也会变差，所以每年都要进行修剪。

夏季修剪 春季抽出的新梢顶端进行回缩修剪，坐果会更好。

❶伸长的新梢，只会在顶端会长出花芽，所以要进行回缩修剪。

❷6月左右进行整枝，秋季就会抽出新梢，花芽增多。花芽在6~9月会长出来。

3 **开花·授粉** ➡ 4月

因为可自花授粉，所以种植一棵也能结果。用笔给花进行人工授粉可以提升坐果率。

▲在初春会绽放白色或粉色的小花。

4 收获 → 7 ~ 8月

果实全体由红色变成黑色就可以采收了。
完全成熟后，果实非常容易受伤，所以采摘时要注意。

▲黑莓不能只摘下果实，要连着果柄一起轻轻摘下。
叶和茎有刺，一定要小心。

病虫害防控

病害 果实成熟期多雨，就容易暴发灰霉病。一定要尽量避雨，果实成熟后要尽快采收。

虫害 蝙蝠蛾的幼虫会在4月和7月出现，啃食茎的内部，所以要将植株周围的杂草除掉，覆盖腐叶土等。

食用方法

除了可以生食果实外，还可以制作成果汁、果酒或点心。因为果实在收获后容易受伤，所以可以冷藏、冷冻保存，或是尽早制作成果酱等。

盆栽要点

已经结过果的枝条不会再结果，所以要修剪掉

盆栽和庭院栽培基本相同。在冬季落叶后，当年结过果的老枝要修剪掉。当年抽出的新梢，第2年会坐果，所以要进行回缩修剪并牵引其生长。使用支柱进行牵引，以后管理起来会十分方便。

Point

◆ **花盆尺寸**
定植时选择5~8号花盆，每两年换大一号的花盆。

◆ **土壤肥料**
将赤玉土和腐叶土按1:1进行混合。12月至翌年1月施用有机复合肥（P225）。

◆ **浇水**
土壤表面干燥了就要充分浇水。为了防止土壤表面干燥，可以覆盖腐叶土等。

定植苗木的修剪

Before

▲将2年生枝条修剪掉，对1年生枝条进行回缩修剪。

从这里修剪

❶已经结过果的枝条要从基部修剪掉。

After

▲修剪后，使用支柱进行扇形牵引（参考P151右下插图）。

Cut!

❷准备第2年坐果的新梢，要对其进行回缩修剪。

穗醋栗又叫茶藨子、加仑、黑豆果等，醋栗又叫灯笼果，这两种浆果在欧美家庭非常受欢迎。果实小而圆，像宝石一样的果实十分可爱。

穗醋栗·醋栗

| 虎耳草科 | 难易度 | 容易 |

栽培要点

偏好凉爽的气候。除了极端排水差的土壤，其他都让都可以种植。

种植月历

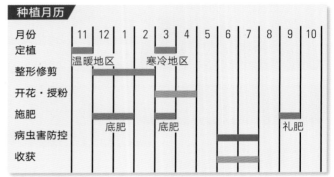

月份	11	12	1	2	3	4	5	6	7	8	9	10
定植			温暖地区		寒冷地区							
整形修剪												
开花·授粉												
施肥		底肥			底肥						礼肥	
病虫害防控												
收获												

DATA

- 英语名　Currant（穗醋栗）、Gooseberry（醋栗）
- 类型　落叶灌木
- 树高　1～1.5米
- 产地　欧洲西北部、亚洲东北部
- 日照条件　半阴　　　•收获时期　6～7月
- 栽培适地　日本东北以北、中部地区
- 初果时间　庭院栽培3～4年、盆栽2～3年
- 盆栽　容易（5号以上花盆）

穗醋栗·醋栗的特征

在欧洲很受欢迎的美丽浆果

穗醋栗与醋栗的果实有红、白、黑色。穗醋栗黑色果实的品种也被称为"黑穗醋栗"，果实像葡萄一样是总状簇生，可以用于赏果，非常受欢迎。醋栗上隐约有纵纹，果实从绿色到暗红色。不论是穗醋栗还是醋栗耐寒性都很强，偏好夏季凉爽气候的环境。

品种选择

■ 推荐品种

	品种	特征
穗醋栗	伦敦市场（London market）	总状花序，果实红色，结果多，经常出现分枝。
	红湖（Red lake）	总状花序，果实红色，酸味稍强，味道浓厚。
	博斯科普巨人（Boskoop giant）	总状花序，果实红色，有独特的香气，耐热能力强。
	白荷兰（White dutch）	总状花序，果实白色，能结出许多淡粉色的大果。
醋栗	俄勒冈冠军（Oregon champion）	美国醋栗，耐热能力强。抗白粉病能力强。
	格林达（Grendale）	美国醋栗，有一定耐热性，果实为紫红色。
	红果大玉	大醋栗，不耐热，抗白粉病能力弱。

种植一棵也能结果，根据气候来挑选品种

市场上销售的穗醋栗一般都没有品种名，不过多数是优良品种，非常推荐"伦敦市场"。

醋栗大体分为欧洲系和美国系，欧洲系不耐夏季高温，在温暖地区适合盆栽。日本关东以西地区适合种植耐热的美国系。

穗醋栗和醋栗都是种植一棵就能结果的，不需要搭配授粉树。

管理作业

1 定植 → 11月（温暖地区）3月（寒冷地区）

定植方法参考（P190）。偏好半阴，可以在庭院中的大树下面种植。

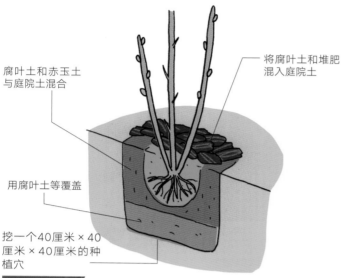

腐叶土和赤玉土与庭院土混合

将腐叶土和堆肥混入庭院土

用腐叶土等覆盖

挖一个40厘米×40厘米×40厘米的种植穴

施肥方法

底肥	12月至翌年1月每株施用有机复合肥700克。3月每株施用化肥80克（P225）。
追肥	9月每株施用化肥40克。

树形管理

低矮灌木，树形可以选择丛生形。对细枝和拥挤枝进行疏枝。

丛生形

对第4年的老枝进行疏枝，替换成饱满的枝条

对拥挤的枝条进行疏枝

在横向枝的内芽上方回缩修剪

对细枝进行疏枝

留下的新梢

2 整形修剪 → 12月至翌年2月

地下茎伸展，从中央向四周扩展。枝量增加会让营养分散，所以不要增加太多。

坐果位置

1年生枝的叶腋处萌发花芽，第2年春天开花。花芽要比叶芽大且圆。

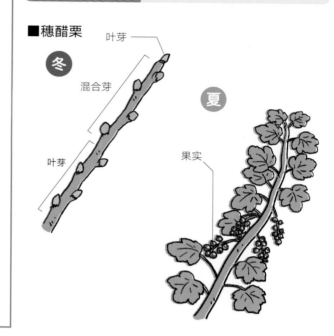

■穗醋栗

冬

叶芽

混合芽

叶芽

夏

果实

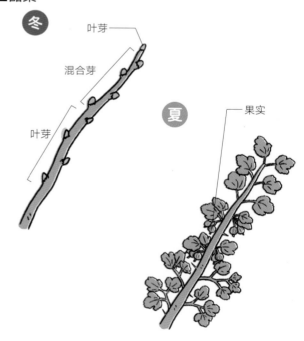

■醋栗

冬

叶芽

混合芽

叶芽

夏

果实

冬季修剪 分枝到了第3~4年就要进行大的回缩修剪，从基部疏枝，给新的分枝留出空间。枝条顶端枯萎部分进行回缩修剪。下面是穗醋栗的修剪案例。

花芽

1年枝

在这里修剪

❶穗醋栗的顶端会萌发花芽，在回缩修剪时一定要注意。

❷顶端的花芽。

❸右边伸长的是1年生枝条。左边的侧枝抽出的是2年生枝条。

❹1年生和2年生枝条中，只对拥挤的部分进行疏枝。

从这里修剪

❺修剪后的样子。

❻3年生枝条要进行较大的回缩修剪以便更新。

❼修剪后的样子。

❿整理完拥挤的部分就完成了。

3年生分枝

1年生分枝

❽1年生分枝和3年生分枝的修剪。

❾修剪后的样子。

3 开花·收获 → 3～4月（开花）6～7月（收获）

自花授粉，所以没必要种植其他品种进行人工授粉。
成熟后颜色就会显现出来，就可以收获了。

病虫害防控

病害 基本不用担心，不过可能会感染斑点病或白粉病，所以看到了霉菌要立刻清除。

虫害 介壳虫或红蜘蛛时有发生，看到了立刻清除。

▲红穗醋栗。

▲白穗醋栗。

▼用手轻轻触碰成熟的醋栗会感觉有些软，这时就可以用手摘下来。

食用方法

醋栗可以生食，而穗醋栗的皮不好吃所以需要加工。可以制作果酱、酱料、果酒、点心等。因为果实采收后很容易受伤，所以最好冷冻或冷藏保存。

盆栽要点

在半阴环境下很容易培育，非常适合初学者

盆栽的管理十分简单，因为在半阴环境下也能栽培，所以适合在阳台栽培。管理作业基本和庭院栽培相同。盆栽推荐选择丛生形。夏季要让花盆避开午后西晒。

Point

◆ 花盆尺寸

用5～6号花盆定植。每2～3年换大一号的花盆。

◆ 土壤肥料

将赤玉土和腐叶土还有黑土按照1:1:1的比例混合。12月至翌年1月施用有机复合肥（P225），收获后的8月作为礼肥施用化肥。

◆ 浇水

不耐干旱，发现土壤干了就要充分浇水。穗醋栗和醋栗喜好适度潮湿的环境。夏季每日早晚各浇水1次。

定植苗木的修剪

Before

After

▲灯笼果3年生苗。

▲只对交叉枝进行修剪，使用丛生形。

六月莓又叫加拿大唐棣6月结出深红色的果实。
培育简单，非常适合作庭院果树。

六月莓

蔷薇科　　　　　　　难易度 ▶ 容易

栽培要点
要注意夏季干燥、西晒引起的烧根。要充分浇水果实才能长得好。

DATA

- 英语名　Juneberry
- 树高　2～3米
- 日照条件　半阴
- 栽培适地　日本东北以南地区
- 初果时间　庭院栽培3～4年，盆栽2～3年
- 盆栽　容易（7号以上花盆）
- 类型　落叶灌木
- 产地　北美
- 收获时期　5～6月

■ 推荐品种

雪花（Snowflake）	树势不强，树形像扫把一样，种植简单。
纳尔森（Nelson）	果实又大又甜，种植简单。
方尖碑（Obelisk）	果实大，耐热性强，抗病虫害能力强。
桤木唐棣	矮树，可以紧凑种植，种植简单。
杂交大花唐棣	株型直立，果实小，红叶很美。

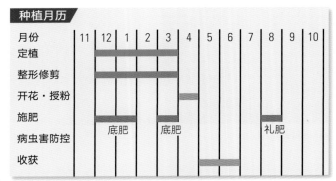

种植月历

月份	11	12	1	2	3	4	5	6	7	8	9	10
定植												
整形修剪												
开花·授粉												
施肥			底肥		底肥					礼肥		
病虫害防控												
收获												

六月莓的特征

种植简单，适合作庭院果树

　　因为果树很高，所以比起盆栽更推荐庭院栽培。春季会像樱花一样绽放出白色小花，6月结果，秋季还有红叶可以欣赏。耐热，耐寒。

　　和其他浆果相比收获期较早，在5月下旬到6月就能结出深红色的果实。果肉变软后就可以采收，保质期很短，需要立刻吃掉或进行加工。

品种选择

根据各个品种树势和红叶的不同来选择

　　美国有很多品种，不过引入日本的并不多。作为庭院树，也有用"唐棣"这个名字来售卖的。

　　苗木一般在春季到秋季都有销售，不过要选择枝条健壮的。因为5～6月就能收获许多果实，所以购买苗木时一定问清楚是几年生的苗木。有自花结果性，所以种植一棵就能结果。

▼花朵很像樱花，在4～5月绽放。

管理作业

1 定植 ➡ 12月至翌年3月

不耐干燥，所以要避开西晒的地方种植。
可以选择种植在光照良好或半阴的环境中。

定植方法参考（P190）。挖一个40厘米×40厘米×40厘米的方形种植穴。

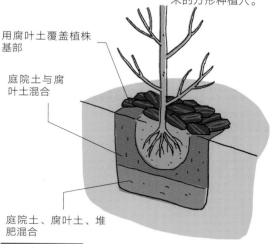

用腐叶土覆盖植株基部

庭院土与腐叶土混合

庭院土、腐叶土、堆肥混合

施肥方法

底肥 12月至翌年1月每株施用有机复合肥700克。3月每株施用化肥50克（P225）。

礼肥 8月作为礼肥每株施用化肥20克。

2 整形修剪 ➡ 12月至翌年3月

放任不管果树会长成大树，且枝条拥挤，所以需要好好修剪。

坐果位置

1年生枝条的顶端2~3芽是混合芽，第2年春天会抽出新梢，并在新梢基部长出花房、结果。

冬

混合芽

叶芽

夏

果实

树形管理

可以采用丛生形或主干形。如果在庭院栽培可以选择变则主干形更有代表性。

丛生形

▲容易出现分蘖，株型需要紧凑管理。

花芽·叶芽

▲春天萌发出的芽。顶端附近的芽会既会长出叶也会长出花。

变则主干形

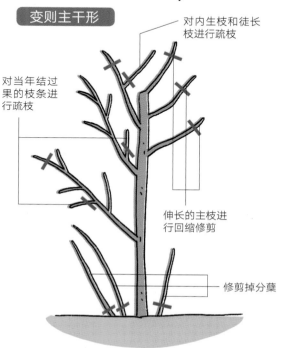

对内生枝和徒长枝进行疏枝

对当年结过果的枝条进行疏枝

伸长的主枝进行回缩修剪

修剪掉分蘖

冬季修剪 冬季修剪主要是对拥挤的枝条和不需要的枝条进行疏枝。下面使用的修剪案例是一株7年树龄的果树，已经3年没有进行过修剪了。

Before

从这里修剪

❶基本上是对拥挤的部分的不需要的枝条进行整理。

从这里修剪

❷修剪掉徒长枝。有4根，观察全体的平衡，留下1根。

从这里修剪

❸修剪掉右侧的徒长枝，然后依次修剪掉左边的2根。

❹整理完徒长枝之后的样子。

从这里修剪

❺修剪轮枝。留下向外横张的1根。

❻修剪掉2根徒长枝和左边的1根，一共疏除3根。

❼留下1根之后的样子。

After

❽修剪交叉枝。

❾修剪掉向内向枝和徒长枝。

❿留下1根横向生长的枝条。

Cut!

⓫对留下的枝条进行回缩修剪。

➡

⓬用同样的方法整理其他不需要的枝条，对长度超过30厘米的枝条进行回缩修剪。完成。

3 开花·授粉 ➡ 4 月

4月左右，绽放白色的花朵。
可自花结果，所以没必要进行人工授粉。

▲开花后会长出绿色的嫩果。

▲果实的果房。

▲春季会绽放惹人怜爱的花朵。不需要人工授粉，不过雨水过多，昆虫变少就会影响授粉，从而导致坐花变差，这时需要用笔等物品进行人工授粉来确保坐果。

病虫害防控

基本没有什么需要注意的病虫害。因为耐寒耐热性强，所以十分结实，适合作为家庭果树种植。

食用方法

有籽，果皮稍硬。加热后去掉籽和果皮，做成果酱或酱料等。也推荐用于制作果酒。

4 收获 ➡ 5 ~ 6 月

比其他浆果收获期早，梅雨时节果实会变色。
从红色变成深红色后 就可以采收了。

▲成熟后的果实可以用手摘下来。

盆栽要点

六月梅耐寒、耐热，所以十分皮实，不过不耐夏季干旱。盆栽时，不可以放在西晒的地方。另外，如果盆体过热容易烧根，所以要选择白色的花盆，或是在花盆上涂白漆，抑制盆体温度上升。

果树比较高，所以推荐庭院栽培，盆栽时选择丛生形比较好。

Point

◆ **花盆尺寸**
准备比苗盆大1~2号的花盆。每2年换大一号的花盆。

◆ **土壤肥料**
将赤玉土和腐叶土按照1：1的比例混合。加入泥炭土。12月至翌年1月、7月施用有机复合肥（P225）。

◆ **浇水**
不耐干燥，春秋每日浇水1次。冬季3~5日浇水1次。夏季每日早晚各浇水1次。

容易长出分蘖，所以丛生形需要紧凑种植。选择变则主干形比较好。

红色果实和鹤形的花，十分美丽。株型紧凑，适合盆栽。

蔓越莓

杜鹃花科	难易度	容易

栽培要点 偏好总是潮湿的半阴环境。夏季注意不要西晒和不要断水，繁殖能力强。

DATA

- 英语名 Cranberry
- 类型 落叶灌木
- 树高 30厘米左右
- 产地 北半球北部
- 日照条件 半阴
- 收获时期 9月中旬至11月上旬
- 栽培适地 日本东北以北、中部等高寒地区
- 初果时间 2～3年
- 盆栽 容易（5号以上花盆）

种植月历

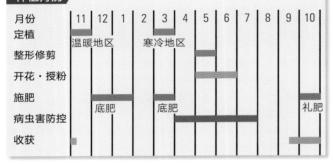

月份	11	12	1	2	3	4	5	6	7	8	9	10
定植	温暖地区				寒冷地区							
整形修剪												
开花·授粉												
施肥		底肥			底肥							礼肥
病虫害防控												
收获												

▶到了秋季会有红叶，不过不落叶，来年春季又会变成绿色。

蔓越莓的特征

花和果实都十分美丽，株型紧凑

蔓越莓也被称为无毛越橘。美国秋季的感恩节和圣诞节的大餐中，火鸡和蔓越莓酱是必不可少的东西。

果树不高，有横向伸长的特性，可以在其他植物旁边种植。秋季叶子会变色，可爱的花朵和果实值得期待，适合作为园艺植物。

品种选择

根据各个品种树势等来选择

虽然市场上也有几个皮实且结果好的外国品种，不过一般都直接以"蔓越莓""无毛越橘"的名称来售卖。不要购买枝条顶端枯萎的苗木，选择有几根粗枝，叶片光泽的苗木。

能自花授粉，种植一棵就能结果，没必要和其他品种混植。

管理作业

1 定植 ➡ 11月（温暖地区）
3月（寒冷地区）

偏好排水好的土壤，不过不耐干燥。选择光照良好、夏季通风良好、较潮湿的地方种植。

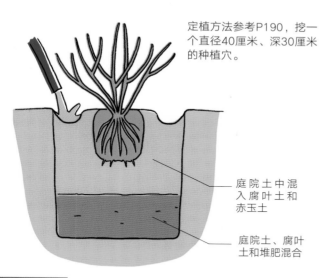

定植方法参考P190，挖一个直径40厘米、深30厘米的种植穴。

庭院土中混入腐叶土和赤玉土

庭院土、腐叶土和堆肥混合

施肥方法

底肥 12月至翌年1月每株施用有机复合肥（P225）。
礼肥 10月作为礼肥每株施用化肥40克。

树形管理
很容易从枝条上伸出侧枝横向生长，选择丛生形或架子形（P201）比较好。

丛生形

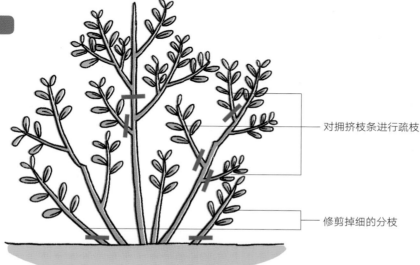

对拥挤枝条进行疏枝

修剪掉细的分枝

生长过长的枝条进行回缩修剪，对拥挤部分进行疏枝修剪

2 整形修剪 ➡ 5月

拥挤枝条从植株基部疏枝。枝条顶端会萌发花芽，所以不要修剪。

坐果位置
1年生枝条顶端的芽是花芽，第2年春天，会从基部抽出花茎，初夏开花。

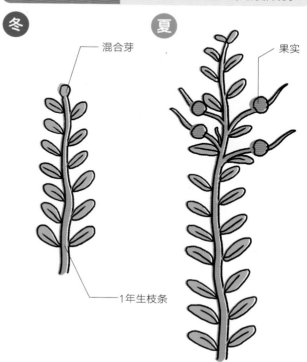

冬　　　　　　夏

混合芽

果实

1年生枝条

病虫害防控

病害 一般没有什么病害，很容易培养。
虫害 需要注意红蜘蛛、介壳虫等，发现了就立刻清除。

食用方法

蔓越莓除了可以生食外，还可以制作成果汁、果酒、点心等。采收后果实容易受伤，所以要冷藏和冷冻保存，或是尽早做成果酱等。

3 **开花·收获** ➡ 5 ～ 6 月（开花）
9 月中旬至 11 月上旬（收获）

会绽放美丽的粉色花朵。种植一棵也能授粉，所
以基本不需要人工授粉。

▲用毛笔等进行人工授粉，可以提高坐果率。

▶绿色的果实变
成 红 色 就 成 熟
了，用手直接摘
下来即可。

盆栽要点

需要紧凑种植，所以很适合盆栽

蔓越莓需要紧凑种植，所
以很适合盆栽。不耐干旱，所
以选择自动吸水盆可以很容易
培育。有一定耐寒性，不过不
耐酷热，所以要注意地温是否
上升了。夏季需要注意覆盖遮
蔽物，不要放在西晒的地方。

　繁殖能力强，所以可以
通过分株和压枝（P233）来
繁殖。

Point

◆ **花盆尺寸**
　用6～7号盆定植。等
植株长大可以换大一号
盆，或是分株。

◆ **土壤肥料**
　偏好酸性土壤，所以将
赤玉土、泥炭土和腐叶土
按照4：3：3的比例混合。

◆ **浇水**
　要保持土壤潮湿。春
秋季每天浇水1次。冬季
3～5天浇水1次。夏季早
晚各浇水1次。

定植苗木的修剪

Before

▲蔓越莓不耐干燥，所以将苗木从盆里拔出后，
浸泡水后再定植比较好。

Q&A

Q 盆栽蔓越莓不怎么结果怎么办？

A 一年中要有在屋外放置一段时间。

　经常将蔓越莓放在明亮的窗边等室内
环境下培养的人很多，但蔓越莓不经历
冬季低温就不会萌发花芽。所以冬季要
将花盆搬到室外，让蔓越莓感受自然温
度的变化，就可以萌发花芽了。

After

▲又将伸长的枝条顶端进行修剪。在比较高
的花盆中种植，枝条下垂时，稍微进行回缩
修剪比较好。

热带水果

充满异域风情的热带果树。
许多品种都能买到。种植的要点是温度管理。
冬季要有保温措施。

又叫光叶金虎尾，富含维生素C的热带水果。

西印度樱桃

金虎尾科　难易度 ▶ 一般

栽培要点
保证生长发育的最低气温15℃。在高温多湿的环境下注意不要断了肥。

DATA

•英语名　Barbados cherry	•日照条件　向阳
•类型　常绿灌木	•收获时期　5～11月
•树高　2米	•产地　南美北部、西印度群岛
•栽培适地　日本九州南部以南地区	•初果时间　1～2年
	•盆栽　容易（10号以上花盆）

种植月历

月份	11	12	1	2	3	4	5	6	7	8	9	10
定植												
整形修剪												
开花·授粉												
施肥						底肥		底肥		礼肥		
病虫害防控												
收获												

西印度樱桃的特征

要认真做好温度管理和浇水

西印度樱桃原产于热带美洲、西印度群岛等高温多湿地区。在日本冲绳到九州南部都可以在庭院栽培。生长发育需要25～30℃的温度环境，冬季可以忍受8～10℃的低温。盆栽时，最好使用温室或日光房进行种植管理。

繁殖力旺盛，每年进行3次施肥，充分浇水，这样就能采收数次。

品种选择和种植要点

枝条缩短，紧凑种植

西印度樱桃有生食用的甜味品种和加工用的酸味品种，株型一般为直立型、开张型、下垂型。生长发育旺盛，除了冬季都会持续生长。选择在排水良好的沙质土壤种植，要能直射到阳光并充分浇水。有短果枝上结果多的特性，所以要进行适度的回缩修剪，紧凑种植，这样坐果会变好。

管理作业

1 定植 ▶ 3～5月
主干修剪到和花盆相同高度。

准备排水良好的土壤在春季定植。定植时，将主干高度修剪到和花盆高度差不多。

从这里修剪

将主干高度修剪到和花盆高度差不多。

2 放置地方·浇水
充分接受阳光和浇水。

盆栽放在整年直射阳光的地方，冬季放置地方的温度不低于10℃，最好能挪进室内。土壤表面干了就要充分浇水。夏季注意不要断水否则会枯萎。

3 整形修剪 ▶ 2月
抑制枝条伸长，让枝条充实饱满。

每年2月左右，在生长发育期开始前，将主干修剪到20～30厘米高。枝条直立便于培养，所以要通过修剪抑制枝条伸长，让枝条充实，紧凑种植可以更好坐果。

施肥方法
第一年在5月、7月、9月施肥3次，在每盆植株基部施一把有机复合肥（P225）。开始结果后要稍微控制一下肥料用量，每年施用2次为宜。

4 开花·授粉 ▶ 3月
满开时用赤霉素处理。

在3月左右开花。西印度樱桃是两性花，可以自花授粉结果，不过开花时用赤霉素喷洒全树的花可以提高坐果率。

5 收获 ▶ 5月～11月
果实变成红色就可以采收了。

开花后，1个月左右就能收获了。果实全部变成红色后就可以采收了。在常温下2～3天就会腐败，所以收获的果实过多时要冷藏保存。

病虫害防控
春季到夏季抽出的新梢容易被介壳虫和蚜虫侵害。果实上容易长蛞蝓。发现了害虫后立刻清除。

果实中含有多种不饱和脂肪酸，营养价值很高，还有森林黄油的美称。

牛油果

| 樟科 | 难易度 | 较难 |

栽培要点 比较耐寒，盆栽时最好做好防寒工作。

DATA

- 英语名 Avocado、Alligator pear
- 树高 6 ~ 25米
- 日照条件 向阳
- 栽培适地 日本关东南部以南地区
- 初果时间 庭院栽培3年 盆栽2 ~ 3年
- 类型 常绿乔木
- 盆栽 容易（12号以上花盆）
- 收获时期 11 ~ 12月
- 产地 中亚、墨西哥

种植月历

月份	11	12	1	2	3	4	5	6	7	8	9	10
定植												
整形修剪												
开花·授粉												
施肥				底肥								礼肥
病虫害防控												
收获												

牛油果的特征

要认真做好防寒、防风工作

牛油果原产于热带美洲，常绿乔木。牛油果在热带植物中算是比较耐寒的，在能够种植温州蜜柑的日本伊豆半岛以南地区也能种植。选择排水和光照良好的南坡地，犁地较深的地方种植。树高6 ~ 25米。但是牛油果不耐寒风，家庭盆栽时，冬季最好挪入室内或是在温室中培育。

品种选择和种植要点

需要搭配授粉树才能结果

选择费特（Ferte）或墨西哥（Mexicola）等比较耐寒的品种的优良的嫁接苗。因为无法自花授粉，所以需要搭配授粉树，至少种植两个品种才能结果。

生长发育的适温为25 ~ 30℃，冬季要保持最低气温不低于5℃。原本能长得很大的树木种在小花盆里是很难结果的，所以尽量选择大花盆种植，庭院栽培是最理想的。

管理作业

1 定植 ➡ 3 ~ 4月

种植两个品种。

因为没有自花结果性，所以需要至少种植两个品种。春季定植，盆栽最好选择10号以上的花盆。如果用于观叶，可以在小花盆里种植1棵。

▶ 3年生非嫁接苗。春节将主干修剪到和花盆差不多的高度。

2 放置地方·浇水

向阳种植，充分浇水。

放在全年光照好的地方，冬季即使挪进室内也要用纸箱等覆盖植株来防寒。土壤表面干了就要充分浇水。特别注意夏季不要干燥。

3 整形修剪 ➡ 3 ~ 4月

变则主干形。

定植后3年，根据花盆的大小进行回缩修剪，紧凑种植，可以选择有3 ~ 4根主枝的变则主干形（P200）。对拥挤的枝条进行疏枝修剪，以改善通风环境为主要目的来管理。

施肥方法

每年3月、10月施肥，在每盆植株基部施用有机复合肥（P225）一把。肥料过多植株容易生长过旺，要根据树的状态来决定施肥量。

4 开花·授粉 ➡ 5月

满开时人工授粉。

开花后，将雄蕊的花粉用棉棒收集起来，然后蘸在雌蕊上进行人工授粉。搭配授粉树就不用进行人工授粉。

5 收获 ➡ 11 ~ 12月

果实还绿着时收获，然后催熟。

果皮还绿着时就要采收，然后在常温下催熟。果皮变成黑褐色，果肉柔软后就可以切开食用了。

病虫害防控

基本没有什么病虫害，不过通风不好时容易出现螨。修剪后，通风会改善，注意不要让树冠内部闷热。

花和叶十分美丽，作为观赏植物十分受欢迎。

番石榴·草莓番石榴

桃金娘科　　**难易度** ▶ 一般

栽培要点

温暖的地区要充分浇水，坐果后要疏果让果实饱满。

DATA

• 英语名 Guava、Strawberry guava	• 初果时间 盆栽 2 ~ 3 年
	• 盆栽 容易（10号以上花盆）
• 树高 2米	• 类型 常绿乔木
• 日照条件 向阳	• 产地 热带美洲
• 栽培适地 日本九州南部、冲绳地区	• 收获时期 9 ~ 10月

种植月历

月份	11	12	1	2	3	4	5	6	7	8	9	10
定植					▬	▬						
整形修剪	▬	▬	▬									
开花·授粉						▬	▬					
施肥							▬	▬	▬			
病虫害防控				▬	▬							
收获											▬	▬

番石榴及草莓番石榴的特征

果实和叶子可以充分利用

番石榴偏好高温多湿的环境，要做好防寒和浇水。果实有球形、卵形、洋梨形等，成熟后变成黄白色。叶子中含有丹宁，可以代替茶来使用。

草莓番石榴的红色果实很像草莓的风味。比番石榴要耐寒，所以适合在日本关东以南地区庭院栽培。叶片有光泽非常美丽，适合用于观赏。

品种选择和种植要点

草莓番石榴的耐寒性较强

番石榴原产于亚洲热带，草莓番石榴原产于巴西。前者可在日本九州南部以南地区种植，后者耐寒性较强可以在日本关东以南温暖地区庭院栽培，其他地区可以盆栽。两者管理方法基本相同，要充分照射阳光，浇水时要让盆底流出水为止。冬季保持最低气温在5℃以上。

管理作业

1 定植 ▶ 3 ~ 4月
定植于排水良好的土壤中。

一般盆栽于4 ~ 5月在排水好的土壤里种植。从春天到秋天要在阳光充足的室外进行管理。

定植时疏除拥挤枝条

2 放置地方·浇水
放置在向阳处，充足浇水。

当室外最低温度降至5℃以下时，将其带入室内。萌芽期和开花期要浇足水，冬天盆土要保持略干燥。

3 整形修剪 ▶ 12月至翌年2月
修剪拥挤的枝条。

建议树形做成变则主干形，保留主枝3 ~ 4根，同时修剪拥挤的枝条。花芽会附着在枝条前端，注意不要剪太多。

施肥方法

建议5、6、7月分别每盆植株施一把有机复合肥（P225）。注意：如果施肥过多，植株会生长过旺，不易结果。

4 开花·授粉 ▶ 番石榴 4 ~ 5月　草莓番石榴 5 ~ 6月
结果后要进行疏果。

番石榴和草莓番石榴可自花授粉，所以种一棵即可结果。番石榴4 ~ 5月（草莓番石榴稍晚）开花，结果（约结8个果时）后疏果，叶果比为10 ~ 12：1。

5 收获 ▶ 9 ~ 10月
果实变成黄绿色即可收获。

开花5 ~ 6个月后，果皮变成黄绿色后就可以收获了。草莓番石榴应储存在8 ~ 10℃的地方。

美丽的红色果实被称为咖啡樱桃。

咖啡

茜草科　难易度 ▶ 一般

栽培要点

偏好温暖气候，避免30℃以上高温和阳光直射。不需要结果管理。

DATA

- 英语名　Coffee、Arabica coffee
- 树高　2米
- 日照条件　半阴
- 栽培适地　日本冲绳以南地区
- 初果时间　盆栽3～4年
- 盆栽　容易（10号以上花盆）
- 类型　常绿灌木
- 产地　非洲
- 收获时期　12月

种植月历

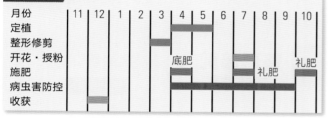

月份	11	12	1	2	3	4	5	6	7	8	9	10
定植												
整形修剪												
开花·授粉												
施肥					底肥				礼肥		礼肥	
病虫害防控												
收获												

咖啡的特征

制作虽然麻烦，但可以体验自家制作咖啡的乐趣

咖啡株型紧凑，白色花朵十分美丽，适合做观叶植物。在冲绳以外地区不能庭院栽培，只能盆栽。

根据品种和种植地不同而咖啡的口感有变化。采收果实后晒干，经过烘焙，可以体验自家制作咖啡的乐趣。

品种选择

不耐热，不耐强烈阳光照射

世界90%的咖啡是埃塞俄比亚的阿拉伯咖啡。果实的风味和香气十分出众，适合家庭种植。

咖啡最低可以忍耐1℃的低温，在日本，咖啡需温室（室内）种植。最低气温在10℃以上就可以移到室外。生长发育适温18～25℃，不喜欢夏季高温和强烈的西晒。适合放置在半阴环境培养。

管理作业

1 定植 → 4～5月

选择排水良好的土壤定植。

4～5月，定植在排水良好的土壤中。春季到秋季在屋外半阴环境中管理。咖啡种植一棵也能结果，所以不需要搭配授粉树。

▶冬季在室内管理。盆栽培养比较容易。

2 放置地方·浇水

在半阴环境下管理，要充分浇水。

室外最低温度在10℃以上，可移至室外进行管理。土壤表面干了就要浇水，避免在阳光直射的地方种植。

3 整形修剪 → 3月

推荐单干形。

选择单干形。庭院栽培的主干修剪到160厘米高，盆栽修剪到120～130厘米高，主枝留10～12根，其余的修剪掉。坐果后两年的枝条要从基部进行回缩修剪，让其能够抽出新枝。

施肥方法
4～10月施肥3次。

4 开花·授粉 → 7月

不需要坐果管理。

果实为椭圆形，成熟会变成红色暗紫色，不过也有品种的果实为黄色。因为是两性花、风媒花，所以不需要进行人工授粉。

5 收获 → 12月

变成暗紫色就可以采收了。

果实成熟是从绿色变成红色、暗紫色。12月左右，果实变成暗紫色后就可以采收了。将果肉去除，好好用水清洗种子，再晒干。干燥后，去掉外皮取出中间的咖啡豆，用平锅烘焙，磨成粉。

病虫害防控
常见锈病和介壳虫，还容易诱发烟煤病。修剪枝条改善通风，严重时喷洒药剂防控。

原产于巴西的独特果树，人们又称它为树葡萄、珍宝果。

嘉宝果

桃金娘科　难易度 ▶ 一般

栽培要点

适温15～30℃下，一年能采收多次。注意不要让其受霜冻。

DATA

- 英语名　Jaboticaba
- 树高　2米
- 日照条件　向阳
- 栽培适地　日本关东以南地区
- 初果时间　5～6年
- 盆栽　容易（10号以上花盆）
- 类型　常绿性乔木
- 产地　巴西南部
- 收获时期　6～11月

种植月历

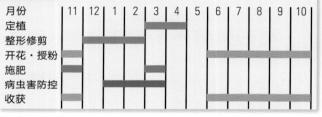

月份	11	12	1	2	3	4	5	6	7	8	9	10
定植												
整形修剪												
开花·授粉												
施肥												
病虫害防控												
收获												

嘉宝果的特征

在树干上结出好吃的果实

嘉宝果原产巴西，在主干和枝条上直接结出白花和果实，是十分稀有的果树。果实不论外形、颜色还是味道都类似巨峰葡萄。从初春到秋季能采收3～4回，是巴西重要的果树之一。嘉宝果比较耐寒，不过受霜冻后会枯萎，所以一定要注意。为了坐果一定要保持最低温度不低于15℃。

品种选择

推荐大果品种，培育时让枝条粗壮

有四季型的大叶系、中叶的大果系、小叶系等，不过最好选择坐果较好的大果品种。

细枝上不坐花，避免枝条混合要定期修剪，让枝条粗壮。比较耐寒，不过受霜冻后会枯萎，所以在那些地区还是盆栽较好，冬季应挪入室内。

管理作业

1 定植 ➡ 3～4月
盆栽最终升到10号花盆。

3～4月进行定植。日本关东以南地区也可以在庭院栽培。盆栽嘉宝果时，树苗可以用7号花盆，然后慢慢升花盆的号，直到10号花盆为止。种植一棵也能坐果。

2 放置地方·浇水
温度低于10℃就要挪入室内。

最低温度超过13℃且持续3～4天，就可以将花盆移到室外，最低温度低于10℃就要挪入室内。浇水要浇到水从盆底流出为止。

3 整形修剪 ➡ 12月至翌年2月
注意修剪细枝。

细枝顶端不坐花，所以注意枝条不要过密，要将细枝疏枝修剪，改善树冠内的光照环境。

施肥方法

在3月、11月每盆植株施一把富含磷和钾的化肥。

4 开花·授粉 ➡ 6～11月
如果在适温下，能多次开花。

6～11月，在枝条和主干上直接开出白色的花朵。没有必要进行人工授粉。

5 收获 ➡ 6～11月
趁着水分多时及时采收。

开花后大约一个半月，果实就成熟了，大个饱满的深紫色果实就可以采收了。在适宜温度下，嘉宝果可以开花结果数次。如果收获期延迟，口感就会下降，所以不要错过最佳收获期。采收后的果实非常容易受伤，所以一定要冷藏保存，或直接生食或制作成果冻。

病虫害防控

基本没有什么病虫害，偶尔会出现介壳虫，可以喷洒药剂或用旧牙刷刷掉。

果实横切面呈五角星形，富含水分的果实，十分美味。

杨桃

酢浆草科　难易度 ▶ 一般

栽培要点

选择光照良好的地方，要控制好温度。果实从绿色变成黄色就可以采收了。

DATA

- 英语名　Star fruit、Carambola
- 树高　2米
- 日照条件　向阳
- 产地　马来西亚、印度尼西亚
- 初果时间　2～3年
- 盆栽　容易（10号以上花盆）
- 类型　常绿乔木
- 栽培适地　日本九州南部、冲绳地区
- 收获时期　10～11月

种植月历

月份	11	12	1	2	3	4	5	6	7	8	9	10
定植												
整形修剪												
开花·授粉												
施肥												
病虫害防控												
收获												

杨桃的特征

果实外形独特，味道清爽，十分受欢迎

一般果实可长至10厘米，长有5棱，横切面像五角星。羽状复叶在晚上会垂下，这个习性和独特的果实形状，让杨桃在观赏果树中也极具人气。

在日本九州南部、冲绳以外的地区也能采用盆栽。温室种植能结更多的果实，需要适度疏果。

品种选择和种植要点

注意昼夜温差

杨桃大体分为甘甜的大果品系和酸味极强的小果品系，选择大果品系中的蜜桃、泰国之夜、Grami等优良品种。

春季到秋季是杨桃生长发育的时期，要挪到室外接受阳光充分照射。最低温度低于5℃就要挪入室内，温度差大于10℃就容易导致枯萎，一定要特别留意。整年都要充分浇水。

管理作业

1 定植 ➔ 4月
主干和花盆高度相同。

在4月选择排水良好的土壤定植。留3～4根主枝，修剪主干。一开始先选择6～7号花盆就可以了，然后慢慢换大花盆。

2 放置地方·浇水
向阳，充分浇水。

春季到秋季要将盆栽挪到屋外，让果树充分接受阳光照射。冬季放在室内光照良好的地方培育。注意浇水要足，尤其是夏季干燥期。

3 整形修剪 ➔ 3～4月
第1次收获后按照设想来修剪。

枝条拥挤时，要整理拥挤的枝条。第1次收获后，进行回缩修剪，留3～4根主枝，打造变则主干形（P200）。定植后3年就变成成年果树，可以使用10号花盆定植，之后进行疏枝修剪。

施肥方法

从春季到秋季，施肥3～4次，每次每盆植株施用一把有机复合肥。因为生长发育很旺盛，所以注意一定不要断肥。

病虫害防控

基本没有病害，不过要注意红蜘蛛和蓟马。

4 开花·授粉 ➔ 5～6月
饱满枝条的叶脉上会坐花。

可以自花授粉结果，所以种植一棵就能结果。花在5～6月开放，不过如果花期赶上下雨就会阻碍授粉，坐果率也会下降。

5 收获 ➔ 10～11月
果实变成黄色或暗红色就可以采摘了。

一个花序有多个果实时，可以疏果留下1～3个，7号花盆留8～10个果实为宜。果皮从绿色变成黄色或暗红色，散发出成熟梅子般的香气就可以收获了。

非常受欢迎的热带水果，可以用于观赏。

菠萝

| 菠萝科 | 难易度 | 较难 |

栽培要点

可扦插繁殖。在光照良好的地方培养，夏天充分浇水，冬天避免干燥即可。

DATA

- 英语名　Pineapple
- 树高　1米
- 日照条件　向阳
- 栽培适地　日本西南诸岛、冲绳地区
- 初果时间　庭院栽培3年以上
- 盆栽　容易（10号以上花盆）
- 类型　多年生常绿草本
- 产地　巴西、阿根廷、巴拉圭
- 收获时期　8～9月

种植月历

月份	11	12	1	2	3	4	5	6	7	8	9	10
定植						■						
整形修剪							■	■	■			
开花·授粉					■							
施肥							■		■			
病虫害防控					■	■	■	■	■			
收获										■	■	

菠萝的特征

果实从叶丛中抽出，多年生常绿草本

菠萝是非常有代表性的热带水果，它不是木本，是多年生常绿草本。花茎伸长，顶端长出果实，形状独特。菠萝极耐干旱，不过生长发育期应该供应足够的水分。

果实含有被称为"菠萝朊酶"的蛋白质分解酶，所以吃完后舌头和嘴会不舒服。

品种选择和种植要点

通过扦插繁殖也可以

很多品种的叶片边缘有锯齿状的刺，不过大果品种的凯伦没有，培育简单，世界上生产的菠萝90%都是这个品种。

生长适温25～30℃，最低温度要保持在10℃以上。偏好强光照，要照射到屋外的阳光才能培育。可以用超市买的菠萝扦插繁殖。

管理作业

1 扦插 → 5～7月
叶的部分作为插条来繁殖。

介绍从市场上买的菠萝扦插的方法。

❶切掉果实上部，留下2～3厘米厚的果实。

❷将下方的叶子切掉，放置5～6小时干燥。

❸鹿沼土和河沙按6：4混合定植。

2 定植 → 4月
在排水好的土壤上定植。

根充满花盆时，不要打散种苗，定植在排水良好的土壤中。盆栽时要换大一号的花盆。

施肥方法

在生长发育期的5月、7月、9月3次施用有机复合肥。冬季可以不用施肥。

3 放置地方·浇水
夏季充分浇水，冬季干燥一些。

盆栽应在屋外充分接受光照。菠萝是极耐干燥的植物，不过春季到夏季的生长期要浇水充足，冬季一周浇水一次，让其干燥越冬。

4 搭支柱 → 5～7月
坐果后搭支柱。

没有必要修剪，去除枯萎的树叶。坐果后，要用支柱支撑茎，不让茎弯曲。

5 收获 → 8～9月
趁着果实为绿色追肥。

8～9月，果实整体从黄色变成黄中带红的颜色，香气扑鼻，这时就是收获的最佳时期。切断果实下面的茎就完成采收了。

分株

6月和9月，在植株基部附近就会长出腋芽，取下腋芽分株，将下面的叶子去除，将其插入土中即可。

花朵像钟表的表盘。

西番莲

西番莲科　难易度　容易

栽培要点

美丽的花朵常用于观赏。盆栽时推荐选择灯笼型。

DATA

- 英语名　Passion fruit
- 树高　藤本
- 日照条件　向阳
- 栽培适地　日本九州南部、冲绳地区
- 初果时间　1～2年
- 盆栽　容易（10号以上花盆）
- 类型　多年生常绿藤本
- 产地　巴西、巴拉圭
- 收获时期　7月下旬至9月

种植月历

月份	11	12	1	2	3	4	5	6	7	8	9	10
定植						▬						
整形修剪				▬	▬					▬		
开花·授粉							▬					
施肥					▬	▬			▬		▬	
病虫害防控					▬	▬						
收获										▬		

西番莲的特征

果实果冻状的部分可以做成点心或果汁

西番莲原产于巴西等地，热带藤本果树。花朵绽放后的样子像钟表的表盘。果实为球形或卵形，可食用的是果实中果冻状部分，有独特的甘甜和芬芳。除了可以生食，也可以做成点心。富含维生素C。

虽然比较耐寒，但是多次遭遇霜冻也会枯萎。

品种选择和种植要点

无霜地区，可在室外搭架种植

根据果皮颜色可以分为紫色品种Wawai、Manaro、Nerikeri和黄色品种Ye、Sebsic，也有两者的杂交品种。黄色品种种植一棵很难结果，所以黄色品种需要搭配授粉树一起种植。

生长发育适温20～25℃。比较耐寒，无霜地区如日本关东南部地区，可在屋外搭架种植。

管理作业

1 定植 → 4月

搭架柱培育。

4月变暖后开始定植。在一个比苗盆大一圈的花盆中定植，搭架牵引。修剪主枝，其高度和花盆高度差不多。

2 放置地方·浇水

初夏充分浇水。

放置在阳光充足的地方。生长发育较快，叶子的水分蒸发量多，所以特别是在收获前的6～7月需要充分浇水。

3 整形修剪 → 2～3月、9月

将拥挤的藤蔓修剪掉，改善通风条件。

每两年换大一圈的花盆移植并牵引。将拥挤的部分和新梢进行修剪。

环形

▲每年要重新搭架。

扇形

▲推荐在狭窄空间使用。

4 开花·授粉 → 5～6月

看清是紫色还是黄色

紫色品种种植一棵就能结果。黄色品种需要搭配授粉树，否则需要进行人工授粉。

施肥方法

在3月、7月和10月施用适量有机复合肥，（P225）。如果是固体肥料，可以埋入盆边缘处。

5 收获 → 7月下旬至9月

自然落下就是可以吃的最佳时期。

果实在开花后70～80天就成熟了。紫色品种果皮变成紫色并在掉落前就可以采收。可以将果实一分为二，生吃带着籽的果冻状部分；或是将果实籽去除，制作成果汁或点心。

趁果实还是绿色时采摘下来，可以通过催熟让果实变成黄色。

香蕉

| 芭蕉科 | 难易度 | 较难 |

栽培要点

日常管理要考虑温度、光照、水分等。可以通过吸芽繁殖。

DATA

- 英语名　Banana
- 树高　2.5 ~ 3米
- 日照条件　向阳
- 栽培适地　日本冲绳地区和小笠原群岛
- 初果时间　1 ~ 2年
- 盆栽　一般（12号以上花盆）
- 类型　多年生常绿草本
- 产地　中国南部（三尺蕉）
- 收获时期　7 ~ 9月

种植月历

月份	11	12	1	2	3	4	5	6	7	8	9	10
定植						■	■					
整形修剪	■	■	■	■	■	■	■	■	■	■	■	■
开花·授粉						■		■				
施肥						■	■	■	■	■	■	
病虫害防控						■	■	■				
收获									■	■	■	

香蕉的特征

受到众人喜爱的水果之王

　　香蕉是从野生种突然变异而来，为芭蕉科多年生草本。随着植株生长，新叶会从上面长出来，继续培养会从基部萌出芽。不需要授粉，子房就会膨大，长成无籽的果实。

　　果实不酸也不富含水分，糖分的平衡好，是高能量食物，在运动前和早餐时吃最好。香蕉吃起来十分方便，十分受欢迎。

品种选择和种植要点

一般适合盆栽在室内种植

　　生食用的香蕉有芭蕉、三尺芭蕉和料理用的小果野蕉。三尺芭蕉更适合家庭种植。

　　日本适合庭院栽培的地区非常有限，一般都是盆栽。冬季最低温度不要低于10℃。慢慢换大花盆，换到12号花盆为止。

管理作业

1 定植 ➡ 4 ~ 5月
选择叶子没有张开的苗。

　　4 ~ 5月，在排水良好的土壤中定植。选择块茎粗短、叶子没怎么张开的苗。花盆慢慢换大，最终换成12号花盆。

2 放置地方·浇水
让植株充分接受阳光照射，充分浇水。

　　春季到秋季移到室外培养，充分接受阳光照射。冬季选择光照良好的室内培养。水分蒸发量多，所以浇水要勤。

3 整形修剪 ➡ 全年
整理枯萎的叶和新芽。

　　没有必要特意修剪，不过枯萎的叶要从植株基部去除。植株变大后，会从植株基部萌出新芽，只留下一个，剩下的要去除。

施肥方法

在4 ~ 10月的生长发育期，每2个月施肥1次，每回施用有机复合肥适量（P225），每月施1 ~ 2次液肥。叶子变黄说明肥料不足。

4 疏花·疏果 ➡ 4 ~ 5月
去除最下面的果实和花朵。

　　为了收获最好的果实，开花一周后进行疏花（去除中性花和雄花蕾），坐果后（最下方的果实要去除）。果实变大后用支架支撑。

5 收获 ➡ 7 ~ 9月
趁着绿色摘下催熟。

　　开花后70 ~ 100天，果实的断面从四角形到圆形，果实显淡绿色就可以收获了。在常温下催熟，让果实变成黄色。

病虫害防控

几乎不需要担心病虫害，不过干燥时容易出现红蜘蛛和介壳虫。枯叶是病虫害的温床，所以要及时去除枯叶，防患于未然。

果实富含维生素A和维生素C，未成熟的果实也可食用。

番木瓜

樟科　　难易度　较难

栽培要点　注意光照和温度管理。

DATA

- 英语名　Papaya
- 树高　2～3米
- 日照条件　向阳
- 栽培适地　日本冲绳以南地区
- 初果时间　1～2年（庭院栽培）
- 盆栽　容易（10号以上花盆）
- 类型　常绿软木质乔木
- 产地　热带美洲
- 收获时期　10～11月

种植月历

月份	11	12	1	2	3	4	5	6	7	8	9	10
定植												
整形修剪												
开花·授粉												
施肥												
病虫害防控												
收获												

番木瓜的特征

果实不论成熟还是未成熟的都可以食用

　　番木瓜是直立性的常绿果树，野生的番木瓜可以长到7～10米。家庭种植尽量选择不会长得很高大的品种。

　　果实很甜，浇上柠檬汁可以生吃。在树上熟透了的番木瓜味道十分甘甜可口，如果是未成熟时采摘的番木瓜，经过催熟甜味会淡一些。未成熟的番木瓜可以炒菜或拌沙拉。

品种选择和种植要点

一般为雌雄异株，不过也有雌雄同株的品种

　　番木瓜有许多品种，果实的形状和大小各异，有不怎么长大的Wonder Doorf、Wonder等低矮品种，但比较推荐光明、Kapoho Solo等两性品种。

　　番木瓜喜高温和阳光，生长发育适温25～30℃。如果要盆栽，可以将本来可以长得很大的品种修剪到比较低矮的位置，让其再次发芽结果。

管理作业

1 定植 → 4～5月
不要打散种苗。

　　4月左右，天气回暖后，在排水良好、营养丰富的土壤中定植。一开始使用6号花盆，之后慢慢换大。

2 放置地方·浇水
让植株照射阳光，并浇足水。

　　春季到秋季应该移到室外，让植株接受阳光照射，冬季移入室内培养。等到土壤表面干了就充分浇水，番木瓜不耐潮湿，所以要选择排水良好的土壤种植。

3 整形修剪 → 3月下旬至7月
能培养成小植株。

　　下面的叶子自然枯萎掉落是正常的，没有必要修剪。如果不小心让植株长得过大，可以在树干上方1/3处修剪，让腋芽伸长，长出新树干再次结果。

施肥方法

5月、7月、9月的生长发育期不要断肥，定期施肥。施用有机复合肥或化肥（P225）。

4 开花·授粉 → 6～7月
单性品种不需要坐果处理。

　　如果是雌雄同株的品种，则不需要人工授粉。如果是雌雄异株的品种，则要将两个品种分别种在两个花盆内，并进行人工授粉。

5 收获 → 10～11月
趁着果实尚未成熟进行收获。

　　10～11月，果皮有10%～20%变为黄色就可以收获了。催熟后的黄色果实可以直接食用或进行加工。绿色为成熟的果实可以炒菜或是腌制，也可以做成天妇罗。

病虫害防控

非常容易感染白粉病，所以一定要保持通风良好，注意不要温差或湿度差过大。同时要注意红蜘蛛或介壳虫。

可以用于制作沙拉，口感清爽甘甜。

人参果

茄科　　难易度 ▶ 容易

栽培要点　25℃以上不易坐果。果实膨大期要控水。

DATA

- 英语名　Pepin、Melon pear
- 树高　1～2米
- 日照条件　向阳
- 栽培适地　日本关东以南地区
- 初果时间　1年
- 盆栽　容易（7号以上花盆）
- 类型　常绿草本
- 产地　秘鲁、厄瓜多尔
- 收获时期　7～8月

种植月历

月份	11	12	1	2	3	4	5	6	7	8	9	10
定植					■							
整形修剪		■	■									
开花·授粉						■	■	■				
施肥		底肥			礼肥							
病虫害防控			■	■	■							
收获									■	■		

人参果的特征

隐约有些甘甜的，富含水分的水果

　　人参果在西班牙语中是黄瓜的意思，是原产于南美安第斯高原的茄科植物。果实直径10～15厘米，卵形，风味像哈密瓜和西洋梨混在一起吃。未成熟的果实可以像黄瓜一样用于沙拉，成熟的果实可以生吃，有一定甜度。

　　人参果抗寒性差，生长发育适温18～20℃，不过超过25℃就无法产生花粉，无法坐果。

品种选择和种植要点

在果实膨大期要稍微控水

　　果实的顶端有紫斑的"埃尔卡米诺"，还有矮小的"美月"等品种都十分有名，近年来培育出来的"黄金1号"也是糖度级高的品种。

　　夏季高温期坐果不好，所以在春季定植较好。果实膨大期糖度会上升，所以要稍微控制浇水，不过也要注意人参果不耐极端干旱。最低气温在10℃以下时，可以移入室内。

管理作业

1 定植 ➡ 3月
在早春定植。

　　选择在早春的3月定植。温度变暖后再定植容易导致坐果率下降。初夏可以在市场上买到带着果实的苗木，这样的苗木比较好养。培育好后立支柱牵引。

2 放置地方·浇水
不耐干燥要充分浇水。

　　从春季到秋季要移到室外光照良好的地方，注意不要断水。果实膨大期要稍微控水，有利于糖度增加。冬季最低气温不能低于5℃。

3 整形修剪 ➡ 12月至翌年1月
主要目的是培养腋芽。

　　对主枝进行回缩修剪，培养腋芽，留2～3根主枝。腋芽很容易出很多，所以要定期对伸长的枝条进行整形修剪。放任不管的话，很难坐果。

施肥方法

有机复合肥在12月至翌年1月施用，3月施用化肥（P225）。大量施用氮素会导致产量和品质都有下降。

4 开花·授粉 ➡ 4～6月
花满开时进行人工授粉。

　　两性花可以自花授粉，不过坐果率低所以要进行人工授粉。一个果序留3个果实，选择大个的果实留下。

5 收获 ➡ 7～8月（收获）
趁着果实还绿时摘下，然后催熟。

　　果实在7～8月会从淡绿色变成黄色逐渐成熟。趁着果实还是绿色，采收，经过2～3天的催熟就可以生吃了。未成熟的果实和黄瓜一样，可以用来做沙拉。

病虫害防控

蚜虫、红蜘蛛、温室粉虱等频发，发现了尽早驱除防治。防治温室粉虱可以使用药剂喷洒，十分有效。

果实香气浓郁、味道甘甜，是十分受欢迎的水果。

芒果

漆树科　难易度 ▶ 较难

 栽培要点 盆栽一般都选择在温室培养。

DATA

- 英语名　Mango
- 树高　1.5 ～ 2 米
- 日照条件　向阳
- 栽培适地　日本九州南部、冲绳地区
- 初果时间　3 ～ 4 年
- 盆栽　一般（10号以上花盆）
- 类型　常绿乔木
- 产地　印度北部、马来西亚
- 收获时期　9 ～ 10 月

种植月历

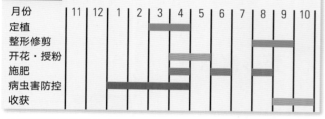

月份	11	12	1	2	3	4	5	6	7	8	9	10
定植												
整形修剪												
开花·授粉												
施肥												
病虫害防控												
收获												

芒果的特征

日本芒果产量不断增加，是随处可见的水果

芒果是原产于东南亚的常绿乔木，株高 10 ～ 20 米。在日本各地都有种植，是身边随处可见的热带水果之一。因为是漆树科的植物，所以如果人吃了未成熟的果实，或是触摸了白色树汁液，都容易过敏会出疹子。

因为果实糖度高，所以温度管理和光照管理都是不可或缺的。人工授粉和疏果都是必要的。

品种选择和种植要点

接受充足的光照，就能培育成甘甜可口的大果实

日本种植最多的品种是欧文，还有基调和感觉等。

芒果偏好高温多湿的环境，生长发育适温是 24 ～ 27℃，冬季也要保证 15℃ 以上，在热带地区以外需要盆栽。果实完全成熟后会自然掉落，所以果实长大后设置吊网防止果实掉落。为了培养甘甜可口的果实，要让果实充分沐浴阳光。

管理作业

1 定植 ➡ 3 ～ 4 月
用排水良好的土壤定植。

一般在 3 ～ 4 月定植，不过在梅雨前的 6 月定植也行。芒果是深根性的植物，细根少，所以必须在排水良好的土壤定植。

2 放置地方·浇水
根据季节控制浇水。

从春季到秋季要在光照良好的室外种植，最低温度低于 15℃ 要移入室内。11 ～ 12 月不浇水，果实膨大期结束后也为了提高果实品质要控水。其他时期应充分浇水。

3 整形修剪 ➡ 8 ～ 9 月
修剪成主干形，让植株全体都沐浴阳光。

推荐主干形。主干修剪到 40 ～ 50 厘米高，留下 3 根主枝。每个主枝在 20 厘米处进行回缩修剪，从主干抽出的亚主枝。成树的徒长枝和拥挤部分要修剪，这样可以充分沐浴阳光。

4 授粉·疏果 ➡ 4 ～ 5 月（开花）　6 ～ 7 月（疏果）
花满开时要进行人工授粉，对果实进行疏果。

虽然芒果是自花授粉，但人工授粉可提升坐果率。结出小果实后，7 月每个花序留下 1 ～ 2 个果实，其余疏除。

5 收获 ➡ 9 ～ 10 月
为了不让果实落果用吊网保护。

完全成熟的果实很容易掉落，所以果实长大后要设网，防止落果。果皮从绿色变成黄色或红色时，有果实开始掉落就是收获的最佳时期。这样没有必要催熟。

施肥方法
春季到秋季的生长期间，分别在 4 月、6 月、8 月施用有机复合肥（P225）。收获后施用礼肥。

病虫害防控
炭疽病常在叶子顶端发病并产生病斑，造成枯萎。对拥挤部分进行疏枝，改善通风条件可以预防。发病后要喷洒药剂。

杨贵妃喜爱的水果，原产于中国南部。

荔枝

无患子科　难易度　▶较难

栽培要点　冬季要注意防寒。植株需经过5～7℃的低温才能萌芽。

DATA

- 英语名　Litchi、Lychee
- 树高　2～3米
- 日照条件　向阳
- 栽培适地　日本九州南部、冲绳地区
- 盆栽　一般（12号以上花盆）
- 类型　常绿乔木
- 产地　中国南部
- 收获时期　7～8月
- 初果时间　3～5年

种植月历

月份	11	12	1	2	3	4	5	6	7	8	9	10
定植					■	■						
整形修剪										■	■	
开花·授粉						■	■					
施肥						■	■	■	■	■	■	
病虫害防控					■	■	■	■	■	■	■	■
收获									■	■		

荔枝的特征

包开龟甲状的皮，里面是晶莹剔透的果肉

中国从汉代就开始种植，相传是杨贵妃十分喜爱的水果。透明的乳白色的可食部分为假种皮（包裹在种子外的果肉）可以生吃。甘甜中带酸，有独特的风味和香气。

荔枝树高10米左右。春季修剪主干，如果让果树长不大，可以用花盆种植。

品种选择和种植要点

冬季种植时要进行温度管理

荔枝在原产地中国有超过100个品种，不过可以选择优良扦插苗Pinkstar、鹤一、魁梧等。

生长发育适温在15～30℃，最低温度不低于13℃时可以在室外种植。发育好的2年生枝条会坐果，所以不要对顶端进行回缩修剪。荔枝十分容易产生隔年结果现象，坐果率低是种植的难点。

管理作业

1 定植 ➡ 3月～4月
一般采用盆栽。

3～4月时，选择排水良好的土壤定植荔枝。苗木可以选择嫁接苗、扦插苗或压条苗。为了适应植株逐渐成长，要逐渐更换大一号的花盆。

2 放置地方·浇水
果实膨大期要充分浇水。

从春季到秋季要在光照良好的室外培养，充分浇水，特别是果实膨大期（6～7月），每天要浇水数次。冬季要挪入室内，避免霜害，不过为了让花芽萌发，要让植株经过5～7℃的低温处理。

3 整形修剪 ➡ 8～9月
放松修剪会让植株变成大树。

经过精细的修剪，让植株保持紧凑生长。对拥挤的枝条进行疏枝，长枝回缩修剪，通过修剪让树冠内的光照变好。

> **施肥方法**
>
> 在4～9月，施用有机复合肥（P225）。不过要注意大量施用氮素会让产量和品质变差。

4 开花·授粉 ➡ 4～5月
人工授粉可以提高坐果率。

荔枝的一个花穗上有雌花和雄花、两性花，混合开放。将雄花摘下，对雌花进行人工授粉。不过一般荔枝开500～1000朵花，坐果只有20～40朵，是坐果率相当低的果树。

5 收获 ➡ 7～8月
采收完熟的荔枝后，要马上吃掉。

让荔枝在树上变成红色完全成熟再收获。只要经过1天，果皮就会变成灰褐色，品质急速变差，所以需要在1～2℃的低温下冷藏保存。

> **病虫害防控**
>
> 抗病虫害能力比较强。也会出现介壳虫、红蜘蛛等，发现了立刻捕杀。修剪掉多余的枝条和枯萎的枝条，改善植株的光照和通风条件可以有效防控病虫害。

其他热带水果

▶澳洲坚果

蛋黄果　山榄科

DATA　原产地：南美洲北部到墨西哥南部／类型：常绿乔木／收获期：5～10月

栽培要点　3～5月定植在排水良好的土壤中。将果树修剪到2米以下方便管理。5～10月会反复开花结果。生长发育适温25～30℃。注意不要让温度低于7℃。果实果皮为绿色，果肉为橙色，吃起来像蒸熟的栗子。

苏里南苦刺果　桃金娘科

DATA　原产地：巴西南部／类型：常绿灌木／收获期：3～4月(春果)10～11月(秋果)

栽培要点　生长适温15～30℃。温度超过15℃可以室外培育。种植1棵就能结果。3～5月定植，可选择变则主干形(P200)。在采收果实后进行修剪。红色果实口感甘甜，和草莓口感相近。

火龙果　仙人掌科

DATA　原产地：南美哥斯达黎加／类型：肉质常绿灌木／收获期：6～12月

栽培要点　定植在排水良好的土壤里，直到新根长成都要保持干燥。从长出新根开始浇水。生长适温25～30度，不要低于10℃。夜间开花，所以用毛笔人工授粉比较好。

澳洲坚果　山龙眼科

DATA　原产地：澳大利亚昆士兰州／类型：常绿灌木／收获期：10～11月

栽培要点　生长适宜温度为13～20℃，最低气温低于10℃就很难坐果了。开花期在4～5月。结果是从开花后的5～6月。自花授粉，不过进行人工授粉会更好。因为偏好水分所以在生长发育期要充分浇水。

桂圆　无患子科

DATA　原产地：印度到中国／类型：常绿乔木／收获期：6～10月

栽培要点　生长发育适温20～28℃，不过必须经过20℃以下的低温春化才能长出花芽。和其他品种混种可以更好地结果。修剪时注意不要让植株出现轮枝。花期3～5月。开花后5～6个月就能采收果实了。

百香果　柑橘科

DATA　原产地：日本冲绳、西南诸岛／类型：常绿小乔木／收获期：8～12月

栽培要点　是在日本冲绳等地自然生长的野生果树，不过在纪伊半岛以南也可以种植。种植一棵就可以结果。在排水良好的优质土壤上定植。管理方法参考柑橘的种植方法(P118～125)。未成熟的青涩果实可以像香橙和酸橘一样食用。完全成熟的果实可以生食。

毛叶番荔枝　番荔枝科

DATA　原产地：秘鲁到厄瓜多尔的安第斯山脉／类型：常绿小乔木(暖温带会落叶)／收获期：10～11月

栽培要点　生长发育适温10～25℃，超过10℃可以挪到室外种植培养。夜间开花所以最好进行人工授粉。从傍晚到清晨湿度高的时间段进行人工授粉较好。果实变为黄绿色即可采收。

香肉果　柑橘科

DATA　原产地：墨西哥到中美地区／类型：常绿乔木／收获期：10～11月

栽培要点　生长发育适温20～30℃。最低气温在5℃以下的环境很难结果。种植一棵无法结果，需要授粉树，所以要选择和花粉多的品种一起种植。花期2～4月，果皮为绿色，果肉为黄色。果肉像蛋挞一样的口感，甘甜少酸。

神秘果　山橄榄科

DATA　原产地：西非／类型：常绿乔木／收获期：5～11月

栽培要点　生长发育适温25～30℃，推荐在20℃以上培育。选择排水性好的土壤定植，选择变则主干形(P200)。小型的红紫色、绿色的果实酸甜可口。果肉为果冻状，十分美味。

莲雾　桃金娘科

DATA　原产地：马来半岛／类型：常绿乔木／收获期：6～8月

栽培要点　生长发育适温25～30℃。果实外形酷似洋梨，味道像苹果。5～6月选择排水性好的土壤定植。生长发育期喜水，注意不要断水。收获后要干燥培育。可自花结果，所以种植一棵即可，不用搭配授粉树。

热带水果的培育方法

现在很容易购买到热带水果的苗木。随着居住环境改变，冬季房间里很暖和，家庭种植最棘手的温度管理变得简单了。不考虑种植一下充满南国风情的热带水果吗？下面介绍基本的管理作业。

定植和花盆选择

最低温度低于0℃的地区，除了鳄梨等一部分热带水果外，其实是不适合大多数热带水果生长的。大多数热带水果基本只能盆栽，冬季挪入室内。

为了让果树更好地结果，尽量选择较大的花盆（最小也要是10号花盆）。春季到秋季正是热带水果生长发育期，可以移到室外培育，冬季低温期移入室内。为了更方便移动花盆，选择塑料花盆更轻便。

◆ 使用土壤

盆栽时，赤玉土（中粒）和腐叶土按照1：1的比例混合。土壤排水良好是很关键的。花盆底部，放入盆底土比较好。定植后，每两年移栽一次。用土参考P189、P195。

肥料

定植时重新在土中加入有机复合肥（P225）混合均匀。之后生长期要进行追肥，施肥量和时期参考各自对应的果树种类。使用速效肥或含磷酸多的有机复合肥，会让果实的味道更好。

温度低、生长发育停止的冬季是不需要施肥的。这时期施肥会让花芽难以萌发，也是易造成根腐病。

浇水和放置地点

气温高的夏季要充分浇水。随着气温逐渐降低，要慢慢减少浇水，冬季尽量保持干燥越冬。冬季保持干燥是花芽萌发的重要条件。土壤表面干燥泛白时，要浇水。

放置地点要选择全年光照良好的地方。但是全年都放在室内种植，会因为光照不足而导致生长发育差。所以，当气温回暖时（15℃以上），可以将植株移到室外，接受阳光直射。冬季温暖的白天，也可以开窗通风，有新鲜空气才可能培育出健壮的植株。

昼夜温差大于10℃植株就会枯萎，所以要特别注意。

四季管理作业

◆ 春季到秋季管理

大多数热带果树的生长发育适温15～30℃。平均气温超过13℃就可以将花盆挪到室外，接触外面的空气和光照，早晚充分浇水。

虽说是热带果树，但温度超过30℃，生长发育会停止。特别是午后西晒也要遮挡，移到房檐下等地方控制温度。

◆ 冬季管理

气温下降到10～15℃，大多数的热带果树生长发育都会停止。如果温度降到0～10℃，大多数热带果树就会落叶，小枝枯萎，对植株造成伤害。所以冬季注意不要让温度低于10℃是很重要的。

但是，为了让花芽萌发结果，必须要让植株经过低温春化，进入休眠。这个时期要对过度伸长的枝条进行回缩修剪，用绳子牵引枝条横向生长，让萌发花芽的枝条健壮丰满，才能结果。

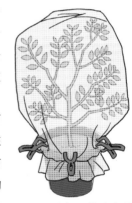

本书介绍的鳄梨、番石榴和西番莲果比较耐寒，在日本关东以南地区，可以右图所示避开霜冻，在屋外的屋檐下培育也可以。除此之外的热带水果，冬季都要移到室内光照好的窗边。

▲在果树上覆盖防寒纱或地膜，在防霜冻的基础上，尽量移到光照好的屋檐下培育。

收获

因热带果树种类（品种）不同收获期也不同，不过热带水果大多是像香蕉、菠萝、鳄梨一样在20～25℃的环境下催熟后食用。

因为市场需要，一般都提早采摘，然后在运输过程中催熟，不过家庭种植可以让果实完全成熟再采摘，这样口味更好。

果树栽培的基础知识

PART 5

为了让家庭培育果树更容易成功，这里介绍基础知识。
根据环境、目的来选择品种，
进行修剪和疏果等适宜的管理作业，
每年就可以收获很多果实。

概述

种植果树不仅可以吃到美味的果实，而且还可以体验栽培的乐趣。长年累月开花结果，让我们享受到收获的快乐，同时也丰富了我们的心灵和生活。

果树栽培的乐趣

种植果树最大的魅力在于收获、享受美味的果实。除此之外，果树还会给我们的生活带来许多欢乐，治愈我们的心灵。果树会绽放美丽的花朵，秋天的红叶也很美丽。

很多人认为没有大花园就不可能种果树，其实大多数果树都可以在狭窄的空间内种植，例如小花园或阳台。了解在何处以及如何种植果树，这样就可以收获美味的水果。

● 与种花、种菜不同的快乐

与种花、种菜不同，果树一旦开始种植就能持续收获果实、收获快乐。果树成年后在之后的数十年间，寿命长的果树可以达100年之久，按季开花结果，种植果树的乐趣会与日俱增。

● 树上完熟的果实香气更浓，口感更好

树上完熟的果实非常好吃，但是市场销售的水果为了延长保存时间，大多数是提早摘下来的。在家种植果树，就可以充分体会水果的原本味道，水果的香气和味道都十分出众。

● 安心采摘绿色水果

在家中种植果树最大的好处就是可以减少化学药剂的使用。市场上销售的水果为了美观，并提高生产效率，往往都会使用化学农药。

● 品尝市场上买不到的水果

这本书介绍的果树，有很多是市场上买不到的水果。包括日本自古就种植的代表种类，还有一些海外很普遍但是日本国内并没有种植的种类和品种。

▲ 在庭院栽培果树，不仅可以收获好吃的果实，还可以收获快乐。

果树的"3个关系"

① "树的生长"和"繁育后代"同时进行

在生长阶段，果树一边生长枝叶、扩展根系进行"树的生长"，一边开花结果进行"繁衍后代"。而大多数的蔬菜和花卉都是先长出根、茎、叶，植株长好了之后再开花结果。在果树中，也有一部分像苹果和梨这样，先开花再长叶的。

果树栽培的要点是，平衡好花、果实以及枝叶生长的同时，让养分充足供应给果实。因此，修剪是必不可少的，趁着树小时整理树形是非常重要的。

② 春季生长发育使用的是上一年储存的养分

果树春季生长使用的养分是上一年秋天之前储存在果树中的。当储存的营养不足时，"树的生长"和"繁衍后代"就会争夺营养，导致开花不结果。

为了使营养均衡，要平衡好营养生长和生殖生长的关系，这是收获可口水果的关键。

③ 幼树期会迅速生长

果树并不是种植上苗木就能立即收获果实。苗木定植后的几年中，枝叶快速生长。即使嫁接的苗木在庭院栽培也要4～5年才能结果，盆栽要2～3年才能结果。在幼树阶段，"树的生长"更为活跃，因此很难收获好的果实。

果树从幼树期进入成年树期，才开始结出很多果实。为了生产出美味的水果，从幼树阶段就要开始打造可以生长出好果实的树形。

果树的分类

落叶乔木果树
柿、苹果、梨、梅、桃、无花果、樱桃、栗等

落叶果树在收获后的秋天，会将养分储存在当年生长的枝干和根中。因此，4～11月让叶子充分进行光合作用，促进营养生长是很重要的。冬季休眠期的耐寒性较强，且储存养分越多越耐寒。落叶期要进行整形修剪。

落叶灌木果树
蓝莓、树莓、黑莓、蔓越莓等

像浆果这样的落叶灌木果树很难长得很大，所以很适合家庭种植。冬季落叶，所以修剪主要在冬季进行。为了每年都能结出许多果实，要修剪不需要的树枝，改善光照环境。

藤本果树
葡萄、猕猴桃、软枣猕猴桃等

藤本果树不仅在枝条中储存养分，还在根中贮藏养分，供春季新的藤蔓生长使用，并在新的有活力的藤蔓上结果。

因此，冬季修剪老枝，让植株更新枝条是非常重要的。

常绿果树
柑橘、枇杷、橄榄、斐济果等

冬季不落叶，因此抗寒性很弱。冬季茎叶的生长发育停止，不过储存着第2年生长发育所需的养分。由于严寒导致落叶或冬季修剪过多，都会导致第2年春天营养不足，所以很难结出好的果实。

挑选果树

决定种植何种果树时，推荐根据果树的性质和特性来选择，例如"想要欣赏它美丽的花朵""在光照不好的地方也很容易种植"等。根据环境和种植目的选择和自己十分契合的果树。

● 种植一棵就能结果的果树

种植一棵就能结果的果树，非常适合初学者种植。

- **无花果 → P16**
  收获前一个月进行疏果，可以让果实更加饱满。
- **石榴 → P58**
  用毛笔进行人工授粉更好。
- **枣 → P74**
  7月下旬进行疏果能够防止隔年结果现象发生。
- **枇杷 → P78**
  进行疏花、疏果等果实管理可以收获更好的果实。
- **葡萄 → P88**
  适合种植在空间宽阔的地方，不过也可以盆栽。
- **温州蜜柑、柠檬 → P126・P134**
  柑橘中，很多种类都是种植一棵就能结果。
- **树莓、黑莓、六月莓 → P146・P150・P158**
  树莓、黑莓、六月莓都是种植一棵就能结果。

● 定植后能很快结果的果树

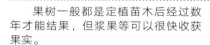

果树一般都是定植苗木后经过数年才能结果，但浆果等可以很快收获果实。

- **桃 → P98**
  定植后3年就能收获。
- **蓝莓 → P138**
  定植2～3年后，就能收获小果实。
- **树莓、黑莓 → P146・P150**
  定植2～3年后，就能收获正常大小的果实。
- **穗醋栗 → P154**
  定植3～4年后，可以收获果实。

● 花朵美丽的果树

果树上美丽的花朵赏心悦目。当桃花开了，人们就知道春天来了。

- **杏 → P8**
  3月下旬到4月上旬会开出惹人怜爱的粉红色花朵。
- **梅 → P12**
  2～3月会绽放红色或白色的花朵，是开花最早的果树。
- **石榴 → P58**
  5月下旬到7月上旬，会绽放红色花朵。
- **斐济果 → P84**
  6～7月，会绽放异国风情的花朵。
- **桃 → P98**
  4月会绽放光鲜的粉色花朵，香气四溢。

● 可以欣赏彩叶的果树

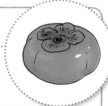

随着季节变迁，树叶变成红色，很适合种植在庭院里。

- **柿 → P26**
  春季美丽的嫩绿色叶子，到了秋季就变成了红叶。
- **巴婆果 → P94**
  叶子外形独特，大大的叶子在秋天呈金黄色。
- **蓝莓 → P138**
  很少有低矮的庭园树木有红叶，但蓝莓秋季叶子会变成深红色。
- **六月莓 → P158**
  鲜艳的红色细叶十分美丽。
- **蔓越莓 → P162**
  秋天叶子呈深红色。因为是常绿果树，所以可以体验一年四季叶色的变化。

● 抗病虫害能力强的果树

抗病虫害能力强的果树几乎不需要使用农药，培育简单轻松。

- ●核桃 → P50
  基本没有病虫害，不需要喷洒农药。
- ●软枣猕猴桃 → P62
  同上。
- ●枇杷 → P78
  不怎么出现病虫害，不过套袋会更放心。
- ●杨梅 → P102
  原产于日本的野生品种，抗病虫害能力强。

● 享受果实在树上完全成熟的快乐
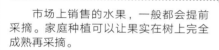

市场上销售的水果，一般都会提前采摘。家庭种植可以让果实在树上完全成熟再采摘。

- ●无花果 → P16
  完全成熟、落果前的果实最好吃。
- ●李 → P66
  市场上销售的李是酸的，完全成熟的李是甜的。
- ●梨 → P70
  新鲜采摘下的完全成熟的梨香气四溢且果汁丰富。
- ●斐济果 → P84
  自然落果的斐济果最好吃。
- ●桃 → P98
  完全成熟的桃很好剥皮，香气也好。

● 代表性庭院果树

在庭院栽培果树时，选择有代表性的庭院树（纪念树），可以寄托回忆还可以享受种植果树的快乐。

- ●橄榄 → P22
  树叶很美丽，适合作为纪念树。树形十分赏心悦目。
- ●李 → P66
  紧凑生长的果树。花朵十分赏心悦目。
- ●柑橘 → P117
  枝繁叶茂，黄色果实十分醒目。
- ●六月梅 → P158
  树冠体积小，很容易和其他果树搭配。

● 在半阴环境下也能栽培的果树
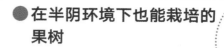

选择庭院和阳台的光照条件有时并不好。选择耐阴的果树。

- ●树莓·黑莓 → P146·P150
  讨厌西晒，可以在其他果树的树荫下生长。
- ●穗醋栗·醋栗 → P154
  适合在日本关东以西凉爽的地区环境下种植。
- ●六月莓 → P158
  在建筑物或其他果树的阴影处也能生长。
- ●蔓越莓 → P162
  不能在西晒的地方种植。

● 市场上很难买到的果树

市场上很难买到的水果，一般也能弄到果树苗木。将这样的果树种植在家里，还能体验几分稀缺的乐趣。

- ●软枣猕猴桃 → P62
  山野中自然生长的猕猴桃的同类。
- ●巴婆果 → P94
  果肉是果冻状，非常甜美，有独特的味道。
- ●六月莓 → P158
  果实小不过颜色十分美丽，除了生食还可以加工。
- ●蔓越莓 → P162
  不怎么用于生食，不过可以做成蔓越莓果汁。

● 适合小空间种植的果树

在空间有限的庭院或阳台种植果树时，推荐选择株型紧凑或可搭架栽培的果树。

①无法长大的果树
选择低矮的果树，即使在狭窄的空间里也很容易种植。
- ●山樱桃 → P106
- ●苹果 → P110
- ●浆果 → P137~164

如蓝莓、树莓、黑莓、穗醋栗、灯笼果、六月莓、蔓越莓等。

②可根据搭架高度量身定制的果树
通过设计，可以在不占用空间的情况下栽培。
- ●木通·野木瓜 → P4
- ●猕猴桃 → P36
- ●葡萄 → P88
- ●浆果 → P137~164

苗木选择

果树的种植始于苗木选择。选择了好的苗木，随后的果树生长将会很顺利，并且能够收获美味的果实。购买前，请务必检查苗木的状况。

为了尽早结果推荐选择嫁接苗

苗木是指 1 ～ 2 年生的幼树。根据繁殖方法不同，有扦插苗、压枝苗和嫁接苗等。除了蓝莓这类浆果和无花果等一部分果树外，其余都建议使用嫁接苗。

嫁接苗继承了亲本的优良特性，能尽快结果。不过嫁接苗的接缝处有缝隙，害虫可能会从这里进入。所以要选择接缝不明显且牢固的嫁接苗。

嫁接苗木有两种类型，一年生棒状的"棒苗"和种植在盆中"盆苗"。一些棒苗可以看到抖落土的根系，在专卖店可以买到。

确认好品种和定植时期再购买

有些果树种植一棵就能结果，有些果树必须种植至少两个品种才能结果。购买时，请务必确认好是只种一棵就能结果还是需要种植两个品种，然后询问店员苗木的名称和树龄。

另外，在园艺商店中，长树枝会占空间，因此会将植株修剪成短枝出售。尽可能选择树枝多、树枝长的苗木，这样修剪起来有更多可能性的。建议选择具有适当数量的分枝且平衡性好的苗木。

另外，如果根是从盆底孔中钻出，盆中的根一定相互缠绕，不要选择这样的苗木。

▲一定要确认品种的名称。

盆苗
（嫁接苗　2～4年生）

优点
结果早

缺点
无法打造自己喜欢的树形

棒苗
（嫁接苗　1年生）

优点
可以打造自己喜欢的树形

缺点
结果晚

优质苗木和劣质苗木的区分方法

盆苗

○ 好苗

从侧面看

- 从嫁接处开始径直生长
- 嫁接处上下的粗度没有差异
- 分枝左右平衡良好，并留出适当的间隔

从上面看

- 有3～6个或更多的饱满的粗分枝
- 360°来看平衡度都很好

✕ 坏苗

从侧面看

- 嫁接部分弯曲
- 有分蘖
- 嫁接带勒进树干中
- 苗木细，分枝数量少，且向相同的方向伸出。

分蘖

嫁接部分弯曲且有分蘖

从上面看

- 枝条细
- 枝条都向相同方向伸展。

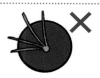

棒苗

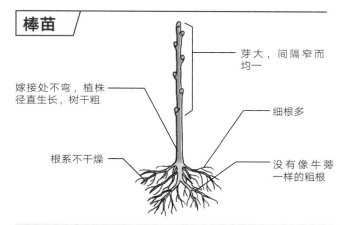

芽大，间隔窄而均一

嫁接处不弯，植株径直生长，树干粗

细根多

根系不干燥

没有像牛蒡一样的粗根

种植空间有限可选择矮小品种作砧木的嫁接苗

矮小品种作砧木的嫁接苗适合于种植空间有限或盆栽。这样的嫁接苗树势弱，和普通砧木的嫁接苗相比，可以在较短的时间内结出果实。

但是由于花蕾生长良好，所以有结果过多的倾向。需要认真进行疏花、疏果等管理作业。此外，根系较浅，容易受到土壤干燥和过度潮湿的影响，因此注意不要缺水或水分过多。

矮小品种做砧木的主要品种
樱桃、梨、桃、苹果

从种子开始培育果树

不一定和亲本的果实味道相同

很多人都有通过播种吃完水果后剩下的种子来种果树的想法。但这样可能种不出像当时吃到的那样好吃的水果。许多果树经过反复育种改良，性状不稳定，导致子代会出现各种不同性状。基本上子代的性状都不如亲代，所以无法收获想象中美味的水果。

但是，即使果实不好吃，作为观叶植物也没问题。一边想象着不知会种出什么样的果树，一边种植也非常有趣。

也有和亲本相同的果树

只有枇杷和柑橘才有可能种出与亲代相同的性状。柑橘是多胚的，并且在遗传上与父母相同的可能性很高。

▲ 从种子开始培育的牛油果（3年生）

187

打造适合果树生长的环境

定植果树前，一定要打造适合果树生长的环境。不同品种需要的土壤、温度、湿度和光照条件等都不同，所以要提前确认好。

果树种植的理想环境

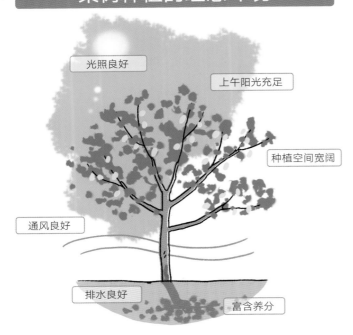

光照良好

上午阳光充足

种植空间宽阔

通风良好

排水良好

富含养分

● 果树的种植适宜温度

果树	年平均气温
柑橘	15℃以上
苹果	6~14℃
葡萄	7℃以上
梨	7℃以上（西洋梨为7~15℃）
桃	9℃以上
枇杷	15℃以上
柿	甜柿为13℃以上，涩柿为10℃以上
栗	7℃以上
梅	7℃以上
李	7℃以上
菠萝	20℃以上

选择光照充足、通风良好的地方

选择定植位置时，尽量选择通风良好且阳光充足的地方。如果阳光不好，果树就不能充分进行光合作用，就不能旺盛生长。由于植物的光合作用在上午达到顶峰，因此早晨光线良好的朝南地块非常适合种植果树。

特别是落叶果树，从发芽到落叶期间，理想的光照时间是半天以上。相比之下，常绿果树即使在少一点阳光的环境下也能生长。

了解果树的特性后，再决定在庭院中的种植位置，以及盆栽的摆放位置。

● 果树的特性

耐阴	●耐阴性十分差	苹果、栗
	●耐阴性差	桃、梨、栗、梅
	●耐阴性稍差	葡萄、柑橘
	●耐阴性稍强	柿、无花果、猕猴桃、木通
耐湿	●强（排水性稍差也没关系）	柿、梨、葡萄、石榴、蓝莓、柑橘
	●弱（偏好排水良好的土壤）	无花果、桃、梅、樱桃、李、杏、猕猴桃、栗
耐旱	●耐旱性强	桃、李、杏、葡萄、梅、栗、橄榄、胡颓子、核桃、柑橘
	●耐旱性弱	苹果、梨、柿、蓝莓、猕猴桃、木瓜、柑橘

准备好土壤

果树大多喜欢营养丰富、排水性好且保水性好的土壤。通常住宅区的土壤坚硬且养分含量低，所以家庭种植果树首先要从准备土壤开始。详细的步骤将在P190介绍。

种植前挖一个种植穴是非常重要。挖种植穴时挖出的园土，要和赤玉土、腐叶土充分混合。如果园土是黏土或掺杂了很多石头和沙子，最好就不要使用园土了，而应直接使用赤玉土和腐叶土的混合土，根据情况加入黑土。

▲挖一个40厘米×40厘米×40厘米的方形种植穴。

适合种植果树的土壤

对于大多数果树来说，赤玉土和腐叶土按1∶1混合的土壤是最合适的。因为排水性、透气性和保水性都很好，并且易于保持土壤中的养分。

对于果树来说，最好的土壤是和树木自然生长的土壤相似的土壤。根据果树的种类，可以将下面介绍的其他土壤混合进去。

▲种植果树的土壤，赤玉土和腐叶土按1∶1混合。

主要使用的土壤种类和特征

赤玉土

赤玉土按照直径可分为大、中、小三类，颗粒为圆形，可以作为基础土壤来使用。

腐叶土

阔叶树的树叶发酵腐化而成可提高土壤的通气性、排水性和保肥性。可以作为基础土壤来使用。

泥炭土

湿地生长的藓类堆积熟成。和腐叶土的性能类似，酸度高所以适合用于偏爱酸性土壤的果树。

黑土

火山灰土的表土，含有机物和肥料，不过缺乏磷酸。

蛭石

呈现多层薄板状，能改善土壤的保水性和通气性。

珍珠岩

经过高温、高压烧成的多孔型土壤，可以改善土壤的通气性，让土壤变轻。

鹿沼土

被风化的轻石、火山石渣。原产于日本栃木县鹿沼市附近。酸性，几乎不含肥料，透气性好。

椰子壳

将椰子壳外侧的柔软部分剪成1至几厘米的海绵状。可以改善土壤的通气性，有一定营养。

河沙

河流中下游的圆形小颗粒或沙土，能改善土壤的通气性。

定植

决定种植的地方后就可以是定植。促进生根的关键是在适宜的时期定植。 如果根部干燥，就不能很好地生根，因此在作业时要注意。

定植最佳时期为11月到翌年3月

落叶果树最佳的定植时期是根系不活跃的休眠期或新根萌发前的时期。

适合定植的时期优先顺序如下：①11月至翌年3月的冬季（休眠期）②梅雨季（6月至7月上旬）③9月（秋根生长之前）④4月、5月和10月左右，除夏季外。

在冬季以外时期定植时，注意不要打散根系。

浆果类即使在冬季也不要打散根系。

常绿果树在冬季休眠较浅，因此最好的种植时间是在3月，即根系开始活动之前。

定植穴的准备

定植穴过深土壤会下沉成坑，易积水引起伤害。

❶ 选择一个平坦、光线充足、周围没有树木的地方。

❷ 用铁锹挖一个40厘米×40厘米×40厘米方形种植坑，或挖一个直径40厘米、深30厘米的圆形种植穴。垂直挖掘，以免形成锥形。

❸ 将腐叶土和赤玉土按照1：1的比例充分混合。建议使用中粒或小粒的赤玉土。

❹ 如果园土是黏性的或有很多碎石，就不要再使用，另外准备同样分量的新土壤。如果园土中有老根，可能会引发水纹病，因此要将其除去。

❺ 将园土与❸混合。园土较重，因此将其放在❸的上方，然后从底部翻土两次，充分混合。

❻ 将❺填入至种植穴的一半位置。

Point
加入底肥的时间

其实可以不使用底肥，不过如果要添加底肥，则在种植穴的底部添加约2千克。推荐用油渣、牛粪、堆肥等。鸡粪分解很快，不适合用作底肥（P225）。

定植苗木

定植时，注意不要让根系干燥。定植后充分浇水。下面用苹果苗示范。

嫁接胶带

❶从盆中取出植株，注意不要伤到根系，动作要轻柔。如果绑着嫁接胶带，要将胶带去除。

3厘米

❷用移植铲削底部。盆底土一般都不是好土，削掉可以让新土更容易进入。周围用移植铲相隔3厘米纵切。

Point

只要不切断根就行。

❸将苗木放在定植穴中央，将土填入其中。

❹在周围轻轻踏实。之后，将土堆在主干周围形成一个小鼓包。

❺做一个比种苗大一圈环形水沟。然后浇水，让沟充满水（10~15升）。将土向中心主干聚拢，定植完成。

从这里修剪

❻第1年让果树充分生长，如果顶端萌发出花芽要立刻修剪掉。

Point

用土堆来保护根系

定植后数年，柑橘、葡萄、桃等的根系会顶出土面。根上的土壤变少，根就容易干燥，从而影响生长发育。这时，要用腐叶土和赤玉土覆盖在植株基部，堆一个土堆，这样就可以保护根系。5月上旬或是8月下旬到9月左右是做这项工作的最佳时期。

盆栽的基础知识

盆栽可以让那些没有大花园的人也能轻易享受到果树栽培的乐趣。由于盆栽是在有限的空间内种植，因此包括修剪在内的日常管理都不能懈怠，这样才能产出好的果实。

什么果树适合盆栽？

盆栽最大的优点是可以通过移动花盆来改变栽培环境。防风、防寒、防热、防雨等都变得十分简单。但是，由于种植在有限的土壤中，在阳光强烈的夏天往往会耗尽水分。如果忘记浇水，可能导致枯萎死亡。所以，推荐选择相对耐旱的果树。例如柑橘和蓝莓不仅耐旱，还易于紧凑种植，因而更适合在有限的空间内种植。盆栽的初学者，可以从右侧列出的易于种植的果树开始尝试。

▲盆栽柑橘。

比较耐旱的果树

木通、梅、杏、橄榄、石榴、野木瓜、山樱桃等

▲橄榄是极耐干旱的果树，适合在阳台栽培。结果需要种植两个品种。

适合紧凑种植的果树

柑橘（温州蜜柑、香橙、金橘、柠檬等）、浆果（蓝莓、树莓、黑莓、穗醋栗等）、山樱桃等。

▲蓝莓是适合初学者种植的小果树。种植两个品种更容易结果。

盆栽的优点和缺点

当果树的树干、树枝和叶子不断生长时，大多数养分被用于树的生长，难以结果。盆栽由于土壤有限，因此根系不会过分生长，树木生长紧凑，因此果实的收获时间比庭院栽培要早一到两年。

但是，为了使其紧凑生长，与果树特性匹配的修剪是必不可少的。此外，由于土壤和养分的有限，有必要每隔一到两年换大一号花盆（重新种植在更大的花盆中）。

盆栽的优点

○ 比庭院栽培更早开花坐果

○ 可以移动到阳光充足或温度适宜的地方

○ 在公寓等集体住宅区更容易培育

盆栽的缺点

△ 土壤的量和养分都有限，需要替植

△ 不勤于浇水就会枯萎

盆栽的要求

● 放置在光照充足、通风良好的地方

果树健康生长需要充足的光照和良好的通风环境。将盆栽放在露台上时，光照和通风都不错，不过要注意强风。

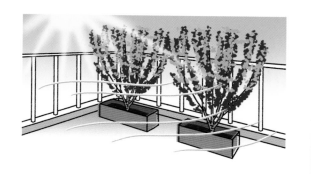

● 避免一个花盆种两棵植株

许多果树需要种植两个品种才能结果。种植两个品种一定要分开种植，保证一个花盆只种植一棵。如果一个花盆种植两棵，会导致养分分配不均匀，其中一棵获得更多的养分，而另一棵则生长不良。

一个花盆
种植一棵

● 成长期要逐渐换大花盆

在有限的土壤中种植果树，随着果树不断生长土壤中的养分会越来越少。另外，随着根系生长，容易在花盆里相互缠绕打结。所以每年要更换大一号花盆。

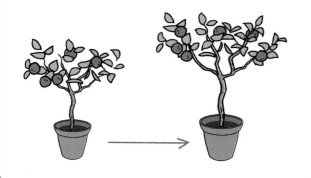

● 修剪的树形要适应放置的场所

在公寓的阳台上，高度和宽度都会受限，在修剪树形时要按照能放置的场所来修剪。葡萄等藤本果树，可以搭建架子来让果树紧凑生长。

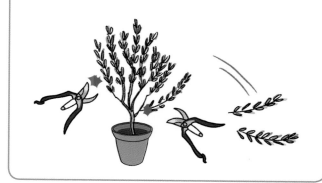

阳台盆栽果树注意事项

在阳台种植盆栽果树时，果树的落叶落花、随着浇水从底部流出土可能会堵住排水孔，注意不要给邻居带来不便，在享受盆栽的欢乐时一定要遵守规则。

★ 注意园艺垃圾的去向

落叶落花等垃圾会随风飘到隔壁邻居家的阳台上，或堵塞下水管道，所以要特别注意，即时清扫。

★ 浇水会流到楼下去

盆栽不要放在架子附近，否则浇水时水容易流到楼下的阳台上。

★ 不要放在紧急出口或邻居的地盘

盆栽注意不要放到邻居的地盘引起邻居不满，也不要放在紧急出口等处。

花盆的选择及备土

盆栽比庭院栽培更容易受土壤影响。使用的花盆要根据果树的生长情况选择适合的尺寸，准备适合果树生长的土壤，打造最适合果树生长的环境是十分重要的。

花盆的选择

根据果树的大小，选择适合尺寸的花盆。建议不要一上来就选择大花盆，要选择比定植的苗木大1～2圈的花盆。花盆尺寸因果树的种类而不同，不过大多数使用6～8号花盆（直径18～24厘米）。

此外，花盆有各种材质和形状的。透气性好的花盆有素烧盆、木盆，塑料花盆一般有一定保水性，且轻便易于搬运。花盆材质不同各有各的特点。对于大多数果树栽培，建议使用塑料花盆。对于对高温敏感的幼树或品种，选择白色的花盆可以抑制温度升高。

▲塑料花盆，很轻便。

花盆的尺寸

花盆的大小用号码表示。号码代表花盆的直径，1寸（约3厘米）就是1号。

7号花盆

←—直径21厘米—→

定植苗木可以选择6～8号花盆。

10号花盆

←—直径30厘米—→

1～2年进行1次换盆。

花盆的种类

塑料盆

通气性差，保水性能十分卓越。价格低，方便，结实耐用。

素烧盆

有一定重量，也会被摔碎，不过透气性非常好。

木盆

有一定透气性，质感天然，也非常耐用。

Point

怎样选择花盆的尺寸

将苗木放在花盆中央，间隙为1.5～3厘米，正好是比原苗盆大1～2号的尺寸。

盆栽备土

盆栽基本用土建议使用赤玉土和腐叶土，按1：1比例混合。

赤玉土中粒最佳，排水性、透气性和保水性方面都表现出色。

腐叶土是落叶发酵分解而成，富含有机质。

赤玉土和腐叶土混合而成的土壤具有良好的透气性和排水性，非常适合盆栽。

根据果树的不同，还可以混合蛭石和珍珠岩，偏爱酸性土壤的果树混入泥炭土，这样更接近果树本来生长的土壤环境。

定植前，在桶里混合赤玉土和腐叶土。

基本用土

腐叶土　赤玉土

1 ： 1

▲定植前，混合赤玉土和腐叶土。

其他土壤

蛭石

含矿物质，可以提高保水能力。对于喜欢水的果树，例如柿子，应将1/3的赤玉土换成蛭石。

泥炭土

通过发酵水苔制成的高酸性土壤。对于喜欢酸性土壤（例如蓝莓）的果树，建议使用它代替腐叶土。

珍珠岩

通过干燥矿物制成的轻质土壤，可改善透气性。种植桃、葡萄等果树时，可以将1/3的赤玉土换成珍珠岩。

Point

粗筛腐叶土

腐叶土中大片落叶和枯枝会导致病虫害，因此建议在使用前对其进行粗筛。

Point

不是必须使用盆底石

盆栽不使用盆底石也没事。如果基础土壤中使用中粒赤玉土，土壤的通气性会得到改善，也能保持一定的湿度。但如果使用长花盆，排水性和透气性会变差，因此需要使用盆底石。

Point

使用旧土如何处理

在盆栽换盆时，该如何处理已经使用过的土壤呢？使用后的土壤，先清除根和叶等废物，然后过筛清除杂物。放置在阳光充足的地方晾晒2~3天。之后，将其与腐叶土、赤玉土和有机肥料混合，就可重复使用了。但是，如果原来的植株发生了病虫害，这样的土壤就要丢弃。

盆栽的定植

要准备适合苗木尺寸的花盆和土壤，然后再定植苗木。定植的要点和庭院栽培基本相同，除此之外还有几个需要注意的点。为了培育出健康的果树，一定要遵守这些要点。

定植适期

盆栽定植的适期是在初春（3月左右），不过如果不打散种苗，除了夏季以外，一年中其他季节都可以定植。

落叶果树11月到翌年3月定植时，将苗木从盆里拔出，稍微打松种苗，然后开始定植。

常绿果树或带着叶子的落叶果树（春季到秋季），不要打散种苗，直接定植即可。

花盆和用土准备

花盆要选择比苗盆大一圈的。直接种在过大的花盆里容易出现根腐，所以要注意。

 ➡  ➡

❶花盆底部有孔，可以在上面覆盖盆底网。

❷放入盆底土。除了盆底专用土，还可以放入大粒的鹿沼土和赤玉土。另外，有些花盆底部通气性好，也可以不放入盆底土。

❸赤玉土和腐叶土按照1∶1的比例混合。放至花盆高度1/3的位置。

定植苗木

是否修剪根系，要根据定植时期和盆土的状态来判断。

❶一只手握住苗木树干的基部，另一只手按在苗盆边缘上，将苗木拔出。

Point

拔出时动作要轻柔

如果根系盘绕则很难拔出，但如果隔着苗盆用力把苗木推出，可能会损坏根系，因此拔出时动作要轻柔。

➡

❷用修剪刀或移栽铲切割底部的根系，促进新根再生。

➡

约3厘米

❸从上到下相隔3厘米切大约1厘米深，促进新根再生。

❹杂草通常留在表面的土壤中，因此要用移栽铲清洁表层土。

Point

不要打散根

有一种方法可以抖掉旧土，并使根完全松散开，但是如果根相互缠绕着就很难散开。如果切掉带土根团，根会很难再生。

最好把根浸在水中

案例1	案例2

如果根在苗盆中没有缠绕，突然拔出时，要立即将其浸泡在水中以防止根系变干，然后再定植。不需要洗根。

如果之前用黏土种植，在定植前要将植株浸入水中，冲洗掉旧土。

嫁接胶带

❺如果有嫁接胶带，一定要去除。如果留在树上会阻碍树木的生长。

❻将幼苗放在盆中试试高度。如果太低要添土。在种植穴中央放置苗木，让苗木主干位于中间位置，然后在其周围填入土壤。

❼表土本来要离花盆上部有1厘米的空隙用来浇水，不过浇水后土壤会下沉，因此填土时可与花盆边缘持平。

❽平整表面。

❾用移栽铲压实，让花盆和土壤之间没有空隙。这样做可以消除花盆和土壤之间的间隙。

Point

不要磕盆

如果磕盆，根的顶端可能会被磕掉，所以最好不要这么做。

❿堆成小土堆，这样利于让水往周围流，土壤易于下沉。

⓫充分浇水后就完成定植了。分2~3次浇水，直到水从底部流出为止。定植时的修剪，请参考P220~222。

限根栽培

果树是在花园的有限空间内种植的，所以要尽可能紧凑种植。通过"限根栽培"，可以不费力地维持小树形。

什么是限根栽培

　　限根栽培是指通过一些物理或生态的方法将植物根域范围控制在一定容积内，限制根的生长，调节植株生长发育，可以使果树地上部分变得紧凑，从而实现高产优质的一项栽培技术。

　　如果根在地下的生长空间狭窄，生长主要以细根为主，就很难有粗根。如果没有粗壮的根，果树就无法长大。基本原理与盆栽相同。

　　主要方法有使用塑料布的"沟槽法"，使用无纺布袋的"无纺布法"，和使用砖块的"砖床法"。

▲砖床法栽培的夏橘，用砖块将底部和侧面围起来。

限根栽培的3种方法

●沟槽法

　　挖一个适当大小的种植穴，在厚塑料布上打上排水孔，然后铺在种植穴内。

　　重点是要在底部垫一块厚度约5厘米的海绵。海绵可以维持果树生长所需的水分，减少根系伤害。

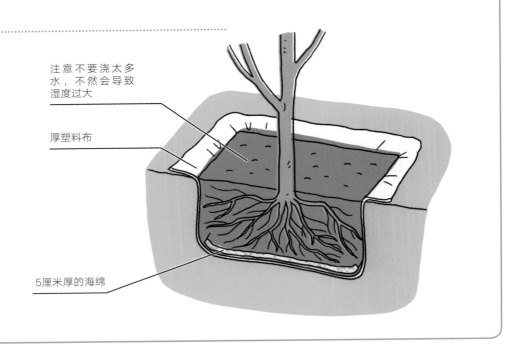

注意不要浇太多水，不然会导致湿度过大

厚塑料布

5厘米厚的海绵

● 无纺布法

　　无纺布具有透气性和透水性，允许细根穿过但不允许粗根穿过，从而限制了根系生长。水分管理很容易，也很容易替植。

　　无纺布有各种尺寸，种植果树最好选择容量超过10升的袋子。

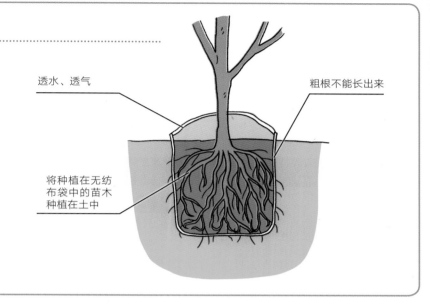

透水、透气

粗根不能长出来

将种植在无纺布袋中的苗木种植在土中

● 砖床法

　　首先，在底部平铺砖块或混凝土块，然后放置一个防虫网，做一个框架，然后填入土壤。由于土壤的深度限制在20～30厘米，因此植株会紧凑地生长。由于水可以从砖块之间的缝隙流出，因此不用担心湿度过高，且空气可以从下面进入，细根易于生长。

　　每棵果树的种植穴长2米、宽80～100厘米、高20厘米。砖床法不仅可以用在庭院中，而且可以在屋顶或比较宽阔的阳台上使用。

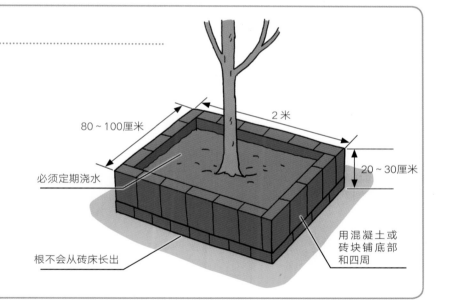

2米

80～100厘米

20～30厘米

必须定期浇水

根不会从砖床长出

用混凝土或砖块铺底部和四周

限根栽培的注意事项

Q 结果过多，第2年坐果变差，怎么办？

A 要进行疏果，让果树适当结果。如果结果过多，容易引起隔年结果现象。

Q 夏季果树变得无精打采，怎么办？

A 比起庭院栽培，盆栽更容易产生这种现象。要好好浇水，尤其是在夏天一定要按时浇水。

Q 肥料要怎么使用？

A 要一点一点地施肥，增加施肥次数，避免一次施肥过多，否则会烧根。推荐使用缓效性有机肥。

Q 被强风吹倒了怎么办？

A 果树会因强风而倾倒，或者由于重压而倒伏，可以用支架来支撑植株。

树形大全・庭院篇

挑选适合每种果树的树形，这样才能收获更多美味的果实。在开始考虑选择哪种树形后，要按要点打造树形。

主干形

特征

这种树形是让从主干长出的树枝形成圆锥形。主干形更接近自然状态的树形，但是这种树形往往会让果树长得过于高大，变得难以管理。

适用果树

杏、梅、橄榄、柿、栗、樱桃、石榴、梨、斐济果、巴婆树、桃、油桃、杨梅、山樱桃、苹果、六月莓等。

第1年
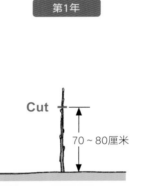
Cut
70～80厘米

第2年

第3～4年

变则主干形

特征

这种树形能将果树高度控制在2～3米，而且全树的光照条件很好。不过变则主干形会比主干形需要更多横向空间。

适用果树

橄榄、柿、栗子、洋梨、枣、枇杷、杨梅、苹果、木瓜等

第1年
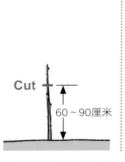
Cut
60～90厘米

第3～4年

第7～8年

①
②

15年以上

10～14年间重复①、②操作

自然开心形

特征

缩短主干，斜着留2～4个主枝。由于主枝倾斜，因此更容易萌发花芽，也更容易将果实培育大。易于管理，适用于诸多果树。

适用果树

杏、无花果、梅、橄榄、柿、樱桃、李、枇杷、斐济果、桃、柑橘等。

第1年
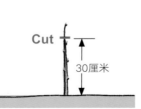
Cut
30厘米

第2年

第3～4年
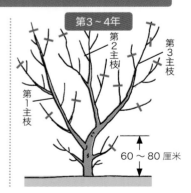
第2主枝
第3主枝
第1主枝
60～80厘米

半圆形

特 征

牵引两个主枝向左右伸展的树形。从主枝上生长出结果枝。这种树形光照条件会很好，果实能更快地生长出来。即使在狭窄的地方也可以种植。

适用果树

杏、梅、柿、樱桃、李、桃、枇杷、柑橘等。

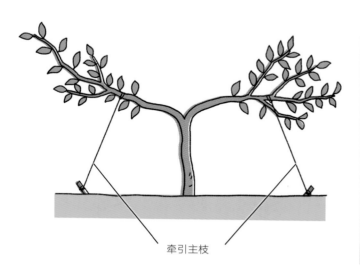

牵引主枝

杯形

特 征

牵引2~3个主枝以杯状形展开的树形。从每个主枝和亚主枝上长出3~4个结果枝。这种树形能让阳光照射到树冠的内部。

适用果树

杏、梅、无花果、枇杷、桃、苹果等。

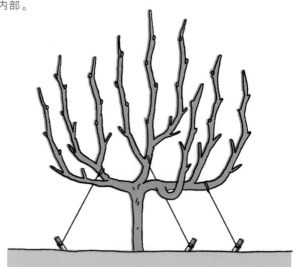

U形

特 征

牵引两个主枝成U形的树形。也可以留4~8个主枝。这个树形易于管理。即使在狭窄的空间也可以使用。

适用果树

苹果、梨、榅桲等

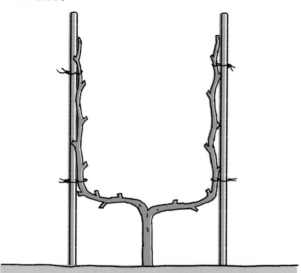

主枝之间相距30~40厘米。

丛生形

特 征

灌木果树的自然形态。从植物的基部长出5~10个主枝。3~5年后要进行一次更新修剪。

适用果树

巴婆树、蓝莓、树莓、黑莓、六月莓、蔓越莓、灯笼果、穗醋栗、醋栗、杨梅等。

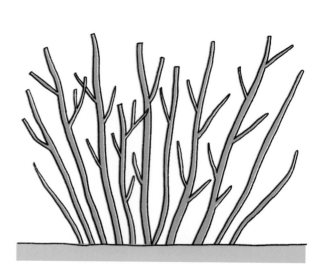

两种篱架形

扇形

特征
将主枝向左右牵引到用支柱和铁丝组成的架子上呈扇形分布。

适用果树
木通、无花果、猕猴桃、樱桃、葡萄、野木瓜、树莓、黑莓、醋栗、蔓越莓等。

直立主干形

特征
沿架子牵引株型直立树木的一种树形。即使在狭窄空间中也可以使其紧凑生长，并且结果时间早。

适用果树
适合矮化砧木的果树。苹果、西洋梨等。

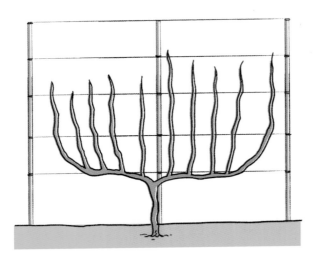

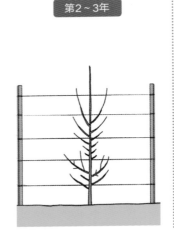

第2~3年

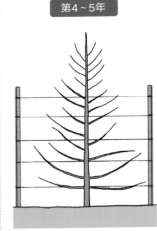

第4~5年

两种棚架形

特征
沿着棚架牵引果树的1~2个主枝的树形。可以根据实际面积让其紧凑生长，并迅速结出果实。常见在架子边缘种植的全背式和在中心种植的"一"字形（T形）。

适用果树
木通、猕猴桃、李、梨、葡萄、苹果等。

全背式

可以根据空间定制棚架长宽。

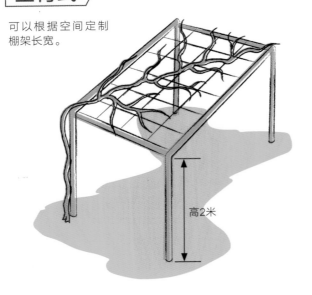

高2米

"一"字形（T形）

向左右各牵引一个从主干生长出的主枝。

树形大全·盆栽篇

盆栽有必要根据果树的种类选择树形。盆栽果树坐果好，非常适合观果果树。

4根主枝的自然开心形

特 征

缩短主干，有4个主枝的树形。适合用于空间狭窄的地方。

适用果树

杏、梅、木瓜、榅桲、橄榄、柿、栗、樱桃、梨、枇杷、斐济果、桃、李、山樱桃、柑橘等。

主枝左右交替伸长

3根主枝的自然开心形

特 征

形状像一把倒置的扫帚，从主干长出来的枝条形成圆锥形。接近果树的自然形态。

适用果树

杏、梅、橄榄、柿、栗、樱桃、石榴、梨、油桃、斐济果、巴婆果、桃、杨梅、山樱桃、苹果、木瓜、六月莓等。

主干约50厘米

变则主干形

特 征

主干径直生长，然后主枝紧凑地生长在顶端。适合观赏用。

适用果树

杏、梅、无花果、橄榄、柿、栗、李、枇杷、巴婆果、山樱桃、苹果、蓝莓、柑橘等。

不要让主干下面的枝条长出，全部剪掉。

丛生形

特 征

从植物的基部伸出许多分枝，适合小果树或分蘖较多的品种。定期修剪老枝，新枝坐果更好。

适用果树

石榴、蓝莓、树莓、黑莓、灯笼果、穗醋栗、蔓越莓等。

扇形

特 征

在花盆里搭支柱，水平向左右牵引分枝。这种树形易于修剪，坐果好，并且可以紧凑种植。

适用果树

木通、猕猴桃、软枣猕猴桃、葡萄、苹果、树莓、黑莓等。

将顶端稍微向上牵引，坐果会更好

环形

特 征

牵引枝条在支架上盘绕，这种树形不会让藤蔓性果树散开，可以在很小的空间内生长。

适用果树

木通、猕猴桃、软枣猕猴桃、葡萄、野木瓜、树莓等。

整形修剪·基础知识篇

整形修剪是果树栽培中非常重要的管理作业。如果能根据果树树形和实际情况进行修剪，就能够稳定地收获大量可口的水果。

果树为什么要整形修剪？

当果树自然生长时，养分基本都会供枝叶生长，变得枝繁叶茂，还会遮挡阳光，这样的果树坐果会变得很糟。另外，如果果树过高，将会给修剪和采摘带来困难。

因此，整形修剪是必要的。通过修剪树枝来提高坐果率，修剪掉不必要的树枝和调整树形，也被称为整枝。

果树顶芽可以分泌激素抑制下面的芽生长，并将营养从根部引上来。因此，顶端的芽比下面的芽生长得更加旺盛，如果不加以处理，树冠就会变得很大，树木的内部和下部就照不到阳光了。

落叶果树修剪的最佳时间是从11月到翌年3月，也就是休眠期，被称为"冬季修剪"。另外，一些果树还需要在6月左右进行"夏季修剪"。

Before

结果位置过高不易进行修剪和采收

向上生长的枝条长势旺

内部有枝条枯萎

光照和通风条件不好时就容易出现病虫害，只有外侧坐果

After

让果树维持易于人工修剪和采收的高度

全树都容易坐果，从定植到结果所用时间短

光照和通风变好能够预防病虫害

落叶果树的冬季修剪

在落叶期的11月至翌年3月进行。主要是调整树形，修剪掉不需要的树枝，改善坐果。

Before 果树高，树枝拥挤。

After 降低树的高度，改善光照和通风，并进行回缩修剪以提高坐果率。

夏季修剪以疏枝和回缩修剪为主

修剪生长过长的新梢，并对拥挤的枝条进行疏枝，以确保光照和通风。生长旺盛的6月是最好的修剪时间，但建议进行轻度修剪。

Before 新梢伸长导致枝条拥挤，通风不良，容易发生病虫害。

After 对拥挤的枝条进行疏枝，长的新梢进行回缩修剪，确保光照和通风。

幼树的修剪

定植后 1～4 年的幼树，新芽生长旺盛，因此必须做打造好树形。选择主枝和亚主枝，一边想象着树形的样子，一边进行修剪，并考虑果树的平衡感。在幼树阶段做好修剪，就可以让果树成为一棵容易结果的果树。

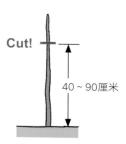

第1年冬季

对主干进行回缩修剪，可以促进长出主枝。主干的标准高度为 40～90 厘米

第2～3年冬季

留下可以成为主枝的候补枝条 4～5 根。将下部长出的分枝都修剪掉，上面枝条的修剪要考虑到整体的平衡感。

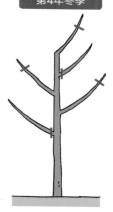

第4年冬季

留 3～4 根主枝，并疏掉其他枝条。在主枝的顶端 1/3～1/4 处进行回缩修剪。

什么样的枝条适合作主枝？

作为主枝留下来的枝条，要通过伸长方向、枝条间的距离、长度、角度、粗细等来综合判断是否适合作主枝。

最重要的是生长方向。俯视果树时，要考虑留下平衡延伸的枝条。

不知道如何是好时，可以多保留一些候选枝条，在第二年之后再进行修剪。"如果修剪掉这个枝条会怎么样？"，想象一下修剪后下一年、再下一年的样子，然后再决定修剪哪一枝。

在很多情况下，没有如下图所示符合条件的分枝，所以要在有限的条件下尽量选择符合的枝条。

俯视

很多方向上都会伸出的枝条。

平视

从主干伸出的枝条左右交替生长。

角度为 30～45°

枝条之间的距离相同

枝条粗细是主干的 1/2

主枝怎么搭配最理想？

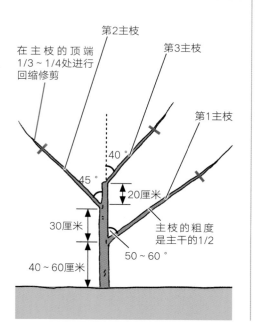

第2主枝

第3主枝

在主枝的顶端 1/3～1/4 处进行回缩修剪

第1主枝

40°

45°

20厘米

30厘米

40～60厘米

50～60°

主枝的粗度是主干的 1/2

枝条种类和特征

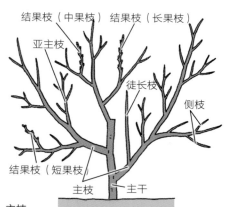

结果枝（中果枝）　结果枝（长果枝）

亚主枝

徒长枝

侧枝

结果枝（短果枝）

主枝　主干

主枝
主干上生长出来组成树形骨架的枝条。

亚主枝
主枝上生长出来组成次级树形骨架的枝条。

侧枝
主枝和亚主枝上生长出来的细枝。

结果枝
长出花芽和果实的枝条。

徒长枝
叶芽多，很难萌发花芽的枝条。又被称为营养枝。

不要让组成树形骨架的枝条成为"负枝"

挑选组成基础树形骨架的主枝、亚主枝是非常重要的。不论经过多少年，枝条的粗度和强度，都要按照"主干>主枝>亚主枝"的顺序排列。

如果修剪时不注意主枝的位置、主干与主枝之间的角度，以及主枝之间的距离，组成树形骨架的枝条就会变弱，这种枝条为"负枝"。

当出现"负枝"时，枝条的粗度和强度的顺序就已经被破坏了，从而导致整个树形的混乱。按照下面介绍的规则进行修剪，就可以防止"负枝"的出现。

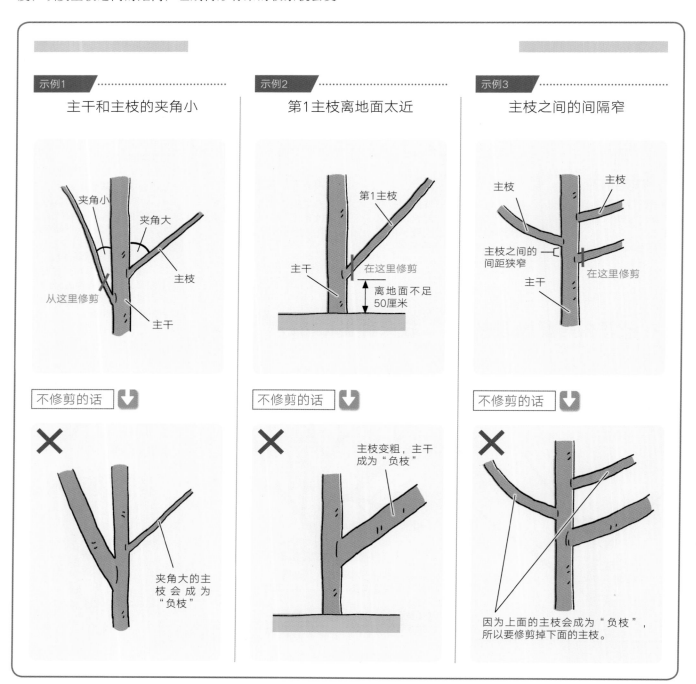

示例1　主干和主枝的夹角小

夹角小
夹角大
主枝
从这里修剪
主干

不修剪的话

×

夹角大的主枝会成为"负枝"

示例2　第1主枝离地面太近

第1主枝
主干
在这里修剪
离地面不足50厘米

不修剪的话

×

主枝变粗，主干成为"负枝"

示例3　主枝之间的间隔窄

主枝
主枝
主枝之间的间距狭窄
在这里修剪
主干

不修剪的话

×

因为上面的主枝会成为"负枝"，所以要修剪掉下面的主枝。

什么是"不需要的枝条"

　　随着果树的生长，请去除那些妨碍枝条生长发育的枝条，即"不需要的枝条"。

　　疏除了"不需要的枝条"后，要对留下的枝条进行回缩修剪。这样，更容易萌发出能长出花蕾的枝条，并且花芽会长得很好，坐果也会变好。

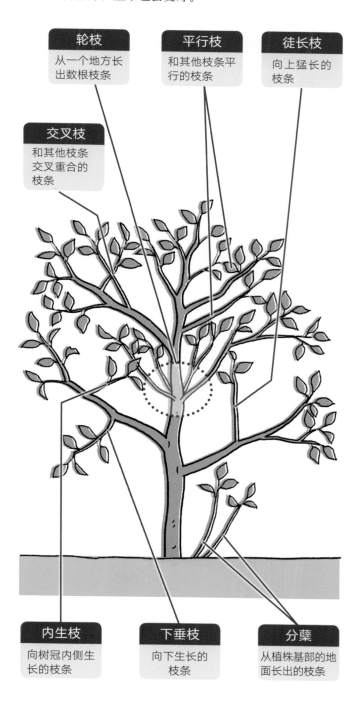

轮枝	平行枝	徒长枝
从一个地方长出数根枝条	和其他枝条平行的枝条	向上猛长的枝条

交叉枝
和其他枝条交叉重合的枝条

内生枝	下垂枝	分蘖
向树冠内侧生长的枝条	向下生长的枝条	从植株基部的地面长出的枝条

"不需要的枝条"的疏枝窍门

分蘖

▲除了丛生形，其余的树形应从根部去除。

徒长枝

▲徒长枝很难坐果，还会抢夺养分，所以要从基部疏枝。

交叉枝

▲交叉枝会妨碍对方生长发育，要选择留下一根，疏掉另一根。

内生枝

▲内生枝是造成枝条拥挤的原因，要从基部疏枝。

轮枝

▲从一个地方长出超过2根枝条时，留下1根。

平行枝

▲选择留下一根，疏掉另一根。

下垂枝

▲朝下生长的枝条，是树势变弱、枝条拥挤的原因，要从基部疏枝。

不同果树，坐花坐果位置不同

果树开花后会结出果实，但是树枝上会出现几种芽。

大致分为花芽和叶芽，开花结果的是花芽，只会萌发叶子和枝条的是叶芽。另外，花芽有两种：只开花的花芽，可以萌发花和枝叶的混合芽。花芽的种类和花芽的生长位置取决于果树的种类，被称为"结果习性"。

了解果树花芽萌发的位置在修剪过程中非常重要。

比如，只在顶端萌发花芽的果树，如果将顶端修掉，就不会开花了。相反，有一些果树进行回缩修剪后第2年能萌发出更多花芽。了解果树哪里会坐花坐果就能让果树产出更多果实。

花芽	只开花的芽
叶芽	只会生长出叶或枝的芽
混合芽	可以生长出花和叶的芽

柿

樱桃

果树枝条萌发花芽的位置

1 顶芽和下面3～4个腋芽都是花芽的果树

⟹ 枇杷、蓝莓等

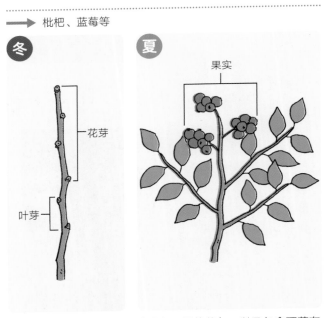

冬　夏

果实

花芽

叶芽

上一年伸出的枝条的顶芽（枝条顶端的芽），以及包含顶芽在内的前端3～4个腋芽都是花芽。修剪时注意不要对顶端进行强修剪。

2 枝条顶端中间都是花芽的果树

⟹ 杏、梅、樱桃、桃、李、杨梅等

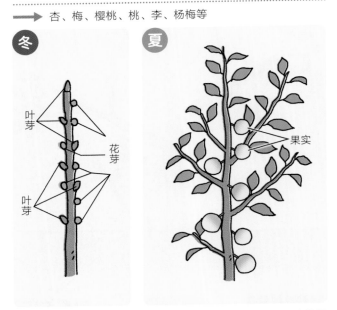

冬　夏

叶芽

花芽

叶芽

果实

上一年伸长的枝条上会萌发花芽。修剪时对顶端进行回缩修剪没什么事。

萌发混合芽的果树

③ 顶芽和下面2～3个芽都是混合芽的果树

➡️ 柿、栗、柑橘等

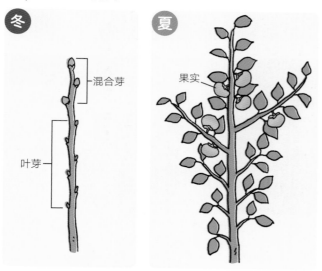

冬

夏

混合芽

叶芽

果实

上一年伸出的枝条上萌发混合芽，春季混合芽会抽出新梢并开花结果。混合芽一般是顶芽和其下的2～3个芽。修剪时注意不要对顶端进行强修剪。

④ 枝条中间是混合芽的果树

➡️ 木通、无花果、猕猴桃、石榴、葡萄、野木瓜、浆果类等

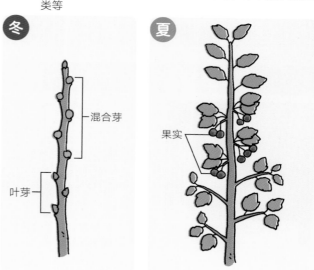

冬

夏

混合芽

叶芽

果实

和③相同的是，在上一年伸出的枝条上萌发混合芽，春季混合芽会抽出新梢并开花结果。和③不同的是，混合芽一般在顶芽下方，所以对顶端进行回缩修剪也没事。

⑤ 在2年生的枝条上萌发混合芽的果树

➡️ 梨、苹果、木瓜、榅桲等

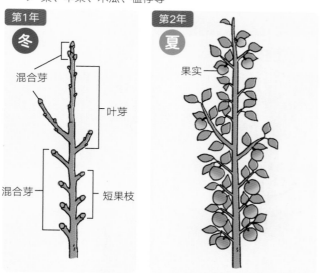

第1年

冬

混合芽

叶芽

混合芽

短果枝

第2年

夏

果实

第2年的枝条上萌发混合芽。第1年的枝条上只有叶芽。到了第2年，顶端的芽会伸长，枝条基部附近的芽会变成短果枝，上面会有混合芽，第2年会开花。顶端和带有花芽的短果枝不要进行强修剪。

"回缩修剪"产生带花芽的枝条

当新梢生长旺盛时，就很难萌发花芽。在整形修剪时，将新梢的1/3进行回缩修剪。这样，可能更容易萌发花芽和带有花蕾的枝条。

但是，如果是第①、③、⑤组中的果树，例如苹果、梨、枇杷、栗和柑橘，如果胡乱进行回缩修剪将会失去花芽。所以要根据果树种类来决定回缩修剪的位置和次数。

▲新梢过长，对其顶端进行回缩修剪。

整形修剪·实践篇

了解了为什么要修剪果树，还有枝条的习性、不需要的枝条、坐果位置等，下面就开始进行修剪实战了！

修枝剪的使用

1 左侧为切刃，右侧为受刃。

2 一般是用切刃抵住枝条，活动受刃来剪切。

保护切口

枝条的切口直径超过1厘米时，要在切口上涂抹愈合剂。

◀ 市场上可以买到的愈合剂

▲ 将整个切口都涂抹到。

▲ 涂抹愈合剂可以让切口尽快修复，防止枝条枯萎。

锯的使用

● 锯细枝

从这里修剪

1 向上生长的枝条从基部锯断。

2 从上方锯。

3 锯后的样子。

● 锯粗枝

1 留下左侧枝条时，在手指所指的位置切。

2 首先从一侧切1/4。

3 再从另一侧切。

4 不要剥掉树皮，切口要干净利落。

疏枝

将不要的枝条从基部切除的修剪称为疏枝。一般用于调整树形或是修剪不需要的枝条。

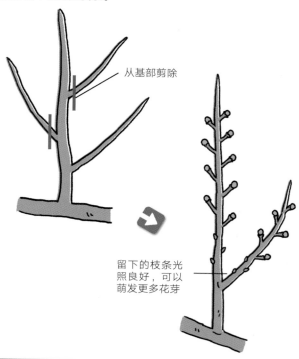

从基部剪除

留下的枝条光照良好，可以萌发更多花芽

回缩

从长枝的中间修剪，可促进新枝生长、坐花坐果的修剪方式被称为回缩。一般是在理想芽伸长方向的上方修剪，不过葡萄和树莓等的枝条柔软，要在芽和芽的中间位置剪。

在顶端的1/3到1/4处修剪

留下的枝条会萌发更多的花芽或结果枝

枝条修剪的位置

 紧挨着基部修剪　 枝条留下过长，植株会枯萎　 枝条切口不平滑也会枯萎

　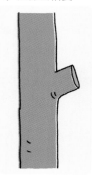　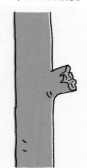

从这里修剪

 ◀图中向上生长的枝条留得过长，要紧挨着基部修剪。

先观察芽的方向再修剪

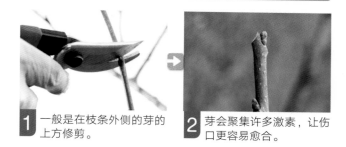

1 一般是在枝条外侧的芽的上方修剪。

2 芽会聚集许多激素，让伤口更容易愈合。

强剪和弱剪

强剪

弱枝、坐果差的枝条要进行强剪，新梢就能很好地伸长。

弱剪

饱满的枝条顶端进行回缩修剪。基部就会萌发出许多花芽。

整形修剪·案例篇

修剪时，仔细观察当前的树形，思考要采用的树形才是最重要的。想象着修剪后1～2年后的样子再决定。

修剪顺序

修剪时，成功的关键是预先确定好树形，决定好要在哪里修剪、留下哪个枝条。修剪前要认真思考，然后再开始修剪作业。

● 观察树形，思考在哪里修剪

- [ ] 要选择什么样的树形
- [ ] 高度是否是便于管理
- [ ] 主枝有几根
- [ ] 哪里比较拥挤
➡ 决定好树形

● 修剪树形（骨架）

- [ ] 决定好主枝的根数和留下的枝条
- [ ] 360°全方位观察
➡ 左右交替配置主枝
- [ ] 俯视
➡ 让主枝可以向多个方向伸展
➡ 打造树形的修剪

● 修剪不需要的枝条

- [ ] 有没有徒长枝、平行枝、交叉枝、轮枝、下垂枝、内生枝、弱枝、细枝、拥挤的枝条？
➡ 以主枝为单位修剪不需要的枝条

● 坐果修剪

- [ ] 有没有长枝、弱枝？
➡ 进行回缩

修剪完成！

主枝留3根。

在这里修剪光照会更好。

修剪前要好好想象修剪后的样子。

树冠呈波浪形，全体都能照射到阳光。

主枝

亚主枝

以主枝为单位修剪成圆锥形是最好的。

Point

留下的枝条和要修剪掉的枝条的粗细

留下的枝条和要修剪掉的枝条的直径比应为1：3～1：4。如果留下的枝条直径过小，而修剪掉的枝条直径粗，很可能在修剪后细枝会因为没有营养而枯萎。

留下的枝条

修剪掉的枝条

▲留下继续生长的枝条，是准备修剪掉的枝条的1/3粗。

案例 **1**

落叶乔木果树

幼树的整形修剪·梅

甲州小梅4年生幼树的整形修剪。主枝数量较多，修剪后留了3根主枝，主枝左右交替排列。

Before

有7~8个主枝。轮枝是主要修剪对象。观察从主枝长出来的枝条之间的间距，决定留下哪根枝条。

从这里修剪

After

修剪成3根主枝。决定好顶部位置，然后将其余枝条修剪得比它短。

1 俯视植株各个枝条向哪个方向伸长，然后决定主枝的候补枝。

2 剪断有徒长趋势的枝条。

从这里修剪

3 同一个地方长出2根枝条会变成轮枝，留下粗的那一根。

从这里修剪

4 剪掉留下的枝条下面的弱枝。

从这里修剪

平行枝

5 留下4根主枝时，左边两根是平行枝，修剪掉其中一根。

从这里修剪

6 朝着延伸的方向看，留下上面的枝条，将下面的修剪掉。

从这里修剪

7 留下的主枝会长出亚主枝，对亚主枝进行回缩修剪。

8 比顶端还要高的亚主枝要修剪掉。

213

幼树的整形修剪·苹果

苹果3年生幼树的整形修剪。树形最好在5年内完成。全方位观察应留下哪根主枝。

Before

从这里修剪

有7～8个主枝，观察它们粗细、角度、伸长方向，选择其中3根留下。

After

留下3根主枝，搭建支柱，将每个主枝按照想让其生长的方向牵引。

1 俯视植株，检查枝条伸长方向。

修剪掉这个枝条

2 决定植株的顶端，然后自上而下修剪掉不要的枝条。

从这里修剪

3 左边有平行枝，将下面细的那根修剪掉。

从这里修剪

4 主干下面伸出的主枝都要修剪掉。

从这里修剪

5 留下的主枝要进行回缩修剪，在主枝1/3处的理想伸长方向的外芽上方修剪。

从这里修剪

6 第2根主枝也同样修剪。

从这里修剪

7 第3根主枝进行回缩修剪。

8 修剪完成，搭建支柱。支柱要让枝条向理想角度伸展。

9 支柱3根为一组，绑紧。

10 各个支柱分别牵引主枝生长。

案例 3 放任生长的苗木整形修剪

落叶乔木果树

定植后放任苗木生长了8年。本来要在5年以内修剪主干打造树形，结果因为忙工作耽误了，不过也可以从现在开始。

Before

从这里修剪

形成主干形（P200）。如果放任不管会长得过高难以管理。

After

要进行拔芯处理（剪去中心主干），整理拥挤的枝条。将植株修剪到容易管理的高度，让全部的枝条都能照射到阳光。

从这里修剪

1 上部和下部的枝条密度高，中间变细，也就是常说的"分层现象"。

从这里修剪

2 在中间变细位置进行拔芯处理。

决定好顶点位置

3 决定主枝的顶端位置。以那里为顶端，让枝条保持平衡，修剪掉徒长枝、轮枝。

成年树的冬季修剪·柿

柿的成年树变则主干形修剪案例，全面观察树形，疏除不需要的枝条。

Before

从这个主枝开始！

留下3根主枝，分别决定好主枝的顶端位置，然后以那里为顶点进行圆锥状修剪。

After

从这里开始！

树木不高，种植作业就容易一些。将不需要的枝条修剪掉，改善全树的光照和通风状况。

这里是顶端

从这里修剪

1 决定顶端位置。

2 顶端修剪时留下向上生长的枝条。

3 修剪成圆锥状。各主枝都如此操作。

从这里修剪

4 修剪不需要的枝条。据掉内生枝。

从这里修剪

5 向右上方生长的平行枝留下其中一根。

6 在侧面扩张的枝条上方修剪。

从这里修剪

7 修剪掉徒长枝。

8 修剪掉两根徒长枝后的样子。光照状况改善了。

从这里修剪

9 整理一个轮枝。

10 修剪时留下向上生长的枝条。

从这里修剪

11 对徒长枝进行疏枝修剪。

Cut!

12 留下的枝条进行回缩修剪，在伸长方向理想的外芽上方修剪。

案例 5

落叶乔木果树

放任生长的成年树整形修剪 · 李

虽然是开心自然形，但已放任植株自由生长10年。修剪掉不需要的枝条，调整已经被打乱的树形。

Before

从这里开始！

主枝留下3根，考虑好要留下哪一根。立体地看整个树，注意保持平衡。

After

修剪到方便管理的高度，全树的光照条件也会得到改善。

1 修剪掉不要的主枝。大树最好从下部开始修剪。

从这里修剪

2 从基部修剪掉左手握着的枝条。

3 放任不管会成为轮枝，所以要修剪掉左边的内生枝。

从这里修剪

从这里修剪

4 修剪掉亚主枝中的内生枝。

5 主枝顶端的细枝会枯萎，所以要进行整枝。

6 修剪时留下数根枝条，让它们扩展开。

7 从左边主枝上长出的亚主枝，修剪时留下左边细的、向外扩展的。

从这里修剪

柑橘的春季修剪

常绿果树在新芽开始萌动前的3月是最适合修剪的。常绿果树的叶子储存营养，所以不要修剪过多，以疏掉不需要的枝条为主。

此树是开心自然形，主枝有5根，修剪到4根。对拥挤的枝条进行疏枝。

主枝4根，疏除内生枝、徒长枝、平行枝。以主枝为中心进行圆锥形修剪，使树冠呈波浪形，这样有利于树体充分接受光照。

1 修剪掉右边第1根细主枝。

2 这样主枝就只有4根了。

3 修剪掉内生枝、徒长枝。

4 修剪掉内侧的平行枝。

温州蜜柑的幼树修剪

在幼树阶段，趁着还没有结果要好好培育果树。在庭院定植幼树4~5年，即使有了花芽，最好也要疏果。

3年生温州蜜柑，最好能将花蕾疏除，不过也可以等到坐果了再疏果。

疏掉所有果实后的样子。第5~6年就可以让果树结果，幼树阶段不要让果树结果过多。

案例 **8** 蓝莓的冬季修剪

落叶灌木果树

5～6年生的兔眼蓝莓，有8～10根抽枝（半高丛蓝莓有3～4根）。用新枝更替老枝，然后对新枝进行回缩修剪。

Before

细枝要从基部修剪掉

从植株基部抽出的新枝，留下其中粗的。对留下的抽枝进行回缩修剪。

After

要限制抽枝的数量，更新老枝。回缩修剪可以让第2年的坐果率提高。

从这里修剪

1 留下粗的、树势强的抽枝。在生长方向理想的芽的上方
2 细枝为修剪对象。

从这里修剪

3 数年结果的老枝，要在树势强的新梢处修剪更新。
4 对拥挤的内生枝进行疏枝修剪。

案例 **9** 黑莓的更新修剪

落叶灌木果树

为了让2年生枝条结果，要将已经结果的老枝全部修剪掉进行更新。1年生的枝条中，要修剪伸长过长的枝条。

Before

将已经结果的枝条从基部修剪掉

首先将当年已经结果的枝条全部修剪掉。准备第2年结果的枝条，要修剪到适宜的长度。

After

修剪完成后，架设支架牵引枝条生长。从回缩修剪的新梢萌发出更多花芽。

从这里修剪

1 老枝会变色。从基部剪除。
2 同样结过果的老枝从地面修剪掉。

3 因为1年生的枝条上有新芽，所以要留下来。

从这里修剪

4 留下的1年生枝条，要对过长的枝条进行回缩修剪。

盆栽苗的定植修剪·梅

梅（白加贺）的2年生树苗。主枝留3～4根，不过定植时期可以多留一些候补主枝。从上面俯视，树枝要均衡。

Before

将中间以下的枝条全部修剪掉

▶ 已经长了花芽，不过为了让幼树成长，要修剪掉。

After

◀ 候补枝留6根。之后3～4年将主枝修剪到3～4根。

1 将主干中间以下的枝条都修剪掉。

Cut!

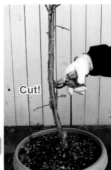

2 如果留下下面的主枝，可能之后的树势比主干还要强，所以要疏除。

Cut!

3 留下数根主枝候补，将其他枝条修剪掉。

从这里修剪

4 从上方俯视，全方位看都要均衡。

5 弱枝、折枝、细枝都是修剪对象。

从这里修剪

6 决定顶端位置。

从这里修剪

7 从上方俯视。

8 定植时修剪掉的枝条。

案例 11 盆栽苗的定植修剪·李

盆栽

李（Soldam）的2年生树苗。留4根主枝候补，修剪掉其他枝条。从有限的备选枝条中，尽量选择能让枝条均衡拓展。

Before

▶ 有 几 个 轮 枝，决定留下 的 枝 条。对 留 下的枝条进行 回缩修剪。

After

◀留下4根主枝。整理下面的枝条和弱枝。从上方俯视，尽量选择能扩展的枝条。

留下这个枝条。

1 决定候补主枝的顶端。

2 剪掉留下的主枝紧上方的主干。

从这里修剪

3 从 同 一 个地方长出2根 轮 枝，留下其中一根。

从这里修剪

4 修剪掉较细的那枝。

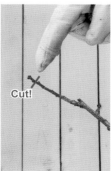

Cut!

5 观 察 留 下的主枝顶端，找出伸长方向理想的外芽。

6 在外芽的紧上方修剪。

7 另一个轮枝也采用同样操作，留下粗的那根，从基部修剪掉另一根。

从这里修剪

8 留下的主枝顶端，在伸长方向理想的外芽紧上方修剪。

从这里修剪

盆栽苗更新修剪 · 黑莓

黑莓当年伸长的新梢到了第2年就会结果。已经结过果的枝条不再结果，会枯萎，所以要用新枝替代老枝。

Before

▲从基部剪掉结过果的枝条，新梢要进行回缩修剪，整理侧枝。

After

▲留下新枝，进行回缩修剪。要注意有刺品种。

1 已经结过果的枝条不会再结果，所以是修剪的对象。

2 结过果的枝条颜色会变白。要从基部剪除。

从这里修剪

3 修剪第2根老枝。

从这里修剪

4 修剪第3根老枝。

从这里修剪

5 对新梢进行回缩修剪。

从这里修剪

6 要让侧枝从顶端到枝条基部逐渐展开。

Cut!

牵引的要点

枝条用绳子绑在支柱上或将其拉向地面的操作称为牵引，是为了将枝条牵引到人们想让其生长的方向。

在果树栽培中，让枝条按照人们希望生长的方向生长，或是为了打造树形，都会进行牵引。

在将树枝绑在支柱上时，要绑得稍松散一些，以免损伤树枝。

▶枝条和支柱用绳子"8"字形绑，或使用曲别针等。

定植苗木时的牵引

定植时，在苗木扎根之前，要搭支柱支撑树苗生长。

主枝的牵引①使用支柱

在想让主枝生长的方向上搭支柱牵引枝条生长。

▲牵引苹果幼树的主枝。

▲无花果是将枝头向上牵引。

主枝的牵引②使用绳子

主干和主枝角度过窄时，主枝就会变得过粗。用绳子牵引枝条，牵引枝条展开。

搭架牵引

在狭窄的地方搭架，组合支柱，牵引枝条展开。

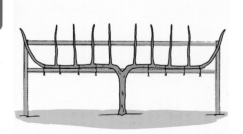

搭棚牵引

空间较大时，葡萄或猕猴桃等可搭棚牵引枝条生长。

◀猕猴桃的牵引。

肥料的种类与施肥方法

除了光照和水分外，何时施肥、施多少肥都是果树结出很多美味果实的关键。要仔细观察果树的状况，不要给树施肥过多，适量施肥很重要。

肥料中的三大营养元素

植物通过根系吸收土壤中的养分。随着树木生长，土壤中的养分会因树木吸收而逐渐变少。施肥就是为了补充减少的养分。

在肥料中，氮（N）、磷（P）和钾（K）被称为三大营养元素，是果树的生长必不可少的物质。氮促进枝叶生长，特别是与水共存时，更为积极活跃。磷抑制枝叶生长，促进坐花坐果。钾促进根和果实的生长。观察果树生长情况，均衡地供给这三种营养元素是最重要的。

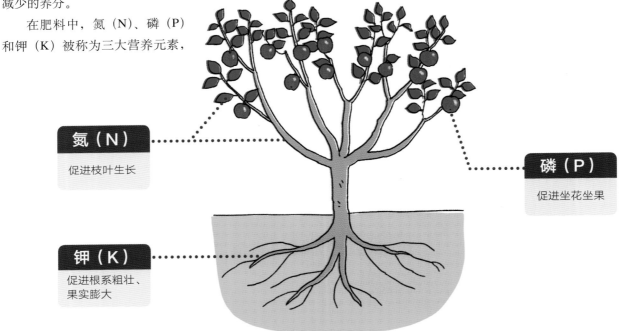

氮（N）
促进枝叶生长

磷（P）
促进坐花坐果

钾（K）
促进根系粗壮、果实膨大

根据果树生长情况来施肥

幼树期（0~5年）

如果施肥过多，果树就不会稳定下来，并且要花更长的时间才能结出果实。如果是土壤贫瘠的酸性土壤，就必须施肥，不过首先要用腐叶土和石灰改善土壤环境。

成树期（6~25年）

开始结出果实后，根据树的大小逐渐增加肥料。

老树期（25年以上）

由于储存营养物质的能力变差，过量施肥很难见效，因此应小剂量多次施肥。

肥料的种类

有机肥作用缓慢，无机肥又分为作用快和作用慢的。根据需要正确选择肥料种类。

有机肥

由天然动植物制成的肥料，例如动物粪便和骨头，以及燃烧后的植物灰烬。由于效果缓慢，建议在需要营养之前的3～4个月使用。

鸡粪
发酵的鸡粪，富含氮和磷酸，分解速度较快。

牛粪
发酵的牛粪，富含氮和磷酸，分解速度较慢。

骨粉
将猪和鸡骨头磨成粉末，富含磷酸。

草木灰
燃烧后的植物灰烬，富含钾肥，一般与油渣混合使用。

油渣
菜籽或大豆榨油后留下的渣，含有大量的氮。

贝壳石灰
牡蛎壳碎成的石灰，除了含有三大营养元素，还富含锰等矿物质。

无机肥

用化学或物理方法制成的含有一种或几种植物生长所需的营养元素的肥料。一般与有机肥搭配使用时，建议使用速效肥。

氮磷钾复合肥
三种主要营养素以不同比例配合而成，有颗粒状和液体状。

硫酸铵
由于它含有高浓度的氮，因此使用时量要少。

白云石灰
矿石被磨成粉。将白云石灰煅烧即可制成苦土石灰。

熔融磷肥
来源于磷矿石，一种富含磷酸和石灰的矿石。由于是玻璃状粉末，因此务必戴上手套触碰。

有机复合肥

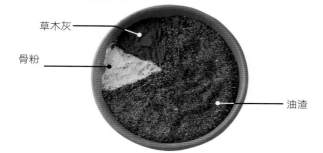

草木灰
骨粉
油渣

油渣：骨粉：草木灰为5：1：1。本书中提到"有机复合肥"时，就是指这种复合肥。

●有机肥和化肥的推荐比例

果树种类	有机肥和化肥的推荐比例	理　由
柑橘、柿等	8：2	对于那些开花后收获慢的果树，最好多使用效果缓慢的有机肥。
梨、桃等	6：4	对于那些开花后收获快的果树，最好多使用见效快的无机肥。
梅、杏等	5：5	对于那些从开花到收获期短的果树，最好使用相同量的无机肥和有机肥。

本书推荐化肥中氮磷钾的比例为10：10：10

施肥时期和目的

施肥就是给予土壤营养。根据施肥时间的不同，分为底肥、追肥、礼肥，每种都有不同的用途。此外，施肥的量和种类根据果树的种类和栽培年限而变化（请参见P227右上方的表）。

施肥不是越多越好。例如，当将果树种植在种植蔬菜和花卉的花园中时，在大多数情况下，定植后约5年不需要施肥。

在幼树期施肥过多会导致首次结果延迟。另外，如果成树期施肥过多，树势会过强，也不爱结实，因此要特别注意。收获美味水果的关键在正确的时间提供适量的肥料。

● 施肥目的、方法和肥料的种类

	底肥（12月至翌年1月、3月）	追肥（6～7月）	礼肥（9～10月）
目的和方法	●促进从春季到初夏的枝条、叶片和花的生长。 ●分两次施肥，12月至翌年1月为冬肥，3月为春肥。 ●底肥占一年施用的肥料的70%～80%。	●并非所有果树都需要追肥，只有在底肥不足时才需要追肥。观察果实生长状况，判断施肥量。 ●多余的肥料一般会用于新梢生长，因此建议在树势较弱时施用。	●作为收获果实后对果树答谢的礼物所以称为礼肥。可恢复衰弱的树势，让果树能在第2年顺利生长。 ●有时也在坐花后使用，可以结出好果子。
肥料的种类	●从12月至翌年1月的冬肥主要是有机肥，例如牛粪、骨粉和草木灰，富含氮和磷酸。 ●3月的春肥一般使用速效化肥。	●建议使用含钾的速效化肥。 ●如果在夏天给氮很多，会降低水果的品质，所以少用。	●最好选择速效化肥。对3年内的幼树施肥时，选择三大营养元素含量相同的氮磷钾复合肥。

※施肥量因种类而异，请参阅各项目的详细信息。

施肥方法

庭院施肥

1 在枝叶外侧的下方绕圈施肥。

2 在肥料上撒上腐叶土，让其稳定。

盆栽施肥

将一定量肥料撒在离植株基部一定距离的地方，绕一圈撒。

液肥

按照说明书用水稀释。4～5月每10天施肥1次，6月每5天施肥1次。

施肥的注意事项

庭院栽培时，注意不要让肥料与根直接接触。当肥料接触根部时，肥料分解时产生的热量会灼伤根系，从而导致根部无法吸收水分。盆栽时，每次浇水肥料都会随着水流失，因此施用次数要比庭院栽培多一些。

根据树龄不同来施肥

果树种类不同、树龄不同，适合的施肥量和种类也不同。如果在幼树时施用大量肥料，树就会徒长，变得难以结果。所以在幼树期要保守一些，当开始结果后再增加肥料。

另外，施肥量从开花到结实的时间段内也有变化，因此一定要了解。

● 不同树龄的果树氮磷钾肥单株施用量（单位：克）

树龄	1～3年	4～9年	超过10年
落叶乔木果树	50·20·50	100·100·100	200·200·200
常绿果树	80·50·50	200·150·100	350·250·250
落叶灌木果树	10·10·10	30·30·30	50·50·50

肥料伯卡西的制作方法

伯卡西（Bokashi）是一种高氮肥料，Bokashi在日语中的意思是"发酵"。该肥料是将油渣和牛粪混入有机肥，并加水发酵而成。与普通有机肥相比，能减轻果树的负担，并且功效稳定，既能作为底肥又能作为追肥使用。

但是速效性不如化肥，所以追肥时尽早使用。

准备道具

● 水桶
（底部有漏水用的洞）
● 移栽铲

材料

● 腐叶土
● 油渣
● 骨粉
● 鸡粪
● 牛粪
　以上全部是相同分量

● 米糠（或是市售的发酵促进剂）用量为油渣的1/3

制作步骤

1 在桶中用移栽铲按顺序分别加入一铲子腐叶土、油渣、骨粉、鸡粪、牛粪、米糠。然后按照同样的顺序反复加入材料。

2 加好后，充分浇水至全部润湿。

3 盖上盖子放置在暗处7～10天。用移栽铲搅拌，干了就浇水，然后盖上盖子发酵。

后续工作

之后，每周搅拌一次，干燥了就浇水。在发酵过程中，会产生60～70℃的发酵热。大概一个半到两个月（夏季一个月），氨气消散就完成了。使用米糠会比发酵促进剂花费更多时间。

完成后，可以当作有机复合肥使用。

日常管理

日常管理对于收获美味的果实很重要。果树管理有每天都要进行的，也有在每年固定时间进行的。照顾好培育的果树。

正确的管理能带来美味的果实

培育果树最重要的是时时刻刻观察果树的状况。特别是当土壤干了时要充分浇水。另外，不要错过授粉或疏果的时期。病害可能在不知不觉中暴发，虫害也可能毁掉精心培育的果树。所以尽快处理病虫害很重要。

在适宜的环境中培育果树，并进行必要的管理工作，才能收获美味的果实。果树管理需求取决于果树的生长阶段。根据果树的状况，采取必要的管理措施。

● 果树种植的必要管理作业

日常管理	环境管理（保持良好的光照和通风，做好防雨、防风工作） 浇水（盆栽） 温度管理（避暑避寒等）
营养生长管理	修剪 病虫害防控 施肥（看需要）
生殖生长管理	疏蕾、疏花 人工授粉 疏果 套袋 收获（催熟）

打造光照和通风良好的环境

庭院栽培

许多果树都喜欢阳光充足且通风良好的环境。但是，有些果树不喜欢强光照，有些果树喜欢潮湿的地方。庭院栽培很难改变位置，因此在决定在何处种植之前要仔细了解所要种植的果树的特性。

对于喜欢阳光的果树，理想的情况是种植在一个一直阳光明媚的地方，但是如果困难的话，最好选择一个上午到下午2:00之间阳光充足的地方。

通风也很重要，在通风不良的地方更容易发生病虫害。在强风地区，建议用防风网保护枝叶，或用细绳固定树枝防止损伤。

▲大部分果树都偏好光照和通风良好的环境。

盆栽

由于盆栽易于移动，因此可以根据季节和时间将花盆放置在适宜的环境中。在梅雨季节，建议可以将花盆移到不会淋雨的屋檐下，不耐寒的果树在严冬移到室内。

另外，为了确保通风良好，建议将花盆放在架子上，而不要直接放在地上。

▲梅雨季节将花盆移到不会淋雨的屋檐下。

▲夏季放在屋檐下遮阳。

▲不耐寒的果树要移入室内或放在屋檐下防寒。

浇水

庭院栽培

庭院栽培时，一旦幼树扎根，基本上不需要浇水。不过如果遇到夏季长时间不下雨，土壤非常干燥，就要充分浇水。特别是幼树，一定要注意不能让其缺水干燥。

如果在一天中最炎热的时段浇水，可能会损伤根系和树叶，所以要在早上或晚上浇水。

◀ 干燥了就要充分浇水。

◀ 浇水后要在土面上覆盖腐叶土防止干燥。

盆栽

每天浇水对于盆栽果树是必不可少的。当表层土壤干燥时，有需要浇水的信号就要浇水了。特别是在仲夏，土壤干得很快，因此要每天早晚各浇一次水。浇水要浇到水从盆底流出为止。

有些果树比较喜好干燥，有些则不耐干旱。因此要参阅每种果树相关种植页面中详细的浇水方法。在土壤干燥前浇水可能会引起根腐，因此要注意不要浇水过多。

另外，开花期浇水时注意不要浇到花上，落叶果树在休眠期（冬季）要减少浇水的次数。

▲浇水要浇至水从盆底流出为止。

关于肥料

在种植果树时，给予适量的肥料是很重要的。肥料相关内容已经在P224~227介绍了。

▲盆栽时，肥料会随着水流出，所以要定期施肥。

外出时如何浇水？

如果要长时间旅行，连续几天都不能打理盆栽果树，那么果树容易耗尽水枯萎死掉。即使将花盆放在能淋雨的花园或阳台上，如果持续晴天，土壤也会越来越干。

推荐的方法是将整个花盆浸入水中。在一个容器里装满水，然后放入花盆。不建议长时间使用这种方法，因为很容易引起根腐，但是这种方法可以保证数天内不会断水。

修剪

修剪促进果树健康生长，是结出好果实必不可少的管理作业。定植树苗后要花几年的时间才能修剪出树形。此后，为了保持树形，每年要进行一次修剪（冬季到初春）。

此外，有些果树需要在夏季修剪拥挤的树枝。有关修剪的更多信息，请参阅P200～222。

冬季修剪

▲整理主枝，对拥挤枝条疏枝，并进行回缩修剪。

夏季修剪

▲对拥挤枝条疏枝，对过长的新梢进行回缩修剪。

人工授粉

为了使果树结果，必须要保证授粉。授粉是使雄蕊花药中的花粉附着在雌蕊的柱头上。柱头上的花粉会伸出花粉管并连接卵核进行授精。受精后种子开始发育，为了让果实生长，果树会优先将养分流向果实。

果树中有许多品种不能只种一棵结果，种植一棵就能结果的果树具有自花结实的特性，而只种一棵不能结实的果树则不具有自花结实的特性。没有自花结实的特性的果树需要搭配授粉树。

即使有授粉树或是本身有自花结实的特性的果树，如果缺少授粉昆虫或遇到花期下雨，坐果率也会降低。

为了保证坐果建议进行人工授粉。右侧有3种主要的人工授粉方法。

用花直接授粉

▲将有很多花粉的花直接蹭在其他花的雌蕊柱头上。

用毛笔授粉

▲用毛笔或棉棒蘸上花粉蹭在雌蕊柱头上。

用指甲授粉

▲将花粉弹在指甲上，蹭在雌蕊柱头上。

授粉昆虫的活动

除蜜蜂外，还有诸如熊蜂、牛虻等授粉昆虫。为了吸引更多的授粉昆虫到庭院或露台上，可以种植蜜源植物。

▲在蓝莓花上活动的蜜蜂。

生理性落果是指？

即使开花授粉，也不是所有果实都会长大。当受精不足且种子很少，或是叶片数量少于果实数量，或是一棵树结果过多时，就会出现自然落果，这种现象称为生理性落果。

疏果作业最好在生理性落果之后进行。

▲不是所有的果实都会膨大。

果实管理

疏蕾·疏花·疏果

为了结出更多美味的果实，必须限制果实的数量。因此，需要疏蕾、疏花和疏果。这项管理工作要尽早进行，这样留下的果实才能长得更好。生理性落果结束后的6～8月，分2～3次进行疏果。留下的果实数量与叶子数量成正比。根据果树种类不同，叶果比也不同。

●主要果树的疏果量标准和时期

种类		叶果比	最佳时期
柑橘	温州蜜柑	20～25：1	7月中下旬
	脐橙	60：1	8月中上旬
枇杷	田中	1个花序留1个果	疏蕾：10～12月
	茂木	1个花序留2果	4月疏果，之后立刻套袋
苹果（富士等）		4～5个花序留1个果	落花后2～3周内，30天以内完成疏果
桃		3～4个花序留1个果（长度20厘米枝条1个果）	落花后2～3周内，40天以内完成疏果
葡萄	特拉华	1条长果枝留2～3个果穗 1条中果枝、短果枝留1～2个果	开花前疏蕾，满开后30～35天完成疏果
	巨峰	1条结果枝留1个果穗	开花前疏蕾，开花2周后完成疏果
柿		疏蕾：1条结果枝留2～3个果 疏果：1条结果枝留1～2个果	疏蕾：开花前的5月进行疏蕾，生理性落果就会减少 疏果：7月上旬

套袋

桃、梨、枇杷、苹果、葡萄等水果可以通过套袋培育精美的果实。套袋可以减少农药的使用频率，因此能够收获安全无污染的水果。对于不想使用农药的家庭，种植的果树推荐使用套袋技术。

套袋会让果色着色不好，因此最好在收获前将袋子除去或撕开。使用果实专用袋很方便，不过也可以使用自制的报纸袋子。

▲将果实放入袋中，在果柄处拧紧。

▲市场上贩卖的果实专用袋。

收获·催熟

自己种植果树最大乐趣就是能够吃到完熟的新鲜水果。但是果实的收获期各不相同，有些果树收获后催熟才会更美味。

有一些水果因为没有颜色变化，所以很难判断是否成熟，比如猕猴桃、西洋梨、斐济果等。为了避寒而尽早收获的柑橘，收获后要催熟。将会产生乙烯的苹果与其一同放入塑料袋中，经过一段时间，果实就会变熟。

▲猕猴桃收获后需要催熟。

◄▲能够吃到在树上完全成熟的水果，是家庭种植果树最大的乐趣。

换盆

定植超过两年，根系会在花盆中盘绕堵塞，如果不加以处理，会导致植株生长逐渐恶化。为避免这种情况发生要进行换盆，最理想的是每年换一次盆，即使无法一年一次，至少两年换一次盆。

定期换盆可以促进植株再生

盆栽果树，在定植后2～3年，花盆里能让根系生长空间已经不多了。最终，当根系充满花盆就会导致缺氧，植株生长恶化。一旦情况严重，即使将植株种植在花园中或重新种植在大花盆中也很难恢复。所以，每年应重新换一次盆（至少每两年一次），让植株更新复壮。

在换盆时，将种苗底部和周围的土壤与根一起去除，以使新根更容易长出。换盆后，进行整形修剪，可以改善坐花状况。

换盆一般选择比前一个花盆大一号的花盆，所以这项工作也称为升盆。

落叶果树的最佳换盆时期是12月至翌年3月，常绿果树的最佳换盆时期是3月。

换盆的顺序

1 灯笼果的3年生苗。

2 将苗从盆中拔出，用移栽铲在种苗底部画一个圈，将土和根挖出来。

Point 如果很难从盆中拔出，可以浇水让土掉落，在底部中央插入剪刀，将缠绕的根剪开，挖出。

3 在种苗侧面，间隔3厘米画竖线，将土和根挖开，让空气容易进入。

4 将种苗上部的土用移栽铲绕圈削掉。

5 准备好盆栽用的土壤。腐叶土和赤玉土按1：1混合。

Point 赤玉土选择中粒的。为了改善通气性，可以不用盆底土。

6 在水桶下面放比较轻的土（腐叶土），上面放赤玉土，然后用移栽铲搅拌混合。

7 将新的培养土放入花盆至一半位置。

8 将苗木放入，在周围填入培养土。

9 一边旋转花盆，一边用移栽铲插入土壤和花盆之间，插得要深。

10 浇水至水快要溢出花盆边缘位置。

Point 这样做的目的是让土中的旧空气和新空气交换。

11 留出两指宽的浇水空间。

12 换盆完成。

繁殖方法

能够熟练地栽培果树后，就可以考虑繁殖，也是一种乐趣。果树的繁殖有分株、压枝、扦插、嫁接等，如果庭院空间有限，可以将授粉树嫁接到主栽树上。

　　如果有母株，就不必购买新苗木即可种植新的果树。扦插是使用接穗来繁殖果树。分株和压枝适合丛生的植物，比如蓝莓和树莓。落叶期是最适合繁殖的时期，即11月至翌年2月进行。

　　嫁接的目的不仅是增加植株的数量，而且还可以通过在需要的地方嫁接树枝，在无法自花授粉的果树上嫁接别的品种，来提高授粉率。

分株

轻轻洗掉母株的土壤，然后将分蘖等从根部分成多株。在11月至翌年2月进行。

子株　母株

1 黑莓分株的实例。整枝过后，将植株从花盆中取出，洒水的同时小心地除去土壤，仅留根系。

2 用剪刀剪断连接母株和子株的根（地下茎）。

3 将它们分别种在一个大花盆和一个小花盆中就完成了。

压枝

适用于猕猴桃、葡萄、黑莓等。取正在生长的树枝，并在不剪断树枝的情况下让其生根。要在12月至翌年3月进行。

1 蔓越莓压枝的实例。在花盆中放入约1/3的鹿沼土。

2 在母株的花盆旁放一个花盆，将一根枝条（长且容易弯曲）插入其中，然后用U形针将其固定。

3 然后再添加鹿沼土就完成了。

之后的管理

　　在阴暗潮湿的地方进行培养，确认根系在6月长出后，就可以剪断和母株花盆的联系。

扦插

取母株的一部分枝、叶、根作插穗，并将其插入土中让其生根成为新植株的繁殖方法称为扦插。扦插有硬枝扦插（休眠枝扦插）和绿枝扦插。

成功的关键是插穗要有切面

硬枝扦插适用于猕猴桃、葡萄、无花果、蓝莓、枇杷等，4月使用落叶后的休眠枝作为插穗进行扦插。绿枝扦插是从6～7月使用带有叶的新梢进行扦插。

扦插成功的关键是插穗的切面光滑，按标准操作扦插成功率超过80%。因此，要使用园艺中扦插专用刀，使用前要磨好刀。也可以使用提高生根率的生根剂。

在这里，我们将以蓝莓为例进行说明。

准备土壤

扦插用的鹿沼土的中粒和小粒按1∶1混合。

尽管只使用中粒也可以，但如果只使用中粒鹿沼土容易干燥。如果只使用小粒，细小的土壤会粘在切割面上，导致插穗吸水不良，容易失败。此外，小粒鹿沼土容易堵塞底孔，导致排水不畅。

1 将扦插用的托盘中放入鹿沼土。浇水后土壤会下沉，所以要将托盘装满土。

2 用喷头均匀洒水。一开始从托盘的底孔会流出浑浊的水。

3 水浑浊是因为含有细小的土粒，因此要继续浇水直到水变清澈为止。

准备插穗

准备一个桶。剪下今年长出的30厘米以上的新梢，并立即将它们放入水中浸泡防干燥。

✕ 这样不行！

摘叶子时，要将叶子向上拉。如果将叶子向下拉，会连带着皮剥落。剥掉了皮的插穗就不能再作插穗了。

1 插穗取自超过10年的蓝莓树，取了10枝。

2 插穗为10厘米长。如果长30厘米，可以剪成3段使用。

从这里修剪

Point
从手指所指的位置剪断。每一段至少有两片健全的叶子。下面的叶子要去除。

3 准备盛满水的洗脸盆，不让枝条干燥是最重要的，将插穗放入水中。

4 插穗上方留下2片叶子，下面的叶子都去除，这样插穗就准备好了。

Point
不要上下颠倒。叶子上有芽的是上方。

准备土壤

1 用手夹住插穗，用拇指和食指拿住插穗的芽上方。

2 芽的附近有能生根的激素，用刀抵住芽的紧下方切。

Point

插穗的枝条坚硬，使用刀刃的中间部分，这样不容易起毛边。插穗和刀刃呈（俯视插穗和刀刃呈"十"字交叉）斜45°切。

3 如果刀刃顺着插穗的方向摆动很容易留下皮。刀刃的方向要斜着切才能切得干净利落。

留下皮时

成功的关键是下刀要一气呵成。如果不小心留下一点皮，将插穗翻转过来，并用刀去除残皮。

4 在插穗的切口部分涂上生根剂就能提高发根率。

Point

在种下插穗前，在插穗的切口部分涂上生根剂。或是用扦插专用液浸泡一晚（12小时）。

5 在扦插床上用一次性筷子插一个孔，拔出筷子后立即插入插穗。

6 将插穗周围的土用手聚拢压实，让土和插穗密切接触。

Point

叶子向各个方向展开，注意不要让叶片重叠。

7 扦插床上以株距5厘米、行距6~7厘米的间距进行扦插。

8 插穗插入土中后，涂抹上愈合剂，可以提高成功率。都做完后，充分浇水。

9 扦插完成。

插穗叶子太大时如何处理

如果叶子的大小大于该品种的标准叶子的大小，则将叶子剪掉1/2~1/3，然后再将其插入到扦插床中。这样可以抑制叶子的蒸腾作用，防止插穗死亡。插穗没有根，如果叶子太大，切面吸水不及时，就会导致插穗干燥死亡。

扦插后的管理

将扦插床放在阴凉处，每天浇一次水，以防止干燥。炎热的季节过去后，大约在9月下旬，取出托盘放在阳光下，继续浇水以免干燥。

半个月到一个月后根就出来了，但是当根出来一点点时不适合将其移栽至花盆。要在落叶后，根已经完全长好后再进行。

嫁接

将新枝接到另一株植株上，用来更新品种，也能达到在一棵树上种植多个品种的效果。

嫁接中从母本上切下枝或芽叫做"接穗"。承受接穗的植株叫"砧木"。嫁接有切接、芽接、削接等多种方式。不管哪种方式，操作顺序都是①调整接穗；②切开砧木；③将接穗与砧木紧密接合并包裹胶带。

嫁接成功与否的关键是嫁接刀。嫁接时切割表面要光滑，因此刀要锋利。如果做10根接穗有8根成功，就能被称为嫁接大师。做接穗时最好不要只做一个，要多做几个。

通过嫁接后的枝条，一般都会继承接穗的特性。

嫁接的目的

1 培育其他品种

如果厌倦了旧品种，想要尝试新品种，又不想浪费时间从苗木开始培育，可以使用嫁接。在成树上嫁接可以很快收获果实。

2 利于授粉

在无法自花授粉的品种上嫁接其他品种，就可以在有限的空间内培育两个品种，这是嫁接的便利之处。

3 枝条稀少可以通过嫁接增加数量

为了在有限的空间里有效培育，可以空位上嫁接其他枝条。

4 趣味性强

嫁接不同品种，让一棵树开出多种花，十分有趣。

切 接

新梢剪下后放入冰箱冷藏保存，作为接穗使用。嫁接作业最好在3～4月进行。以蓝莓为例介绍，不过也推荐将此方法使用在葡萄上。

准备接穗

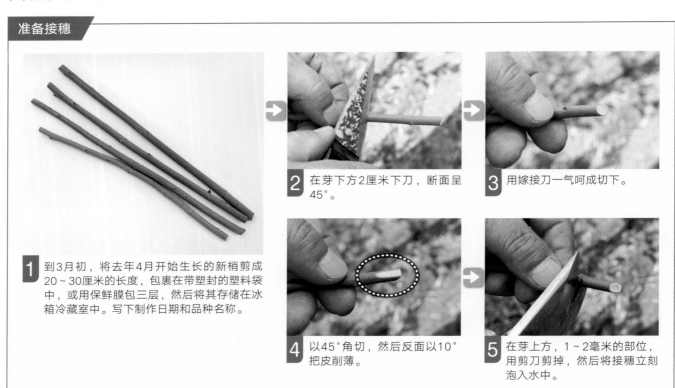

1 到3月初，将去年4月开始生长的新梢剪成20～30厘米的长度，包裹在带塑封的塑料袋中，或用保鲜膜包三层，然后将其存储在冰箱冷藏室中。写下制作日期和品种名称。

2 在芽下方2厘米下刀，断面呈45°。

3 用嫁接刀一气呵成切下。

4 以45°角切，然后反面以10°把皮削薄。

5 在芽上方，1～2毫米的部位，用剪刀剪掉，然后将接穗立刻泡入水中。

嫁接到砧木上

从这里修剪

1 在离地面10厘米的地方，用修枝剪将砧木剪断。

2 不要嫁接到西侧。在西侧以外，轻轻用嫁接刀在砧木断面削一个角。将接穗的形成层与砧木的形成层对齐。

3 确认砧木切口深度，其深度即为接穗插入的深度。

4 在砧木断面下切一个口，切口的深度要与接穗切口匹配，切口宽度比接穗可宽一些或基本相同。

5 在砧木的切口处将接穗插入。注意要一下子塞入，并保证砧木和接穗的形成层紧密结合。

Point
如果难以插入，要用小刀将砧木再切宽一些。机会只有一次，不要反复。

6 插好后的样子。

缠上胶带

1 用嫁接专业胶带或是带颜色的塑胶带缠绕。

2 缠绕由下向上进行。缠绕时注意不要让接穗移动，可以一边压着接穗一边缠胶带。

3 注意芽不要缠上胶带。

4 缠到上面的切口时，要一边压着一边缠。

5 将其缠绕到顶部后，放下胶带，以相同的方式从上向下缠绕。

6 就这样反复缠绕3回，要不留任何缝隙。

7 缠好后剪断胶带。

芽

8 最后，在接穗的切面处涂上愈合剂。注意绝对不可以涂到芽上。

9 这样嫁接就完成了。

嫁接后的管理

嫁接得好的接穗会从芽处抽出新梢。胶带要等到伤口完全愈合且嫁接成功后再摘除。

嵌芽接

嵌芽接是指从枝上削取一芽，略带木质部，插入砧木上的切口中，并绑扎，使之紧密接合的一种嫁接方法。可以简单地在多个地方嫁接，适合蔷薇科、柑橘、枇杷等多种果树。3～4月为嫁接适期。下面以梅为例说明。

(P236)

插芽的准备

1. 接穗的准备和切接的一样（P236）。用保鲜膜包裹，写上日期和品种名放入冰箱冷藏。

2. 决定使用哪个芽。

3. 从使用的芽在其上方大约1.5厘米处用刀切掉。

4. 切面呈45°，一气呵成。

5. 将接穗翻过来，用刀的前端与枝条呈10°角斜切。

6. 削掉1～1.5厘米。

7. 芽的上方留1～2毫米，剩下用剪刀剪掉。

8. 不要让插芽干燥，要立刻放入水中。

准备砧木

1. 选择比接穗粗3倍的枝条作为砧木。嫁接在枝条上部进行。

2. 为了给接穗留出空间，要修剪掉4～5根枝条。

嫁接到砧木上

1 在砧木上用小刀切一个口，要比接穗稍微宽一些，比接穗要插入的部分长5毫米。

2 砧木的切口切好了后。

3 让接穗和砧木的形成层（白色稍带绿色的部分）相互密切连接。要一气呵成地插入。

4 插好后。两侧形成层合在一起很难，所以只和上面的形成层接合即可。

缠上胶带

1 可以用嫁接专用胶带或是带状保鲜膜。

2 从基部交叉缠绕，固定住让其不能活动。

3 以1厘米重叠的程度向上缠绕。嫁接的部分缠绕2~3圈。

4 芽所在的地方仅缠绕1圈。

5 芽的部分缠好后，在紧挨着芽的上方缠绕2~3圈。

6 注意不要缠到芽上，然后再返回去重新缠。

7 缠到下面后，和一开始的胶带打个结，然后剪断胶带。

嫁接后的管理

　　4月嫁接后，新梢将从翌年春天开始生长。伸长的新梢在冬季进行回缩修剪，就会长出很多短果枝，到第3年就可以开花结果了。新芽会顶破胶带自然地长出来。在嫁接部位完全愈合后再撕掉胶带。

T形芽接

　　T形芽接难度较高，不过如果能成功比嵌芽接的嫁接成活率高。嫁接适期为8～9月，该方法适合几乎所有果树。下面以温州蜜柑嫁接到夏橘上为例。

准备插芽

1　准备当年在春季成长的粗壮的新梢作为接穗。

2　春枝的断面为圆形。夏枝的断面为三角形，以此区分。

3　叶柄部分留5毫米，将叶子全部修剪掉。

4　修剪掉叶子后的样子。

5　用刀从芽（从叶根部长出芽）下方1厘米的基部开始削。

6　削到芽上方1.5厘米处。

7　削好后将刀立起来横切，将芽切下来。

8　插芽就完成了。立刻放入水中。

嫁接到砧木上

1　决定好嫁接位置，然后整理周围的枝条。嫁接的部位横切一个口。

2　然后呈直角纵切一个口。

Point
　　砧木选择柔软的新枝，嫁接容易失败。

3 将T形处皮剥开。

4 将准备好的插芽放入。

Point

注意不要把芽的上下放颠倒了。

5

插好后的样子。

缠上胶带

1 准备嫁接胶带（或是保鲜膜），在基部交叉固定。

2 每次错5毫米，慢慢向上缠绕。

3 嫁接部分缠绕2~3圈。

4 芽的正上方只缠绕1次。

5 缠到上方后，从芽的背面将胶带拉回基部，再缠绕数次。

芽

6 然后和最初的胶带打结固定。

嫁接后的管理

如果嫁接得好，大约两周后，芽就会抽出新梢。如果一周后嫁接处变黑，就意味着嫁接失败了。

新梢会顶破胶带长出。待嫁接部位完全愈合后再撕掉胶带。

病害防控

病害的病原有真菌、细菌和病毒3种。日本气候高温多湿，由真菌引发的病害比较多，特别是在梅雨季节高发。了解症状和防控方法，及早进行处理。

● 主要的病害种类和防控

发生部位	病名	症状	主要果树
叶和嫩枝	锈病	叶子上出现橙色斑点	梨、苹果、榅桲
	白粉病	叶子上有白色粉末状物质	葡萄、木通、野木瓜、鹅莓
	疫病	叶子上出现灰绿色的斑点，逐渐转变成褐色。在高湿环境下，斑点会逐渐扩大，最后生出白色霉菌，叶子完全枯萎	无花果、苹果等
	褐斑病	叶子出现黑褐色斑点，逐渐枯萎	葡萄、苹果、梨等
	黑星病	叶子、叶柄、果实上出现黑色星状斑点	梨（红梨）、桃、梅、柑橘
	缩叶病	新叶萎缩	桃、李
	烟煤病	叶子像涂了一层烟煤	常绿果树
	丛枝病	多表现局部发病，在发病部位，枝条顶端优势减弱，侧芽大量萌发，枝条节间缩短，形成丛枝	栗、樱桃
	斑点落叶病	叶子表面出现褐色斑点，并掉落	柿、苹果
	黑痘病	藤蔓、果实、叶子上出现中央凹深褐色斑点	葡萄
	疮痂病	嫩芽等地方出现木栓化斑点	柑橘
	炭疽病	新梢、果实上出现黑色的病斑	栗、柿、无花果
	胴枯病	枝干的树皮呈现红褐色	梨、栗、李
	灰霉病	在高温潮湿的环境下出现，嫩叶和茎上出现斑点	柿、柑橘、斐济果、葡萄、黑莓
	霜霉病	叶子背面出现白色霉菌状物质，然后扩展到果实上，并大致落果	葡萄
	花叶病	花瓣和叶子上出现斑驳的病斑，叶子变黄萎缩	柑橘、梨、葡萄、桃、苹果等
茎和根	根癌病	地面基部的根或茎上出现瘤状物质	杏、梅、柿、木瓜、樱桃、栗等
果实	溃疡病	树干、树枝和果实上出现粗糙的斑点	柑橘
	灰霉病	快要成熟的果实腐烂	桃、樱桃、杏、李
植株	矮缩病	没有什么病斑，但树会矮小化	柑橘、梨

▲梅的果实感染病害，出现黑色的斑点。

▲苹果的褐斑病，出现黑色斑点是其特征。

▲特拉华感染了褐斑病，果实变黑。

▲柿的叶子感染了落叶斑点病。

创造良好环境来预防病害吧！

在家里种植果树时，一般都希望保证产量和质量的同时，尽量不使用农药。

参考P246、P247的减农药的病虫害防控措施，创造不利于病虫害发生的环境。

另外，如果发现携带病毒的介壳虫，要立即将其去除。

病害的类型很多，但暴发时间通常是固定的。

在病害发生前喷洒合适的药剂，可以有效地预防病害，减少药物喷洒的次数，因此，不必使用强效的药物。用于预防真菌引起的病害的杀菌剂，主要侧重预防，因此应在发病前或发病初期使用。

细菌性病害还没有特别有效防控对策，只能通过对土壤进行消毒来预防。另外，由于无法防控病毒性病害，因此要在其转移到其他果树前处理掉病株。

有效药剂	对策	发生时期
甲基硫菌灵、苯菌灵	周围不要种植桧柏，染病部分要去除	5月以后
甲基硫菌灵、苯菌灵	要注意氮过剩或钾不足。让日照和通风状况变好	梅雨期
甲基硫菌灵、苯菌灵	最少量多次浇水。避雨是最好的。去除染病部位和枯萎的枝条	5~6月（柑橘为梅雨季）
苯菌灵、波尔多液	去除染病部位	6月上旬
甲基硫菌灵、苯菌灵	改善通风和光照条件	从5月到梅雨的低温期暴发
代森锰、石硫合剂	去除染病部位	在4月低温持续时暴发
石硫合剂（收获后喷洒）	去除烟煤病的媒介介壳虫	8~11月
甲基硫菌灵	去除病枝，切口涂抹甲基硫菌灵等	全年
甲基硫菌灵	处理掉落叶，改善通风和排水条件	6~8月暴发
甲基硫菌灵	梅雨前套袋，避开雨水	5月到梅雨季
苯菌灵	去除染病部位	6~7月
代森锰、苯菌灵	剪除处理掉出现病斑的枝条	5~10月
甲基硫菌灵	剪除处理掉出现病斑的枝条	5~10月
甲基硫菌灵、苯菌灵	去除染病部位	全年
波尔多液、代森锰锌	通过修剪可以改善光照和通风状况，在植株基部覆盖稻草等	梅雨季、秋雨季
没什么有效药剂	病毒性病害，暴发的果树要烧掉，要驱除蚜虫	3~10月
土壤消毒剂	挖除染病植株	5~10月
链霉素水溶剂	避开强风，不要过多施肥	容易在5月下旬暴发
甲基硫菌灵（6月中旬喷洒）	开花前喷洒消石灰预防	会在果实成熟期暴发
石硫合剂	是病毒性病害，暴发的果树要烧掉，要驱除蚜虫	4~11月

▲花柚溃疡病病果坑坑洼洼的。

▲夏橙的疮痂病。

▲感染李袋果病的嫩果。

▲桃缩叶病叶子皱缩变小。蔷薇科果树易得此病。

虫害防控

在花园中种果树时，尽可能不使用农药。为了能放心种植，及早发现害虫并在危害较小时进行处理。
一旦发现了害虫就要将其去除，并通过套袋来预防虫害。

●主要害虫种类和对策

发生部位	害虫名	危害状	主要果树
叶和嫩枝	刺蛾	取食叶子，造成缺刻	柿、蓝莓
	美国白灯蛾	二战后进入日本的害虫，能把叶子侵食殆尽	核桃、梅、桃、樱桃等多个种类
	蚜虫	将嫩枝和叶卷起来，刺吸汁液危害	苹果、梨、桃等多个种类
	天幕毛虫	取食叶子，造成缺刻	梅、桃、梨、樱桃、栗等
	象甲	幼虫和成虫危害新芽、嫩芽和枝条等	橄榄、栗、枇杷
	红蜘蛛	刺吸汁液，叶色变差	多种果树
	潜叶蛾	叶子上出现蛇形条状斑纹	苹果、柑橘、桃
	卷叶蛾	将叶向内侧卷起来	梨、苹果、杏、蓝莓
	苹掌舟蛾	取食危害叶子	梨、苹果、樱桃、梅等
果实	蝽	侵食果实嫩叶等，可造成果实等变形	柿、梨、桃、苹果等多种果树
	木蠹蛾	幼虫在树皮下出生，开始取食危害	柿、梅等多种果树
	食心虫	在果实上开洞钻进去取食中心部分	桃、苹果、梨等多种果树
主干和枝条	介壳虫	刺吸危害，树势会变弱	柑橘、桃等多种果树
	天牛	幼虫钻进树干和树枝，树势会变弱	葡萄、栗、无花果
	透翅蛾	幼虫钻进树干和树枝，会流出树液	桃、杏、葡萄
	蝙蝠蛾	幼虫钻进树干和树枝，让树木枯死	葡萄、树莓、黑莓
	天牛	幼虫会危害树干	桃等

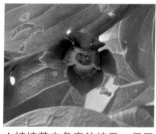
▲被柿蒂虫危害的柿果，仅留下果蒂，果实掉落了。

▲危害柿叶的刺蛾的幼虫。不要触碰，容易刺伤皮肤。

▲被日本丽金龟危害的葡萄叶子。

▲蚜虫危害椪柑嫩枝。

发现害虫后立刻去除

害虫有两种，一种是啃食树叶和芽等啃食型害虫，还有一种像注射器针一样吸吮果树汁的吸吮型害虫。吸吮型害虫如螨虫和蚜虫以预防为主，啃食型害虫在发现后再去除也为时不晚。

杀虫剂主要有3种。根据害虫类型和种植地点选择适合的药剂。

● **触杀剂** 通过接触杀死害虫。

● **熏蒸剂** 要在封闭的地方使用，例如塑料温室等。

● **胃毒剂** 让虫子啃食、咬食、蛀食含有药的叶子，可通过害虫消化系统进入虫体，杀死害虫。对吸吮型害虫无效。

如果必须使用农药，要遵守说明，安全使用（请参阅P249）。

	有效药剂	对策	发生时期
	杀螟硫磷	冬天去除茧，平时如果发现了其幼虫就去除，但是注意刺蛾幼虫有毒，所以避免用手直接捕捉	7月上旬至9月
	异噁唑硫磷、敌百虫	幼虫群集危害，可连巢去除	6~9月
	杀螟硫磷	找到了就捕杀	4~6月
	杀螟硫磷	驱除越冬卵，找到了就去除	3月上旬以后
	杀螟硫磷	截取受害枝条并焚烧	全年
	三氯杀螨醇（杀螨剂）	加水压把它冲跑	7~9月
	杀螟硫磷	如果潜入叶肉的话，药剂就很难起作用，所以要尽早处理	5~9月
	杀螟硫磷	去除卷叶	4月
	杀螟硫磷	常群集危害，将群生的幼虫的枝条直接剪断并处理掉	9~10月
	杀螟硫磷、马拉硫磷	捕杀，套袋预防	7月下旬至9月，温暖地区会暴发两次
	树干涂抹剂	因为容易附着在弱树上，所以要维持树木长势	5~9月
	杀螟硫磷	套袋预防	6~9月
	机油乳剂	利用天敌，如瓢虫等	全年
	杀螟硫磷	发现被害部位，并将其捕杀	7~8月
	甲氨基阿维菌素	降雨后，修剪被害部，捕杀	5~6月
	杀螟硫磷	发现被害部位，并将其捕杀	6~7月
	敌敌畏、二嗪磷	将药物注入树干上幼虫排出粪便的孔中	全年

▲潜叶蛾危害柑柑的叶子。

▲山樱桃上的苹掌舟蛾幼虫。

▲被樟蚕取食后的栗的叶子。

▲吸食木瓜果实汁液的象甲。

农药减量的病虫害防控

大家都希望精心种植的水果，连果皮都能放心食用。为了尽可能在培育时减少农药使用，除了创造不利于病虫害发生的环境外，平日用心养护也重要。这里介绍一些减少农药使用的技巧。

创造适宜环境条件

虽然病虫害是果树栽培中的一个问题，但是如果只是稍微损害坏了果实的外观，其实家庭种植时不必过于担心。不过，如果创造一个不利于病虫害生存的环境，就可以不使用农药或最小限度使用农药。在选择果树品种时，也要事先调查该品种是否对害虫具有一定抵抗力。

疏果后再套袋，不仅可以隔离害虫，还可以防止病害，对梨、桃、苹果、葡萄、枇杷、木瓜等都有效。

▲通过对拥挤枝条进行疏除，改善通风条件来达到预防病虫害的目的。

Point 1 改善通风和光照条件

真菌很容易在潮湿的地方生长，害虫也喜欢这种环境，因此要通过修剪改善这种环境。在消灭冬季害虫方面，修剪拥挤的枯枝是一项重要的任务。

阳光是植物生长必不可少的，让植株能在上午照到阳光是很重要的。

Point 2 尽量不要让盆栽长时间淋雨

梅雨季很容易让植株染病。这时需要将盆栽移到屋檐下防雨淋。

此外，不要将盆栽直接放在土壤上，而是要放在架子或棚上，不仅可以防寒防暑，还可以让植株远离地面上的害虫。

Point 3 处理枯枝和落叶

枯枝和落叶是土壤有机质的来源，但也会携带病原，可能成为病原的越冬场所，所以最好不要放任不管。

将其作为生鲜垃圾处理，如果有空间，可以焚烧处理，或挖一个坑填埋处理。

Point 4 清洁工具

使用旧花盆时，请清洁内部并直射阳光消毒。

另外，每次使用移栽铲和修枝剪（锯）后都要彻底清洗并干燥。如果使用后不清洁，可能会传播病害。

Point 5 发现害虫后立即扑杀

毛毛虫、介壳虫、蚜虫等一经发现便要立刻扑杀。

尽量在早期进行，这样做是有效的，例如在卵期或幼虫孵化期，（即）幼虫开始扩散前捕杀。

Point 6 除草

杂草是害虫的藏匿之处，因此最好除去距离植株1米范围内的杂草。

建议使用市售的除草剂或是种植三叶草等来防止杂草生长。

Point 7 冬季驱除和预防虫害

在冬季，害虫的卵和幼虫会潜伏在树皮内侧或落叶下。在害虫开始活动之前，要将其找出并消灭。

将稻草包裹在树干上，在早春取下稻草并燃烧的方法非常有效。

Point 8 刮除老翘树皮

像柿、梨、葡萄这样的果树，长大后会出现粗糙的树皮（已死且呈软木状的表皮，即老翘树皮）。老翘树皮是介壳虫等害虫的绝佳越冬栖息地，还会在其中产卵，因此要在1～2月将老翘树皮刮除并处理掉。

Point 9 少施氮肥

过多的氮肥会削弱树势，使果树更容易染病。

施肥时，注意不要过多施用氮肥。要把握好氮、磷、钾的平衡。

控制氮肥的施用

农药使用的要点

家庭果树种植中，我们都希望尽可能少地使用农药进行种植。不过在某些情况下，科学使用农药可以有效预防病虫害。使用农药时，一定要遵循说明，小心使用。

遵守使用说明，安全使用农药

有时我们必须借助农药才能种植好果树。使用农药前，需要了解农药的特点。

就果树而言，存在农药残留或被喷洒时吸入农药喷雾的风险。同时，如果经常使用同一种农药，可能会引发害虫或病原对该种农药出现抗药性，结果可能导致必须使用更强效的农药来防控，这样就陷入了恶性循环。为了防止这种情况的出现，要交替使用不同农药。

使用农药时，请遵循喷洒时期和方法，以最少剂量安全使用农药。

喷洒时期

不同农药及不同病虫害喷洒的最佳时间有所不同。由于病虫害发生时期是固定的，如果在虫害开始出现或出现初期进行喷洒就可以减少使用量。避免在开花期和收获期喷洒农药。

种类	喷洒时期	目的
杀虫剂	5月上旬	阻止越冬虫产卵
	8月上旬	阻止5月孵化的虫产卵
杀螨剂	5月上旬	梅雨季容易滋生螨，在暴发前喷洒
杀菌剂	3月上旬至4月上旬	阻止土壤、芽、树表面等越冬病原菌活动
	5月上旬（预备）	对夏季成熟的果树，或是春季喷洒后没有根除病原菌时使用

※各时期都喷洒2次比较好（第1次喷洒后的1周后再次喷洒第二次）。

农药的配制

配制农药时，要使用塑料手套，不要裸手操作。

1 准备量杯、量勺、药剂、水、喷壶、一次性筷子。

2 将药剂放入量杯。

3 加入规定量的水稀释（本次用药0.5克，用水500毫升，即稀释1000倍。）

4 用一次性筷子搅拌。

5 倒入喷壶。

6 准备好后就可以喷洒了。没有使用完的农药可以挖坑倒入，不要直接倒入下水道。

喷农药的装备

农药不仅可以通过人的鼻子和嘴吸入，而且还可以通过皮肤和黏膜进入人体。所以在喷洒时尽量穿不要让皮肤暴露出来的衣服。

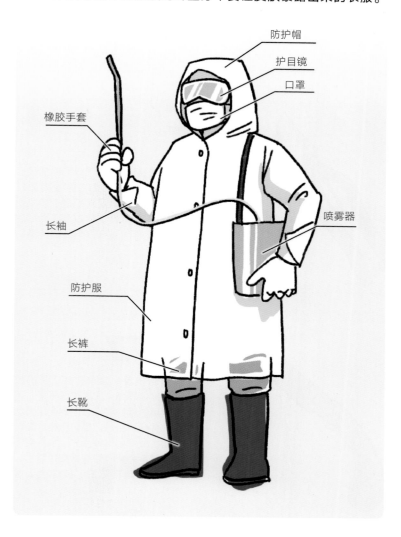

- 防护帽
- 护目镜
- 口罩
- 橡胶手套
- 长袖
- 喷雾器
- 防护服
- 长裤
- 长靴

喷施要点

盆栽

1 从花盆上部的叶子开始喷，叶子表面（包括背面）、树枝和树干都要喷上。

2 叶子的内侧不要忘了喷洒。将花盆放在台子上喷洒比较好。

庭院栽培

　　将药剂放入喷雾器。喷洒时要注意着装，在无风晴朗的凉爽的时间段喷洒。

注意事项

1 注意天气

　　为了避免农药被吹散，在强风的日子不宜喷洒。此外，由于在炎热时喷洒可能会发生药害，因此建议在清晨或傍晚进行喷洒，并尽量缩短喷洒时间。

2 一定要在上风处喷洒

　　喷洒时首先要检查风向，以确保自己处在上风处。喷洒时背向风，先从树的近处开始喷洒，然后逐渐拉远距离喷洒，尽可能减少与农药接触。

3 不要忘记喷洒叶子背面和枝干

　　许多害虫正潜伏在叶子背面或枝干上。这些地方很难喷洒上药剂，所以要确保在这些地方也均匀喷洒上。

4 要根据个人状况决定是否喷洒

　　在生病、睡眠不足、饮酒、怀孕或皮肤有划伤的情况下不要进行农药喷洒。另外，如果在喷洒过程中身体有异常状况，要立即停止农药喷洒。喷洒后要认真洗手并漱口。

工具大全

移栽铲和花盆很容易获得，但是它们使用时间长，因此要选择质量好的移栽铲和花盆很重要。修枝剪选择园艺专用的，不过要注意保养。

修枝剪

选择方法

准备两把剪刀，一把宽刀刃的，一把细刀刃的。细刀刃的用于修剪新梢及采收果实。2厘米粗的树枝可以用修枝剪，超过2厘米就要用修剪锯了。

使用方法

要利用修枝剪的弯度，用窄刀刃卡住树枝，然后用宽刀刃将其剪断。

保养方法

使用后用水冲洗，然后认真擦干。剪除病枝后要消毒。磨剪刀时，让剪刀闭合并沿刀刃打磨。最好在专业的刀具商店定期打磨。如果使用不锋利的剪刀，不仅降低工作效率，而且还可能导致意外伤害。擦掉粘在刀刃上的汁液，可提高其锋利程度。

修剪锯

选择方法

修剪锯的锯齿宽，容易发生切屑堵塞。锯的锋利程度很重要，但更重要的是重量不要太重，否则不方便使用。双刃的可能会损伤其他树枝，因此最好选择单刃的。

使用方法

初学者倾向于使用修枝剪进行全部操作，但其实对于直径2厘米以上的树枝最好使用修剪锯。正确使用工具可以节省用工。

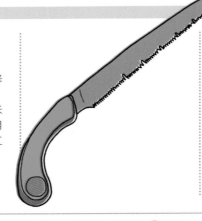

保养方法

锯掉粗枝后，会有树脂之类的附着在锯齿表面。如果放任不管，下次使用时就会变钝，因此要用温水清洗并刮掉污垢。如果将热水倒在表面，处理后甩掉水分，水将会蒸发，就不必担心修剪锯会生锈了。相反如果用布擦拭，往往会残留水分。

梯子

选择方法

建议使用轻质的铝合金梯子，便于经常移动，高度为1.8米就足够了。同时要将树的高度限制在方便管理的高度。

使用方法

为了防止梯子腿在工作时打滑，要悬挂安全链条或细绳拴住。不要爬到最上面一层，要将腿跨在支架两侧，这样比较安全。一定要检查梯子是否平稳。

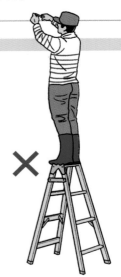

支柱

搭架、牵引植株生长时使用。

花盆

根据要种植的植株选择适合的尺寸。有塑料质、陶质、木质等。

绳子

牵引枝条时使用。有麻绳和尼龙绳等，根据目的来选择。

铲子

定植的时候使用。混合土壤时十分便利。

移栽铲

盆栽的必需品。选择使用便利的。

土铲

往花盆里放土时使用。

单轮小推车

搬运修剪枝、落叶和土壤时使用。

筛子

可以筛出很细的土。用于土壤再利用，可去除土壤中的根、石子等杂物。

耙子

聚拢落叶和修剪条枝时使用，十分便利。

喷壶

喷头可以换的大容量喷壶使用起来更方便。